백점

BOOK 1 개념북

수학 **5·2**

구성과 특징

BOOK ① 개념북 문제를 통한 3단계 개념 학습

초등수학에서 가장 중요한 **개념 이해**와 **응용력 높이기**, 두 마리 토끼를 잡을 수 있도록 구성하였습니다.
개념 학습에서는 한 단원의 개념을 끊김없이 한번에 익힐 수 있도록 4∼6개의 개념으로 제시하여 드릴형
문제와 함께 빠르고 쉽게 학습할 수 있습니다. **문제 학습**에서는 개념별로 다양한 유형의 문제를 제시하여
개념 이해 정도를 확인하고 실력을 다질 수 있습니다. **응용 학습**에서는 각 단원의 개념과 이전 학습의 개념이
통합된 문제까지 해결할 수 있도록 자주 제시되는 주제별로 문제를 구성하여 응용력을 높일 수 있습니다.

1 개념 학습

핵심 개념과 드릴형 문제로 쉽고
빠르게 개념을 익힐 수 있습니다.
QR을 통해 원리 이해를 돕는 **개념
강의**가 제공됩니다.

2 문제 학습

교과서 공통 핵심 문제로 여러 출판
사의 핵심 유형 문제를 풀면서 실력
을 쌓을 수 있습니다.

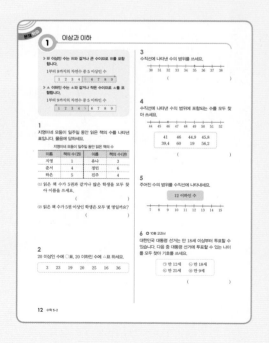

3 응용 학습

응용력을 높일 수 있는 문제를 유형으로 묶어 구성하여 실력을 쌓을 수 있습니다. QR을 통해 **문제 풀이 강의**가 제공됩니다.

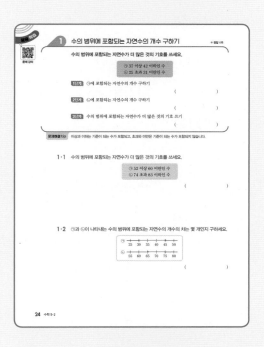

BOOK ② 평가북

학교 시험에 딱 맞춘 평가대비

단원 평가

단원 학습의 성취도를 확인하는 단원 평가에 대비할 수 있도록 기본/심화 2가지 수준의 평가로 구성하였습니다.

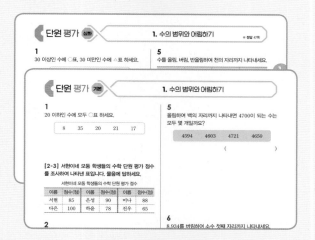

수행 평가

수시로 치러지는 수행 평가에 대비할 수 있도록 주제별로 구성하였습니다.

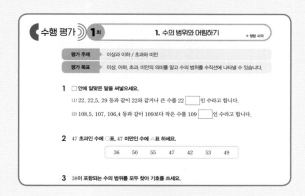

차례

1

수의 범위와 어림하기

▶ 학습을 완료하면 V표를 하면서 학습 진도를 체크해요.

	개념학습						문제학습
백점 쪽수	6	7	8	9	10	11	12
확인							

	문제학습						
백점 쪽수	13	14	15	16	17	18	19
확인							

	문제학습				응용학습		
백점 쪽수	20	21	22	23	24	25	26
확인							

	응용학습			단원평가			
백점 쪽수	27	28	29	30	31	32	33
확인							

1 이상과 이하

● 정답 1쪽

◎ 이상

- ■ 이상인 수: ■와 같거나 큰 수 → ■가 포함돼요.
- 120 이상인 수: 120, 121.3, 123, 130, 145.2 등과 같이 120과 같거나 큰 수
- 120 이상인 수를 수직선에 나타내기 → 120을 점 ●으로 나타내고 오른쪽으로 선을 그어요.

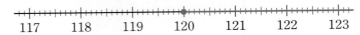

◎ 이하

- ▲ 이하인 수: ▲와 같거나 작은 수 → ▲가 포함돼요.
- 130 이하인 수: 130, 127.5, 124, 121.9, 117 등과 같이 130과 같거나 작은 수
- 130 이하인 수를 수직선에 나타내기 → 130을 점 ●으로 나타내고 왼쪽으로 선을 그어요.

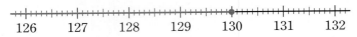

개념 강의

- ■ 이상인 수 중에서 가장 작은 수는 ■입니다.
- ▲ 이하인 수 중에서 가장 큰 수는 ▲입니다.

---

1 수의 범위에 포함되는 수를 모두 찾아 ○표 하세요.

(1)

| 38 이상인 수 |

| 33.4 | 36 | 37.9 | 38 | 38.1 | 39 |

(2)

| 16 이하인 수 |

| 13 | 14.8 | 16 | 16.3 | 17 | 18.2 |

(3)

| 70 이상인 수 |

| 77.4 | 50 | 49.1 | 70 | 69.8 | 83 |

(4)

| 53 이하인 수 |

| 60.3 | 53 | 52.9 | 58.1 | 40 | 54 |

2 수직선에 나타낸 수의 범위를 알아보려고 합니다. □ 안에 알맞은 수나 말을 써넣으세요.

(1)
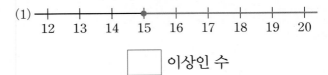

□ 이상인 수

(2)
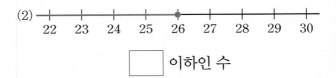

□ 이하인 수

(3)
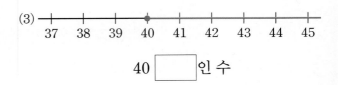

40 □ 인 수

(4)
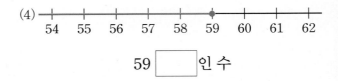

59 □ 인 수

2 초과와 미만

◎ 초과

- ■ 초과인 수: ■보다 큰 수 → ■는 포함되지 않아요.
- 110 초과인 수: 110.2, 111, 113.6, 115, 120 등과 같이 110보다 큰 수
- 110 초과인 수를 수직선에 나타내기 → 110을 점 ○으로 나타내고 오른쪽으로 선을 그어요.

```
107   108   109   110   111   112   113   114
```

◎ 미만

- ▲ 미만인 수: ▲보다 작은 수 → ▲는 포함되지 않아요.
- 100 미만인 수: 99.9, 97, 96.3, 95, 91 등과 같이 100보다 작은 수
- 100 미만인 수를 수직선에 나타내기 → 100을 점 ○으로 나타내고 왼쪽으로 선을 그어요.

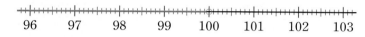

```
96   97   98   99   100   101   102   103
```

개념
강의

- ■가 자연수일 때 ■ 초과인 수 중에서 가장 작은 자연수는 ■＋1입니다.
- ▲가 자연수일 때 ▲ 미만인 수 중에서 가장 큰 자연수는 ▲－1입니다.

---

1 수의 범위에 포함되는 수를 모두 찾아 ○표 하세요.

(1)

> 13 초과인 수

| 9.9 | 11 | 12.4 | 13 | 13.1 | 14 |

(2)

> 22 미만인 수

| 18 | 19.5 | 22 | 22.7 | 23 | 25.1 |

(3)

> 36 초과인 수

| 30 | 38.2 | 36 | 37 | 29.6 | 40.3 |

(4)

> 50 미만인 수

| 39 | 50 | 61 | 49.8 | 47 | 52.6 |

2 수직선에 나타낸 수의 범위를 알아보려고 합니다. □ 안에 알맞은 수나 말을 써넣으세요.

(1)

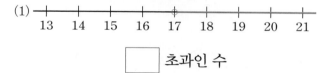

```
13  14  15  16  17  18  19  20  21
```

□ 초과인 수

(2)

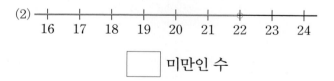

```
16  17  18  19  20  21  22  23  24
```

□ 미만인 수

(3)

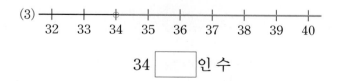

```
32  33  34  35  36  37  38  39  40
```

34 □ 인 수

(4)

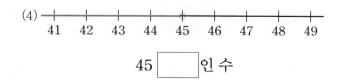

```
41  42  43  44  45  46  47  48  49
```

45 □ 인 수

③ 수의 범위 활용

● 정답 1쪽

⊙ 수의 범위를 수직선에 나타내기

• 이상: ●——→, 이하: ←——●, 초과: ○——→, 미만: ←——○

• 22 이상 27 이하인 수 → 22와 27이 포함돼요.

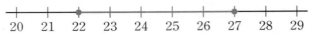

```
+----+----●----+----+----+----+----●----+----+
20   21   22   23   24   25   26   27   28   29
```

• 22 초과 27 이하인 수 → 22는 포함되지 않고 27은 포함돼요.

```
+----+----○----+----+----+----+----●----+----+
20   21   22   23   24   25   26   27   28   29
```

• 22 이상 27 미만인 수 → 22는 포함되고 27은 포함되지 않아요.

```
+----+----●----+----+----+----+----○----+----+
20   21   22   23   24   25   26   27   28   29
```

• 22 초과 27 미만인 수 → 22와 27이 포함되지 않아요.

```
+----+----○----+----+----+----+----○----+----+
20   21   22   23   24   25   26   27   28   29
```

개념 강의

• 이상과 이하는 기준이 되는 수가 포함되므로 점 ●으로 나타냅니다.
• 초과와 미만은 기준이 되는 수가 포함되지 않으므로 점 ○으로 나타냅니다.

---

1 수의 범위에 포함되는 수를 모두 찾아 ○표 하세요.

(1)

> 19 이상 22 이하인 수

| 18 | 19 | 20 | 21 | 22 | 23 | 24 |

(2)

> 46 초과 50 미만인 수

| 46 | 47 | 48 | 49 | 50 | 51 | 52 |

(3)

> 28 이상 31 미만인 수

| 26 | 27 | 28 | 29 | 30 | 31 | 32 |

(4)

> 55 초과 59 이하인 수

| 55 | 56 | 57 | 58 | 59 | 60 | 61 |

2 수직선에 나타낸 수의 범위를 알아보려고 합니다. □ 안에 알맞은 말을 써넣으세요.

(1)
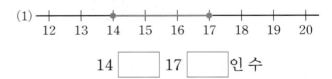
```
+----+----●----+----+----●----+----+----+
12   13   14   15   16   17   18   19   20
```

14 □ 17 □ 인 수

(2)
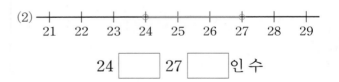
```
+----+----+----○----+----+----○----+----+
21   22   23   24   25   26   27   28   29
```

24 □ 27 □ 인 수

(3)
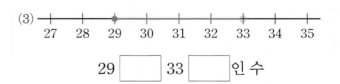
```
+----+----●----+----+----+----○----+----+
27   28   29   30   31   32   33   34   35
```

29 □ 33 □ 인 수

(4)
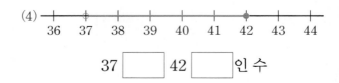
```
+----○----+----+----+----+----●----+----+
36   37   38   39   40   41   42   43   44
```

37 □ 42 □ 인 수

4 올림

1 단원

- 올림: 구하려는 자리 아래 수를 올려서 나타내는 방법
- 올림하여 **십**의 자리까지 나타내기

1305 ⟶ 1310 십의 자리 아래 수인 5를
10으로 보고 올려요.

- 올림하여 **백**의 자리까지 나타내기

1305 ⟶ 1400 백의 자리 아래 수인 5를
100으로 보고 올려요.

- 올림하여 **천**의 자리까지 나타내기

1305 ⟶ 2000 천의 자리 아래 수인 305를
1000으로 보고 올려요.

개념
강의

● 올림하여 백의 자리까지 나타낼 때 백의 자리 아래 수가 1부터 99이면 100으로 보고 올립니다.
300 ⟶ 300   301 ⟶ 400   356 ⟶ 400   399 ⟶ 400

---

1 알맞은 수를 찾아 ○표 하세요.

(1) 올림하여 십의 자리까지 나타낸 수

| 192 | 190　200　210 |

| 3871 | 3860　3870　3880 |

(2) 올림하여 백의 자리까지 나타낸 수

| 304 | 300　400　500 |

| 6215 | 6200　6300　6400 |

(3) 올림하여 천의 자리까지 나타낸 수

| 1453 | 1000　2000　3000 |

| 4021 | 3000　4000　5000 |

2 올림하여 주어진 자리까지 나타내세요.

(1) 십의 자리까지 나타내기

621 ⟶ (　　　　　)

2456 ⟶ (　　　　　)

(2) 백의 자리까지 나타내기

572 ⟶ (　　　　　)

4238 ⟶ (　　　　　)

(3) 천의 자리까지 나타내기

3109 ⟶ (　　　　　)

8100 ⟶ (　　　　　)

5 버림

- 버림: 구하려는 자리 아래 수를 버려서 나타내는 방법
- 버림하여 **십**의 자리까지 나타내기

$$4793 \Rightarrow 4790$$

십의 자리 아래 수인 3을
0으로 보고 버려요.

- 버림하여 **백**의 자리까지 나타내기

$$4793 \Rightarrow 4700$$

백의 자리 아래 수인 93을
0으로 보고 버려요.

- 버림하여 **천**의 자리까지 나타내기

$$4793 \Rightarrow 4000$$

천의 자리 아래 수인 793을
0으로 보고 버려요.

개념
강의

- 버림하여 백의 자리까지 나타낼 때 백의 자리 아래 수가 0부터 99이면 0으로 보고 버립니다.

$$500 \Rightarrow 500 \qquad 501 \Rightarrow 500 \qquad 574 \Rightarrow 500 \qquad 599 \Rightarrow 500$$

1 알맞은 수를 찾아 ○표 하세요.

(1) 버림하여 십의 자리까지 나타낸 수

| 389 | 380 390 400 |

| 2094 | 2000 2090 3000 |

(2) 버림하여 백의 자리까지 나타낸 수

| 717 | 700 710 800 |

| 1588 | 1500 1580 1600 |

(3) 버림하여 천의 자리까지 나타낸 수

| 4628 | 4620 4600 4000 |

| 7495 | 7000 7400 8000 |

2 버림하여 주어진 자리까지 나타내세요.

(1) 십의 자리까지 나타내기

829 ➡ (   )

7602 ➡ (   )

(2) 백의 자리까지 나타내기

496 ➡ (   )

1029 ➡ (   )

(3) 천의 자리까지 나타내기

6974 ➡ (   )

8989 ➡ (   )

6 반올림

- 반올림: 구하려는 자리 바로 아래 자리의 숫자가 ┌ 0, 1, 2, 3, 4이면 버림하고,
  └ 5, 6, 7, 8, 9이면 올림하는 방법

1 단원

- 반올림하여 **십**의 자리까지 나타내기

5682 ➡ 5680   일의 자리 숫자가 2이므로 버려요.

버림

- 반올림하여 **백**의 자리까지 나타내기

5682 ➡ 5700   십의 자리 숫자가 8이므로 올려요.

올림

- 반올림하여 **천**의 자리까지 나타내기

5682 ➡ 6000   백의 자리 숫자가 6이므로 올려요.

올림

올림과 버림은 구하려는 자리 아래 수를 모두 확인하고, 반올림은 구하려는 자리 바로 아래 자리의 숫자만 확인합니다.

개념 강의

- 145를 어림하여 백의 자리까지 나타내기

올림 145 ➡ 200   버림 145 ➡ 100   반올림 145 ➡ 100

---

1 알맞은 수를 찾아 ○표 하세요.

(1) 반올림하여 십의 자리까지 나타낸 수

| 536 | 500 530 540 |

| 4273 | 4270 4280 4300 |

(2) 반올림하여 백의 자리까지 나타낸 수

| 782 | 700 790 800 |

| 1498 | 1000 1400 1500 |

(3) 반올림하여 천의 자리까지 나타낸 수

| 1597 | 1500 1600 2000 |

| 3019 | 3000 3100 4000 |

2 반올림하여 주어진 자리까지 나타내세요.

(1) 십의 자리까지 나타내기

825 ➡ (   )

6281 ➡ (   )

(2) 백의 자리까지 나타내기

167 ➡ (   )

2308 ➡ (   )

(3) 천의 자리까지 나타내기

4900 ➡ (   )

7304 ➡ (   )

이상과 이하

> ▶ ■ 이상인 수는 ■와 같거나 큰 수이므로 ■를 포함합니다.
>
> 1부터 9까지의 자연수 중 5 이상인 수
>
> | 1 | 2 | 3 | 4 | 5 | 6 | 7 | 8 | 9 |
>
> ▶ ▲ 이하인 수는 ▲와 같거나 작은 수이므로 ▲를 포함합니다.
>
> 1부터 9까지의 자연수 중 5 이하인 수
>
> | 1 | 2 | 3 | 4 | 5 | 6 | 7 | 8 | 9 |

1

지영이네 모둠이 일주일 동안 읽은 책의 수를 나타낸 표입니다. 물음에 답하세요.

지영이네 모둠이 일주일 동안 읽은 책의 수

이름	책의 수(권)	이름	책의 수(권)
지영	1	유나	3
준서	4	경민	6
하은	5	진주	4

(1) 읽은 책 수가 5권과 같거나 많은 학생을 모두 찾아 이름을 쓰세요.

(   )

(2) 읽은 책 수가 5권 이상인 학생은 모두 몇 명일까요?

(   )

2

20 이상인 수에 ○표, 20 이하인 수에 △표 하세요.

| 3 | 23 | 19 | 20 | 25 | 16 | 36 |

3

수직선에 나타낸 수의 범위를 쓰세요.

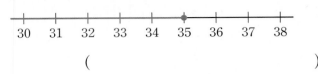

(   )

4

수직선에 나타낸 수의 범위에 포함되는 수를 모두 찾아 쓰세요.

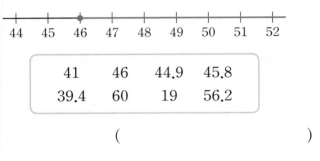

| 41 | 46 | 44.9 | 45.8 |
| 39.4 | 60 | 19 | 56.2 |

(   )

5

주어진 수의 범위를 수직선에 나타내세요.

12 이하인 수

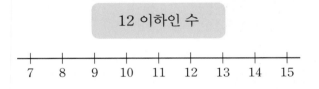

6 ➕ 10종 교과서

대한민국 대통령 선거는 만 18세 이상부터 투표할 수 있습니다. 다음 중 대통령 선거에 투표할 수 있는 나이를 모두 찾아 기호를 쓰세요.

| ㉠ 만 12세 | ㉡ 만 18세 |
| ㉢ 만 25세 | ㉣ 만 9세 |

(   )

7

은우네 모둠의 국어 점수를 조사하여 나타낸 표입니다. 물음에 답하세요.

은우네 모둠의 국어 점수

이름	점수(점)	이름	점수(점)
은우	96	소영	85
우진	80	민재	88
지후	92	현지	76

(1) 국어 점수가 88점 이상인 학생을 모두 찾아 이름을 쓰세요.

(   )

(2) 국어 점수가 80점 이하인 학생은 모두 몇 명일까요?

(   )

8

대화를 읽고 잘못 말한 사람의 이름을 쓰세요.

45 이하인 수에는 45가 포함돼.
강우

58, 59, 60, 61 중에서 60 이상인 수는 61뿐이야.
태우

(   )

9

세 자리 수 중에서 100 이하인 자연수를 쓰세요.

(   )

10 ➕ 10종 교과서

키가 130 cm 이상인 사람만 탈 수 있는 놀이 기구가 있습니다. 이 놀이 기구를 탈 수 있는 학생은 모두 몇 명일까요?

학생들의 키

이름	키(cm)	이름	키(cm)	이름	키(cm)
지민	117.5	현욱	143.6	민아	134.6
수연	125.1	상현	128.9	주희	130.0

(   )

11

㉠과 ㉡의 합을 구하세요.

- 25 이상인 자연수 중에서 가장 작은 수는 ㉠입니다.
- 35 이하인 자연수 중에서 가장 큰 수는 ㉡입니다.

(   )

12

다음은 ♣ 이하인 자연수를 쓴 것입니다. ♣가 될 수 있는 자연수 중에서 가장 작은 수를 쓰세요.

27   32   21   16   40

(   )

2 초과와 미만

> ▶ ■ 초과인 수는 ■보다 큰 수이므로 ■를 포함하지 않습니다.
>
> 1부터 9까지의 자연수 중 5 초과인 수

1	2	3	4	5	6	7	8	9

> ▶ ▲ 미만인 수는 ▲보다 작은 수이므로 ▲를 포함하지 않습니다.
>
> 1부터 9까지의 자연수 중 5 미만인 수

1	2	3	4	5	6	7	8	9

1

영준이네 모둠이 2분 동안 넘은 줄넘기 기록을 나타낸 표입니다. 물음에 답하세요.

영준이네 모둠의 줄넘기 기록

이름	기록(번)	이름	기록(번)
영준	102	민준	130
혜나	97	은지	145
수재	128	준기	117

(1) 줄넘기 기록이 120번보다 적은 학생을 모두 찾아 이름을 쓰세요.

(   )

(2) 줄넘기 기록이 120번 미만인 학생은 모두 몇 명일까요?

(   )

2

31 초과인 수에 ○표, 31 미만인 수에 △표 하세요.

34	29	40	27	31	30	32	21

3

수의 범위를 수직선에 바르게 나타낸 것을 찾아 기호를 쓰세요.

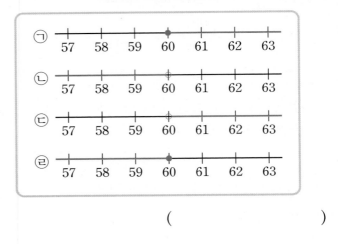

60 초과인 수

(   )

4

38 미만인 수는 모두 몇 개일까요?

40	29.6	42	41.3
38	37.9	39.2	32

(   )

5

수직선에 나타낸 수의 범위를 바르게 말한 사람의 이름을 쓰세요.

46 이상인 수   46 초과인 수

준서   태우

(   )

6

주한이네 모둠의 50 m 달리기 기록을 나타낸 표입니다. 물음에 답하세요.

주한이네 모둠의 50 m 달리기 기록

이름	기록(초)	이름	기록(초)
주한	8.0	민주	7.8
서윤	7.5	건영	8.5
하영	8.7	은채	9.1

(1) 50 m 달리기 기록이 8.0초 미만인 학생을 모두 찾아 이름을 쓰세요.

( )

(2) 50 m 달리기 기록이 8.0초 초과인 학생은 모두 몇 명일까요?

( )

7 ➕ 10종 교과서

어느 항공사는 수하물의 무게가 25 kg 초과일 때 요금을 더 내야 합니다. 요금을 더 내야 하는 수하물을 모두 찾아 기호를 쓰세요.

수하물의 무게

수하물	무게(kg)	수하물	무게(kg)
가	25.7	라	25.0
나	24.4	마	26.3
다	27.1	바	23.8

( )

8

21을 포함하는 수의 범위를 찾아 기호를 쓰세요.

> ㉠ 22 이상인 수　　㉡ 20 이하인 수
> ㉢ 20 초과인 수　　㉣ 21 미만인 수

( )

9

1부터 50까지의 자연수 중에서 40 초과인 수는 모두 몇 개일까요?

( )

10

지혜가 말한 수와 수지가 말한 수의 차를 구하세요.

50 초과인 수 중에서 가장 작은 자연수야.

지혜

50 미만인 수 중에서 가장 큰 자연수야.

수지

( )

11 ➕ 10종 교과서

높이가 3.3 m 미만인 자동차만 통과할 수 있는 도로가 있습니다. 이 도로를 통과할 수 있는 자동차를 모두 찾아 기호를 쓰세요.

자동차의 높이

자동차	높이(cm)	자동차	높이(cm)
㉠	290	㉣	350
㉡	300	㉤	303
㉢	360	㉥	330

( )

3 수의 범위 활용

> ■ 이상 ▲ 이하인 수는 ■와 ▲가 포함되고,
> ■ 초과 ▲ 미만인 수는 ■와 ▲가 포함되지 않습니다.

13 이상 18 이하인 수 → 13과 18을 포함해요.

11 12 ⑬ 14 15 16 17 ⑱ 19 20

13 이상 18 미만인 수 → 13을 포함해요.

11 12 ⑬ 14 15 16 17 18 19 20

13 초과 18 이하인 수 → 18을 포함해요.

11 12 13 14 15 16 17 ⑱ 19 20

13 초과 18 미만인 수

11 12 13 14 15 16 17 18 19 20

1

40 이상 70 이하인 수를 모두 찾아 쓰세요.

32 78 40 73 65 76 70

(   )

2

수직선에 나타낸 수의 범위를 쓰세요.

13 14 15 16 17 18 19 20 21

(   )

3

수의 범위를 수직선에 나타내세요.

> 26 초과 30 이하인 수

24 25 26 27 28 29 30 31 32

4

초등 고학년부 남학생의 태권도 체급별 몸무게를 나타낸 표입니다. 강우는 어느 체급에 속할까요?

체급별 몸무게(초등 고학년부 남학생용)

체급	몸무게(kg)
밴텀급	34 초과 36 이하
페더급	36 초과 39 이하
라이트급	39 초과 42 이하

내 몸무게는 39 kg이야.

강우

(   )

5

37 이상 42 미만인 수는 모두 몇 개일까요?

35.5 42 43 38.2 45 44.1 37

(   )

6 ➕ 10종 교과서

수민이가 말한 수의 범위를 수직선에 나타내고, 수의 범위에 포함되는 자연수는 모두 몇 개인지 구하세요.

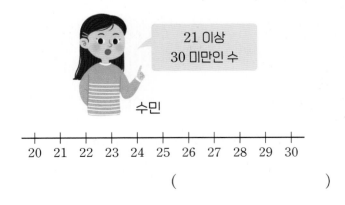

21 이상
30 미만인 수

수민

20 21 22 23 24 25 26 27 28 29 30

(   )

7 + 10종 교과서

어느 날 도시별 최고 기온을 조사하여 나타낸 표입니다. 아래 표의 빈칸에 알맞은 기호를 써넣으세요.

도시별 최고 기온

도시	최고 기온(℃)	도시	최고 기온(℃)
가	21.3	라	23.8
나	17.6	마	26
다	20	바	15

최고 기온별 도시

최고 기온(℃)	도시
15 이하	
15 초과 20 이하	
20 초과 25 이하	
25 초과	

8

67을 포함하는 수의 범위를 모두 찾아 기호를 쓰세요.

> ㉠ 67 이상 72 이하인 수
> ㉡ 67 초과 70 이하인 수
> ㉢ 56 이상 67 미만인 수
> ㉣ 65 초과 68 미만인 수

( )

9

30 초과 50 이하인 자연수 중에서 가장 큰 수와 가장 작은 수의 합을 구하세요.

( )

10

지하철을 탈 때 지하철 요금을 내야 하는 사람의 나이의 범위를 이상과 미만을 사용하여 나타내세요.

만 6세 미만인 영유아는 요금을 내지 않아도 돼.
수지

만 65세 이상인 어른은 요금을 내지 않아도 돼.
강우

( )

11

현서네 모둠의 수학 경시 대회 점수를 나타낸 표입니다. 은상을 받는 학생은 모두 몇 명일까요?

현서네 모둠의 수학 경시 대회 점수

이름	점수(점)	이름	점수(점)
현서	72	민하	84
나연	96	효준	92
영우	90	혜수	76

상별 수학 점수

상	점수(점)
금상	95 이상
은상	90 이상 95 미만
동상	85 이상 90 미만

( )

12

자연수 부분이 4 이상 6 미만이고 소수 첫째 자리 수가 2 초과 4 이하인 소수 한 자리 수를 만들려고 합니다. 만들 수 있는 소수 한 자리 수는 모두 몇 개인지 구하세요.

( )

4 올림

▶ 구하려는 자리 아래 수가 0보다 크면 올려서 나타냅니다. 구하려는 자리 수가 1 커집니다.

631을 올림하여 십의 자리까지 나타내기

631을 올림하여 백의 자리까지 나타내기

1

올림하여 주어진 자리까지 나타내세요.

(1)
수	십의 자리	백의 자리
318		

(2)
수	백의 자리	천의 자리
1652		

2

올림하여 소수 첫째 자리까지 나타내세요.

(1) 4.027 ➡ (   )

(2) 2.341 ➡ (   )

(3) 7.501 ➡ (   )

3

올림하여 나타낸 수의 크기를 비교하여 ○ 안에 >, = , < 를 알맞게 써넣으세요.

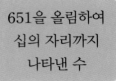
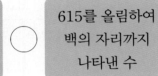

4 ➕ 10종 교과서

올림하여 천의 자리까지 나타내면 4000이 되는 수를 말한 사람을 찾아 이름을 쓰세요.

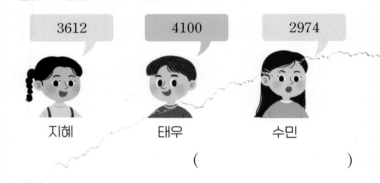

(   )

5

올림하여 백의 자리까지 나타낸 수가 나머지와 다른 하나는 어느 것일까요? (   )

① 6310   ② 6354   ③ 6300
④ 6309   ⑤ 6327

6 ➕ 10종 교과서

어느 빵집에서 파는 빵의 무게를 나타낸 표입니다. 무게를 올림하여 일의 자리까지 나타내려고 합니다. 빈칸에 알맞은 수를 써넣으세요.

빵	무게(g)	올림한 무게(g)
가	176.8	177
나	163.2	
다	148.5	
라	120.3	

7

십의 자리 아래 수를 올려서 나타낸 수가 나머지와 다른 하나를 찾아 기호를 쓰세요.

> ㉠ 3461　　㉡ 3470
>
> ㉢ 3460　　㉣ 3468

(　　　　　　　　)

8

올림하여 십의 자리까지 나타내면 260이 되는 자연수 중에서 가장 작은 수를 구하세요.

(　　　　　　　)

9

어떤 수를 올림하여 십의 자리까지 나타내었더니 30이 되었습니다. 어떤 수가 될 수 있는 자연수는 모두 몇 개일까요?

(　　　　　　　)

10

지승이는 편의점에서 4250원짜리 햄버거를 한 개 사려고 합니다. 1000원짜리 지폐로만 사려면 적어도 얼마를 내야 할까요?

(　　　　　　　)

11

준서의 휴대 전화 비밀번호를 올림하여 백의 자리까지 나타내면 7300입니다. 준서의 휴대 전화 비밀번호를 구하세요.

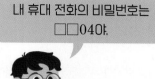

내 휴대 전화의 비밀번호는 □□04야.

준서

(　　　　　　　　)

12

한 번에 10명까지 탈 수 있는 케이블카가 있습니다. 지유네 학교 5학년 학생 324명이 모두 케이블카를 타려면 적어도 몇 번에 나누어 타야 할까요?

(　　　　　　　)

13

농장에서 수확한 사과 632상자를 트럭에 모두 실으려고 합니다. 트럭 한 대에 100상자씩 실을 수 있을 때, 트럭은 적어도 몇 대 필요할까요?

(　　　　　　　)

5 버림

> 구하려는 자리 아래 수는 모두 0으로 보고 버려서 나타냅니다. 구하려는 자리는 변하지 않습니다.

148을 버림하여 십의 자리까지 나타내기

백	십	일
1	4	8

→

백	십	일
1	4	0

0

148을 버림하여 백의 자리까지 나타내기

백	십	일
1	4	8

→

백	십	일
1	0	0

0

1

버림하여 주어진 자리까지 나타내세요.

(1)

수	십의 자리	백의 자리
527		

(2)

수	백의 자리	천의 자리
3513		

2

버림하여 소수 첫째 자리까지 나타내세요.

(1) 1.765 ➡ ( )

(2) 3.998 ➡ ( )

(3) 6.249 ➡ ( )

3

왼쪽의 수를 버림하여 백의 자리까지 나타낸 수를 오른쪽에서 찾아 이으세요.

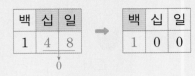

1085	•	•	1100
1203	•	•	1000
1191	•	•	1200

4

버림하여 나타낸 수의 크기를 비교하여 더 큰 것의 기호를 쓰세요.

> ㉠ 4096을 버림하여 십의 자리까지 나타낸 수
> ㉡ 4098을 버림하여 백의 자리까지 나타낸 수

( )

5

버림하여 십의 자리까지 나타낸 수가 1530인 수를 모두 찾아 ○표 하세요.

| 1528 | 1537 | 1503 | 1543 | 1539 |

6 ✚ 10종 교과서

버림하여 소수 둘째 자리까지 나타낸 수가 나머지와 다른 하나는 어느 것일까요? (   )

① 8.284   ② 8.281   ③ 8.286
④ 8.268   ⑤ 8.289

7

다음 세 자리 수를 버림하여 십의 자리까지 나타내면 920이 됩니다. □ 안에 들어갈 수 있는 수는 모두 몇 개일까요?

92□

(   )

8

버림하여 백의 자리까지 나타내면 3500이 되는 자연수 중에서 가장 큰 수를 쓰세요.

(   )

9 ✚ 10종 교과서

밭에서 캔 고구마 248 kg을 한 상자에 10 kg씩 담았습니다. 상자에 담은 고구마는 모두 몇 kg일까요?

(   )

10

선물 상자 한 개를 포장하는 데 끈이 100 cm 필요합니다. 끈 583 cm로 선물 상자를 최대 몇 개까지 포장할 수 있을까요?

(   )

11

귤 623 kg을 한 상자에 10 kg씩 담아서 한 상자에 20000원씩 받고 모두 팔았습니다. 귤을 판매한 금액은 모두 얼마일까요?

(   )

12

두 사람의 대화를 읽고 강우가 처음에 생각한 자연수는 얼마인지 구하세요.

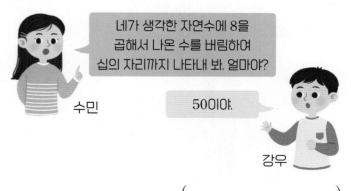

네가 생각한 자연수에 8을 곱해서 나온 수를 버림하여 십의 자리까지 나타내 봐. 얼마야?

수민

500이야.

강우

(   )

6 반올림

▶ **구하려는 자리 바로 아래 자리의 숫자에 따라 올림하거나 버림합니다.**

273을 반올림하여 십의 자리까지 나타내기

백	십	일
2	7	3

→

백	십	일
2	7	0

버림

273을 반올림하여 백의 자리까지 나타내기

백	십	일
2	7	3

→

백	십	일
3	0	0

올림

1

반올림하여 주어진 자리까지 나타내세요.

(1)

수	십의 자리	백의 자리
8407		

(2)

수	백의 자리	천의 자리
60625		

2

연우의 키와 몸무게를 각각 반올림하여 일의 자리까지 나타내세요.

키 : 148.3cm
몸무게 : 42.6kg

연우

키 ( )
몸무게 ( )

3

어림하여 나타낸 수가 더 큰 경우를 말한 사람의 이름을 쓰세요.

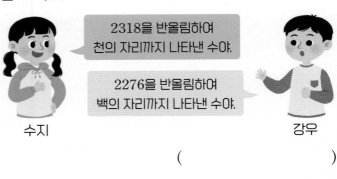

2318을 반올림하여 천의 자리까지 나타낸 수야.

2276을 반올림하여 백의 자리까지 나타낸 수야.

수지   강우

( )

4

반올림하여 천의 자리까지 나타낸 수가 같은 두 수를 찾아 ○표 하세요.

| 2835 | 3791 | 2435 | 3272 |

5 ✚ 10종 교과서

반올림하여 백의 자리까지 나타낸 수와 반올림하여 십의 자리까지 나타낸 수가 같은 것을 찾아 기호를 쓰세요.

㉠ 1904   ㉡ 5039   ㉢ 2705

( )

6

어느 도시의 인구수는 617350명이라고 합니다. 이 도시의 인구수를 반올림하여 만의 자리까지 나타내세요.

( )명

7

어느 로봇 행사에 3일 동안 입장한 관람객 수를 나타낸 표입니다. 관람객 수를 반올림하여 천의 자리까지 나타내려고 합니다. 빈칸에 알맞은 수를 써넣으세요.

요일	관람객 수(명)	반올림한 관람객 수(명)
월	37429	
화	53841	
수	40632	

8

다음 네 자리 수를 반올림하여 십의 자리까지 나타내면 3860이 됩니다. 0부터 9까지의 수 중에서 □ 안에 들어갈 수 있는 수를 모두 쓰세요.

385□

(   )

9 ✚ 10종 교과서

어떤 수를 반올림하여 십의 자리까지 나타내었더니 490이 되었습니다. 어떤 수가 될 수 있는 수의 범위를 수직선에 나타내세요.

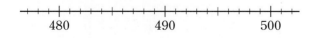

480   490   500

10

어떤 자연수를 반올림하여 천의 자리까지 나타내면 4000이 됩니다. 어떤 자연수가 될 수 있는 가장 큰 수와 가장 작은 수를 구하세요.

가장 큰 수 (   )
가장 작은 수 (   )

11

성현이네 학교 전교생 수를 반올림하여 십의 자리까지 나타내면 520명이라고 합니다. 운동회 날 모든 학생들에게 음료수를 한 병씩 나누어 주려면 음료수를 적어도 몇 병 준비해야 할까요?

(   )

12

어느 마을에서 가장 큰 나무의 높이는 1382 cm입니다. 이 나무의 높이는 몇 m에 가장 가까운지 자연수로 나타내세요.

(   )

13

반올림하여 십의 자리까지 나타내면 100이 되는 두 자리 수는 모두 몇 개일까요?

(   )

1 수의 범위에 포함되는 자연수의 개수 구하기

● 정답 6쪽

수의 범위에 포함되는 자연수가 더 많은 것의 기호를 쓰세요.

> ㉠ 37 이상 42 이하인 수
> ㉡ 25 초과 31 미만인 수

1단계 ㉠에 포함되는 자연수의 개수 구하기

( )

2단계 ㉡에 포함되는 자연수의 개수 구하기

( )

3단계 수의 범위에 포함되는 자연수가 더 많은 것의 기호 쓰기

( )

문제해결 tip 이상과 이하는 기준이 되는 수가 포함되고, 초과와 미만은 기준이 되는 수가 포함되지 않습니다.

1·1 수의 범위에 포함되는 자연수가 더 많은 것의 기호를 쓰세요.

> ㉠ 52 이상 60 미만인 수
> ㉡ 74 초과 83 이하인 수

( )

1·2 ㉠과 ㉡이 나타내는 수의 범위에 포함되는 자연수의 개수의 차는 몇 개인지 구하세요.

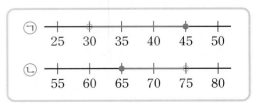

( )

2 수 카드로 수 만들고 어림하기

● 정답 6쪽

수 카드 4장을 한 번씩만 사용하여 가장 큰 네 자리 수를 만들고, 만든 네 자리 수를 반올림하여 천의 자리까지 나타내세요.

3 1 7 5

1단계 가장 큰 네 자리 수 만들기

( )

2단계 만든 네 자리 수를 반올림하여 천의 자리까지 나타내기

( )

문제해결 tip 반올림하여 천의 자리까지 나타낼 때는 백의 자리 숫자를 확인합니다.

2·1 수 카드 4장을 한 번씩만 사용하여 가장 큰 네 자리 수를 만들고, 만든 네 자리 수를 올림하여 십의 자리까지 나타내세요.

6 4 2 3

( )

2·2 수 카드 4장을 한 번씩만 사용하여 가장 작은 네 자리 수를 만들고, 만든 네 자리 수를 버림하여 백의 자리까지 나타내세요.

8 6 5 9

( )

3 어림한 수의 차 구하기

● 정답 6쪽

다음 수를 올림하여 백의 자리까지 나타낸 수와 버림하여 백의 자리까지 나타낸 수의 차를 구하세요.

7109

1단계 올림하여 백의 자리까지 나타낸 수 구하기

( )

2단계 버림하여 백의 자리까지 나타낸 수 구하기

( )

3단계 어림하여 나타낸 두 수의 차 구하기

( )

문제해결 tip 올림은 구하려는 자리의 아래 수를 올려서 나타내고, 버림은 구하려는 자리의 아래 수를 버려서 나타냅니다.

3·1 다음 수를 반올림하여 십의 자리까지 나타낸 수와 버림하여 백의 자리까지 나타낸 수의 차를 구하세요.

3826

( )

3·2 지혜와 태우는 5371을 두 가지 방법으로 어림하여 나타내고 두 수의 차를 구했습니다. 구한 수가 더 큰 사람의 이름을 쓰세요.

5371을 올림하여 천의 자리까지 나타낸 수와 반올림하여 천의 자리까지 나타낸 수의 차를 구했어.

지혜

5371을 반올림하여 백의 자리까지 나타낸 수와 버림하여 백의 자리까지 나타낸 수의 차를 구했어.

태우

( )

4 조건을 만족하는 수의 범위 구하기

수직선에 나타낸 수의 범위에 포함되는 자연수는 모두 6개입니다. ㉮에 알맞은
수를 구하세요. (단, ㉮는 자연수입니다.)

1단계 수직선에 나타낸 수의 범위 쓰기

( )

2단계 수의 범위에 포함되는 자연수를 큰 수부터 차례대로 6개 쓰기

( )

3단계 ㉮에 알맞은 수 구하기

( )

문제해결 tip ■, ▲가 자연수일 때 ■ 이상 ▲ 미만인 자연수의 개수는 (▲ − ■)개입니다.

4·1 수직선에 나타낸 수의 범위에 포함되는 자연수는 모두 7개입니다. ㉮에 알맞은 수를
구하세요. (단, ㉮는 자연수입니다.)

( )

4·2 ㉮ 초과 74 미만인 자연수는 모두 10개입니다. ㉮에 알맞은 수를 구하세요. (단, ㉮는
자연수입니다.)

( )

5 수의 범위에 공통으로 포함되는 자연수 구하기

● 정답 7쪽

두 수직선에 나타낸 수의 범위에 공통으로 포함되는 자연수는 모두 몇 개인지 구하세요.

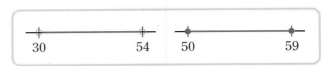

1단계 공통 범위를 수직선에 나타내기

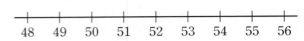

2단계 공통으로 포함되는 자연수의 개수 구하기

( )

문제해결 tip 두 수직선에 나타낸 수의 범위에 모두 포함되는 공통 범위를 수직선에 나타내고, 나타낸 수의 범위에 포함되는 자연수를 모두 찾습니다.

5·1 두 수직선에 나타낸 수의 범위에 공통으로 포함되는 자연수는 모두 몇 개인지 구하세요.

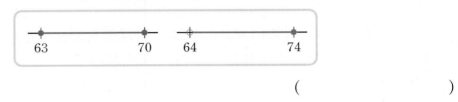

( )

5·2 수의 범위에 공통으로 포함되는 자연수를 모두 구하세요.

· 78 이상 83 미만인 수
· 70 초과 80 이하인 수

( )

6 조건을 만족하는 자연수의 개수 구하기

● 정답 7쪽

어떤 수를 버림하여 십의 자리까지 나타내면 570이고, 반올림하여 십의 자리까지 나타내면 580입니다. 어떤 수가 될 수 있는 자연수는 모두 몇 개인지 구하세요.

1단계 버림하여 십의 자리까지 나타내면 570인 자연수의 범위 쓰기

□ 이상 □ 이하인 자연수

2단계 반올림하여 십의 자리까지 나타내면 580인 자연수의 범위 쓰기

□ 이상 □ 이하인 자연수

3단계 어떤 수가 될 수 있는 자연수는 모두 몇 개인지 구하기

(   )

문제해결 tip 어림하기 전의 수가 될 수 있는 범위를 각각 구하고 공통 범위에 포함되는 자연수를 모두 구합니다.

6·1 어떤 수를 올림하여 십의 자리까지 나타내면 360이고, 반올림하여 십의 자리까지 나타내면 350입니다. 어떤 수가 될 수 있는 자연수는 모두 몇 개인지 구하세요.

(   )

6·2 다음 조건을 모두 만족하는 자연수는 모두 몇 개인지 구하세요.

> • 올림하여 백의 자리까지 나타내면 300입니다.
> • 버림하여 백의 자리까지 나타내면 200입니다.
> • 반올림하여 백의 자리까지 나타내면 300입니다.

(   )

1 수의 범위와 어림하기

● 정답 8쪽

1 이상, 이하, 초과, 미만인 수 알아보기

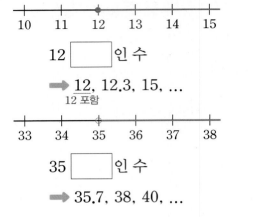

12 ☐ 인 수

➡ 12, 12.3, 15, ...
　12 포함

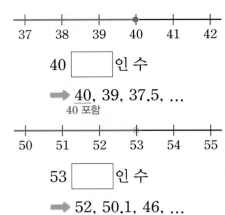

40 ☐ 인 수

➡ 40, 39, 37.5, ...
　40 포함

35 ☐ 인 수

➡ 35.7, 38, 40, ...

53 ☐ 인 수

➡ 52, 50.1, 46, ...

2 수의 범위 나타내기

| 21　22　23　24　25 | ➡ 20 초과 25 ☐ 인 자연수 |

| 39　40　41　42　43 | ➡ 39 ☐ 44 미만인 자연수 |

3 올림, 버림, 반올림하여 주어진 자리까지 나타내기

3456

어림 방법	십의 자리	백의 자리	천의 자리
올림	3460		
버림		3400	
반올림			3000

4 올림, 버림, 반올림 활용하기

한 대에 10명씩 탈 수 있는 보트에 학생 68명이 모두 타려고 합니다.

(올림 , 버림 , 반올림)을 이용하여 십의 자리까지 나타내면 보트는 적어도 ☐ 대 필요합니다.

1. 수의 범위와 어림하기

1

13 이상 18 미만인 수는 모두 몇 개일까요?

| 15 | 12.7 | 13 | 17.8 |
| 18 | 14.3 | 19 | 20.5 |

(   )

2

민서네 모둠 학생들이 1학기 동안 읽은 책의 수를 조사하여 나타낸 표입니다. 1학기 동안 읽은 책이 30권 미만인 사람의 이름을 모두 쓰세요.

민서네 모둠 학생들이 1학기 동안 읽은 책의 수

이름	민서	윤빈	준영	현우
책의 수(권)	30	18	31	29

(   )

3

수의 범위를 수직선에 나타내세요.

58 이상 62 미만인 수

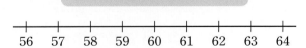
56 57 58 59 60 61 62 63 64

4

올림하여 소수 둘째 자리까지 나타내세요.

4.237

(   )

5

5049를 올림, 버림, 반올림하여 백의 자리까지 나타내세요.

올림	버림	반올림

6

태우가 말한 자연수는 모두 몇 개일까요?

57 초과 60 이하인 자연수야.

태우

(   )

7 서술형

어느 항공사는 수하물의 무게가 10 kg을 초과하면 기내에 들고 탈 수 없습니다. 기내에 들고 탈 수 없는 수하물은 모두 몇 개인지 해결 과정을 쓰고, 답을 구하세요.

수하물의 무게

수하물	가	나	다	라	마
무게(kg)	10.5	9.8	10	8.5	11

_____

_____

_____

(   )

8

준혁이는 우체국에서 택배를 보내려고 합니다. 4.5 kg 짜리 물건을 0.5 kg짜리 상자에 넣어 택배를 보낼 때, 택배 요금은 얼마일까요?

무게별 택배 요금

무게(kg)	요금(원)
2 이하	5000
2 초과 5 이하	6000
5 초과 10 이하	7000

(   )

9

서경이네 가족은 12세인 서경이, 7세인 동생, 15세인 오빠, 44세인 아버지, 43세인 어머니, 72세인 할머니로 모두 6명입니다. 서경이네 가족이 모두 미술관에 입장하려면 입장료로 얼마를 내야 할까요?

미술관 입장료

구분	어린이	청소년	성인
요금(원)	3000	6000	10000

어린이: 8세 이상 13세 미만
청소년: 13세 이상 20세 미만
성인: 20세 이상 65세 미만
＊8세 미만과 65세 이상은 무료

(   )

10

올림하여 천의 자리까지 바르게 나타낸 것은 어느 것일까요? (   )

① 2033 ➡ 2500   ② 6325 ➡ 6000
③ 7000 ➡ 8000   ④ 3006 ➡ 3000
⑤ 8690 ➡ 9000

11

어림하여 나타낸 수를 잘못 말한 사람을 찾아 이름을 쓰세요.

민재: 4.256을 버림하여 소수 첫째 자리까지 나타내면 4.2입니다.
윤기: 8.307을 올림하여 소수 둘째 자리까지 나타내면 8.31입니다.
소은: 9.045를 반올림하여 소수 첫째 자리까지 나타내면 9.1입니다.

(   )

12

버림하여 백의 자리까지 나타냈을 때 3400이 되는 자연수는 모두 몇 개인지 구하세요.

(   )

13

반올림하여 백의 자리까지 나타낸 수가 3500인 수를 찾아 쓰세요.

| 3600 | 3599 | 3601 | 3490 | 3647 |

(   )

14

반올림하여 천의 자리까지 나타낸 수가 2000이 되는 자연수 중 가장 큰 수와 가장 작은 수의 차를 구하세요.

(   )

15

어림하는 방법이 다른 경우를 말한 사람을 찾아 이름을 쓰세요.

지혜: 사과 2737개를 107개씩 담아서 팔 때 팔 수 있는 사과는 모두 몇 개일까?

수지: 45.6 kg인 몸무게를 1 kg 단위로 가까운 쪽의 눈금을 읽으면 몇 kg일까?

수민: 상자 한 개를 포장하려면 끈 100 cm가 필요할 때 끈 485 cm로는 상자를 최대 몇 개까지 포장할 수 있을까?

( )

16 서술형

네 자리 수 41□6을 버림하여 백의 자리까지 나타낸 수와 반올림하여 백의 자리까지 나타낸 수가 같습니다. □ 안에 들어갈 수 있는 수를 모두 구하려고 합니다. 해결 과정을 쓰고, 답을 구하세요.

_____

_____

_____

( )

17

어느 공장에서 생산한 물건을 한 상자에 100개씩 담아 포장하여 판매한다고 합니다. 오늘 생산한 물건이 3994개라면 판매할 수 있는 물건은 최대 몇 상자인지 구하세요.

( )

18

연필이 19자루씩 들어 있는 상자가 20개 있습니다. 상자 20개에 들어 있는 연필은 모두 몇 자루인지 반올림하여 백의 자리까지 나타내세요.

( )

19 서술형

10원짜리 동전 3564개를 은행에 가서 1000원짜리 지폐로 바꾸려고 합니다. 최대 얼마까지 바꿀 수 있고, 남는 돈은 얼마인지 해결 과정을 쓰고, 답을 구하세요.

_____

_____

_____

( ), ( )

20

다음 조건을 모두 만족하는 가장 큰 자연수를 구하세요.

> ① 6000 이상 8000 미만인 수입니다.
> ② 올림하여 천의 자리까지 나타내면 7000입니다.
> ③ 일의 자리 숫자는 천의 자리 숫자와 같습니다.
> ④ 백의 자리 숫자는 1 미만인 수입니다.

( )

미로를 따라 길을 찾아보세요.

● 정답 45쪽

2

분수의 곱셈

▶ 학습을 완료하면 V표를 하면서 학습 진도를 체크해요.

	개념학습						문제학습
백점 쪽수	36	37	38	39	40	41	42
확인							

	문제학습						
백점 쪽수	43	44	45	46	47	48	49
확인							

	문제학습				응용학습		
백점 쪽수	50	51	52	53	54	55	56
확인							

	응용학습			단원평가			
백점 쪽수	57	58	59	60	61	62	63
확인							

(진분수)×(자연수)

● 정답 9쪽

○ $\frac{5}{6} \times 3$의 계산 방법

(진분수)×(자연수)는 진분수의 분모는 그대로 두고 분자와 자연수를 곱하여 계산합니다.

방법 1 분수의 곱셈을 다 한 후에 약분하기

$$\frac{5}{6} \times 3 = \frac{5 \times 3}{6} = \frac{\overset{5}{\cancel{15}}}{\underset{2}{\cancel{6}}} = \frac{5}{2} = 2\frac{1}{2}$$

방법 2 분수의 곱셈을 하는 과정에서 약분하기

$$\frac{5}{6} \times 3 = \frac{5 \times \overset{1}{\cancel{3}}}{\underset{2}{\cancel{6}}} = \frac{5}{2} = 2\frac{1}{2} \qquad \Big| \qquad \frac{5}{\underset{2}{\cancel{6}}} \times \overset{1}{\cancel{3}} = \frac{5 \times 1}{2} = \frac{5}{2} = 2\frac{1}{2}$$

개념 강의

● (단위분수)×(자연수)는 단위분수의 분자 1과 자연수를 곱하여 계산합니다. ➡ $\frac{1}{8} \times 3 = \frac{1 \times 3}{8} = \frac{3}{8}$

---

1 그림을 보고 ☐ 안에 알맞은 수를 써넣으세요.

(1)
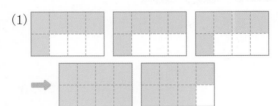

$$\frac{5}{8} \times 3 = \frac{5}{8} + \frac{5}{8} + \frac{5}{8}$$

$$= \frac{5 \times \boxed{}}{8} = \frac{\boxed{}}{8} = \boxed{}\frac{\boxed{}}{8}$$

(2)
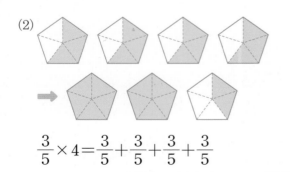

$$\frac{3}{5} \times 4 = \frac{3}{5} + \frac{3}{5} + \frac{3}{5} + \frac{3}{5}$$

$$= \frac{3 \times \boxed{}}{5} = \frac{\boxed{}}{5} = \boxed{}\frac{\boxed{}}{5}$$

---

2 ☐ 안에 알맞은 수를 써넣으세요.

(1) $\frac{1}{6} \times 5 = \frac{1 \times \boxed{}}{6} = \frac{\boxed{}}{6}$

(2) $\frac{2}{7} \times 5 = \frac{2 \times \boxed{}}{7} = \frac{\boxed{}}{7} = \boxed{}\frac{\boxed{}}{7}$

(3) $\frac{3}{4} \times 3 = \frac{3 \times \boxed{}}{4} = \frac{\boxed{}}{4} = \boxed{}\frac{\boxed{}}{4}$

(4) $\frac{4}{\underset{\boxed{}}{9}} \times \overset{\boxed{}}{6} = \frac{4 \times \boxed{}}{3} = \frac{\boxed{}}{3} = \boxed{}\frac{\boxed{}}{3}$

(5) $\frac{5}{\underset{\boxed{}}{14}} \times \overset{\boxed{}}{8} = \frac{5 \times \boxed{}}{7} = \frac{\boxed{}}{7} = \boxed{}\frac{\boxed{}}{7}$

2 (대분수) × (자연수)

● 정답 9쪽

● $1\frac{3}{5} \times 2$의 계산 방법

(대분수) × (자연수)는 대분수를 가분수로 나타내어 계산하거나
대분수를 자연수와 진분수의 합으로 생각하여 계산합니다.

방법 1 대분수를 가분수로 나타내어 계산하기

$$1\frac{3}{5} \times 2 = \frac{8}{5} \times 2 = \frac{16}{5} = 3\frac{1}{5}$$

방법 2 대분수를 자연수와 진분수의 합으로 생각하여 계산하기

$$1\frac{3}{5} \times 2 = (1 \times 2) + \left(\frac{3}{5} \times 2\right) = 2 + \frac{6}{5} = 2 + 1\frac{1}{5} = 3\frac{1}{5}$$

개념
강의

● 대분수의 분모와 자연수가 약분이 될 경우 반드시 대분수를 가분수로 나타낸 다음 약분합니다. → $2\frac{1}{\overset{4}{\underset{1}{\cancel{4}}}} \times \overset{2}{\cancel{8}} = 2 \times 2 = 4$ (×) $2\frac{1}{4} \times 8 = \frac{9}{\underset{1}{\cancel{4}}} \times \overset{2}{\cancel{8}} = 18$ (○)

---

1 그림을 보고 □ 안에 알맞은 수를 써넣으세요.

(1)
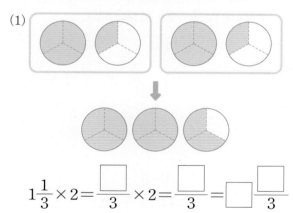

$$1\frac{1}{3} \times 2 = \frac{\square}{3} \times 2 = \frac{\square}{3} = \square\frac{\square}{3}$$

(2)
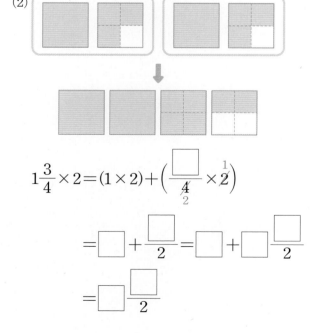

$$1\frac{3}{4} \times 2 = (1 \times 2) + \left(\frac{\square}{\underset{2}{\cancel{4}}} \times \overset{1}{\cancel{2}}\right)$$

$$= \square + \frac{\square}{2} = \square + \square\frac{\square}{2}$$

$$= \square\frac{\square}{2}$$

---

2 □ 안에 알맞은 수를 써넣으세요.

(1) $1\frac{1}{4} \times 5 = \frac{\square}{4} \times 5 = \frac{\square}{4} = \square\frac{\square}{4}$

(2) $2\frac{3}{5} \times 4 = \frac{\square}{5} \times 4 = \frac{\square}{5} = \square\frac{\square}{5}$

(3) $3\frac{2}{9} \times 4 = (3 \times 4) + \left(\frac{2}{9} \times \square\right)$

$= \square + \frac{\square}{9} = \square\frac{\square}{9}$

(4) $2\frac{5}{6} \times 4 = (2 \times 4) + \left(\frac{5}{\underset{\square}{\cancel{6}}} \times \overset{\square}{\cancel{4}}\right) = 8 + \frac{\square}{3}$

$= 8 + \square\frac{\square}{3} = \square\frac{\square}{3}$

③ (자연수)×(진분수)

● 정답 9쪽

● $5 \times \dfrac{7}{10}$ 의 계산 방법

(자연수)×(진분수)는 진분수의 분모는 그대로 두고 자연수와 분자를 곱하여 계산합니다.

방법 1 분수의 곱셈을 다 한 후에 약분하기

$$5 \times \frac{7}{10} = \frac{5 \times 7}{10} = \frac{\overset{7}{35}}{\underset{2}{10}} = \frac{7}{2} = 3\frac{1}{2}$$

방법 2 분수의 곱셈을 하는 과정에서 약분하기

$$5 \times \frac{7}{10} = \frac{\overset{1}{5} \times 7}{\underset{2}{10}} = \frac{7}{2} = 3\frac{1}{2} \qquad \overset{1}{5} \times \frac{7}{\underset{2}{10}} = \frac{1 \times 7}{2} = \frac{7}{2} = 3\frac{1}{2}$$

개념 강의

● 자연수 ■와 진분수의 곱은 ■보다 작습니다. ➡ $4 \times \dfrac{5}{6} = 3\dfrac{1}{3}$, $3\dfrac{1}{3} < 4$

1 그림을 보고 ☐ 안에 알맞은 수를 써넣으세요.

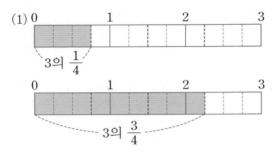

(1)
3의 $\frac{1}{4}$

3의 $\frac{3}{4}$

$$3 \times \frac{3}{4} = \left(3 \times \frac{1}{4}\right) \times 3 = \frac{3}{4} \times 3$$

$$= \frac{\boxed{} \times 3}{4} = \frac{\boxed{}}{4} = \boxed{}\frac{\boxed{}}{4}$$

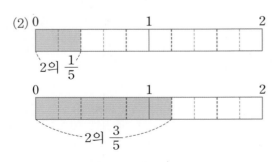

(2)
2의 $\frac{1}{5}$

2의 $\frac{3}{5}$

$$2 \times \frac{3}{5} = \left(2 \times \frac{1}{5}\right) \times 3 = \frac{2}{5} \times 3$$

$$= \frac{\boxed{} \times 3}{5} = \frac{\boxed{}}{5} = \boxed{}\frac{\boxed{}}{5}$$

2 ☐ 안에 알맞은 수를 써넣으세요.

(1) $4 \times \dfrac{2}{5} = \dfrac{\boxed{} \times 2}{5} = \dfrac{\boxed{}}{5} = \boxed{}\dfrac{\boxed{}}{5}$

(2) $7 \times \dfrac{6}{11} = \dfrac{\boxed{} \times 6}{11} = \dfrac{\boxed{}}{11} = \boxed{}\dfrac{\boxed{}}{11}$

(3) $\overset{\boxed{}}{8} \times \dfrac{7}{\underset{\boxed{}}{12}} = \dfrac{\boxed{} \times 7}{3} = \dfrac{\boxed{}}{3} = \boxed{}\dfrac{\boxed{}}{3}$

(4) $\overset{\boxed{}}{12} \times \dfrac{5}{\underset{\boxed{}}{9}} = \dfrac{\boxed{} \times 5}{3} = \dfrac{\boxed{}}{3} = \boxed{}\dfrac{\boxed{}}{3}$

4 (자연수)×(대분수)

● $3 \times 2\frac{4}{7}$ 의 계산 방법

(자연수)×(대분수)는 대분수를 가분수로 나타내어 계산하거나
대분수를 자연수와 진분수의 합으로 생각하여 계산합니다.

방법1 대분수를 가분수로 나타내어 계산하기

$$3 \times 2\frac{4}{7} = 3 \times \frac{18}{7} = \frac{54}{7} = 7\frac{5}{7}$$

방법2 대분수를 자연수와 진분수의 합으로 생각하여 계산하기

$$3 \times 2\frac{4}{7} = (3 \times 2) + \left(3 \times \frac{4}{7}\right) = 6 + \frac{12}{7} = 6 + 1\frac{5}{7} = 7\frac{5}{7}$$

개념
강의

● 자연수 ■와 대분수의 곱은 ■보다 큽니다. ➡ $3 \times 1\frac{4}{9} = 4\frac{1}{3}$, $4\frac{1}{3} > 3$

---

1 그림을 보고 □ 안에 알맞은 수를 써넣으세요.

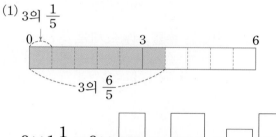

(1) 3의 $\frac{1}{5}$

3의 $\frac{6}{5}$

$$3 \times 1\frac{1}{5} = 3 \times \frac{\square}{5} = \frac{\square}{5} = \square\frac{\square}{5}$$

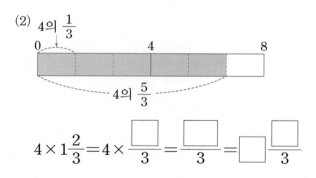

(2) 4의 $\frac{1}{3}$

4의 $\frac{5}{3}$

$$4 \times 1\frac{2}{3} = 4 \times \frac{\square}{3} = \frac{\square}{3} = \square\frac{\square}{3}$$

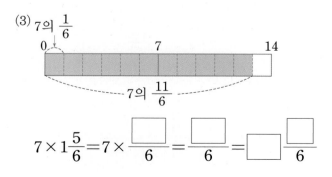

(3) 7의 $\frac{1}{6}$

7의 $\frac{11}{6}$

$$7 \times 1\frac{5}{6} = 7 \times \frac{\square}{6} = \frac{\square}{6} = \square\frac{\square}{6}$$

2 □ 안에 알맞은 수를 써넣으세요.

(1) $2 \times 1\frac{1}{7} = 2 \times \frac{\square}{7} = \frac{\square}{7} = \square\frac{\square}{7}$

(2) $3 \times 2\frac{1}{6} = 3 \times \frac{\square}{6} = \frac{\square}{2} = \square\frac{\square}{2}$

(3) $4 \times 2\frac{3}{14} = (4 \times \square) + \left(\overset{\square}{4} \times \frac{\square}{\underset{\square}{14}}\right)$

$= \square + \frac{\square}{7} = \square\frac{\square}{7}$

(4) $5 \times 1\frac{2}{3} = (5 \times 1) + \left(\square \times \frac{2}{3}\right)$

$= \square + \frac{\square}{3} = \square + \square\frac{\square}{3}$

$= \square\frac{\square}{3}$

(진분수)×(진분수)

○ $\dfrac{1}{6} \times \dfrac{1}{7}$ 의 계산 방법

(단위분수)×(단위분수)는 분자는 그대로 두고 분모끼리 곱하여 계산합니다.

$$\dfrac{1}{6} \times \dfrac{1}{7} = \dfrac{1}{6 \times 7} = \dfrac{1}{42}$$ ← 분자끼리의 곱이 항상 1이에요.

○ $\dfrac{3}{5} \times \dfrac{2}{9}$ 의 계산 방법

(진분수)×(진분수)는 분자는 분자끼리, 분모는 분모끼리 곱하여 계산합니다.

방법1 분수의 곱셈을 다 한 후에 약분하기	방법2 분수의 곱셈을 하는 과정에서 약분하기
$\dfrac{3}{5} \times \dfrac{2}{9} = \dfrac{3 \times 2}{5 \times 9} = \dfrac{\overset{2}{6}}{\underset{15}{45}} = \dfrac{2}{15}$	$\dfrac{3}{5} \times \dfrac{2}{9} = \dfrac{\overset{1}{3} \times 2}{5 \times \underset{3}{9}} = \dfrac{2}{15}$ \qquad $\dfrac{\overset{1}{3}}{5} \times \dfrac{2}{\underset{3}{9}} = \dfrac{2}{15}$

• 단위분수에 단위분수를 곱하면 처음 단위분수보다 작아집니다. → $\dfrac{1}{\blacksquare} \times \dfrac{1}{\blacktriangle} < \dfrac{1}{\blacksquare}$

---

1 그림을 보고 □ 안에 알맞은 수를 써넣으세요.

(1)
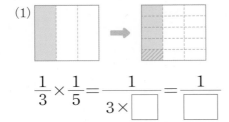

$$\dfrac{1}{3} \times \dfrac{1}{5} = \dfrac{1}{3 \times \boxed{}} = \dfrac{1}{\boxed{}}$$

(2)
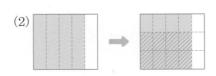

$$\dfrac{4}{5} \times \dfrac{2}{3} = \dfrac{4 \times \boxed{}}{5 \times \boxed{}} = \dfrac{\boxed{}}{\boxed{}}$$

(3)
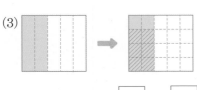

$$\dfrac{2}{5} \times \dfrac{3}{4} = \dfrac{2 \times \boxed{}}{5 \times \boxed{}} = \dfrac{\boxed{}}{20} = \dfrac{\boxed{}}{\boxed{}}$$

2 □ 안에 알맞은 수를 써넣으세요.

(1) $\dfrac{2}{7} \times \dfrac{4}{5} = \dfrac{2 \times \boxed{}}{7 \times \boxed{}} = \dfrac{\boxed{}}{\boxed{}}$

(2) $\dfrac{5}{9} \times \dfrac{2}{3} = \dfrac{\boxed{} \times 2}{\boxed{} \times 3} = \dfrac{\boxed{}}{\boxed{}}$

(3) $\dfrac{4}{9} \times \dfrac{3}{5} = \dfrac{\boxed{} \times 3}{9 \times \boxed{}} = \dfrac{\boxed{}}{\boxed{}}$

(4) $\dfrac{3}{4} \times \dfrac{5}{12} = \dfrac{3 \times \boxed{}}{\boxed{} \times 12} = \dfrac{\boxed{}}{\boxed{}}$

(5) $\dfrac{9}{11} \times \dfrac{1}{3} = \dfrac{\boxed{} \times 1}{11 \times \boxed{}} = \dfrac{\boxed{}}{\boxed{}}$

● $2\frac{1}{7} \times 3\frac{1}{2}$ 의 계산 방법

(대분수)×(대분수)는 대분수를 가분수로 나타내고
분자는 분자끼리, 분모는 분모끼리 곱하여 계산합니다.

$$2\frac{1}{7} \times 3\frac{1}{2} = \frac{15}{7} \times \frac{\overset{1}{7}}{2} = \frac{15}{2} = 7\frac{1}{2}$$

 개념 강의

● 반드시 대분수를 가분수로 나타낸 다음 약분합니다. ➡ $1\frac{2}{3} \times 1\frac{1}{\underset{3}{6}} = 1\frac{1}{9}$ (×)

2
단원

1 그림을 보고 □ 안에 알맞은 수를 써넣으세요.

(1)

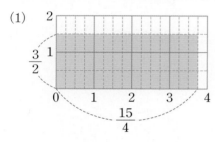

$$3\frac{3}{4} \times 1\frac{1}{2} = \frac{\square}{4} \times \frac{\square}{2}$$
$$= \frac{\square}{8} = \square\frac{\square}{8}$$

(2)

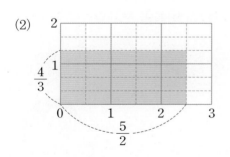

$$2\frac{1}{2} \times 1\frac{1}{3} = \frac{\square}{2} \times \frac{4}{\square}$$
$$= \frac{\square}{3} = \square\frac{\square}{3}$$

2 □ 안에 알맞은 수를 써넣으세요.

(1) $2\frac{1}{3} \times 1\frac{3}{4} = \frac{\square}{3} \times \frac{\square}{4}$
$$= \frac{\square}{12} = \square\frac{\square}{12}$$

(2) $3\frac{2}{3} \times 1\frac{3}{5} = \frac{\square}{3} \times \frac{\square}{5}$
$$= \frac{\square}{15} = \square\frac{\square}{15}$$

(3) $1\frac{5}{7} \times 2\frac{4}{5} = \frac{\square}{7} \times \frac{14}{\square}$
$$= \frac{\square}{5} = \square\frac{\square}{5}$$

(4) $3\frac{7}{11} \times 1\frac{1}{8} = \frac{40}{\square} \times \frac{\square}{8}$
$$= \frac{\square}{11} = \square\frac{\square}{11}$$

1 (진분수) × (자연수)

> 분자와 자연수를 곱하여 계산합니다.
> 약분을 먼저 하고 계산하면 계산이 간단합니다.

$$\dfrac{7}{\overset{8}{\underset{2}{\cancel{8}}}} \times \overset{1}{\cancel{4}} = \dfrac{7 \times 1}{2} = \dfrac{7}{2} = 3\dfrac{1}{2}$$

1

그림을 보고 □ 안에 알맞은 수를 써넣으세요.

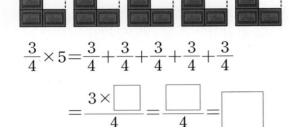

$$\dfrac{3}{4} \times 5 = \dfrac{3}{4} + \dfrac{3}{4} + \dfrac{3}{4} + \dfrac{3}{4} + \dfrac{3}{4}$$

$$= \dfrac{3 \times \boxed{}}{4} = \dfrac{\boxed{}}{4} = \boxed{}$$

2

보기 와 같은 방법으로 계산하세요.

보기

$$\dfrac{5}{\overset{9}{\underset{3}{\cancel{9}}}} \times \overset{2}{\cancel{6}} = \dfrac{5 \times 2}{3} = \dfrac{10}{3} = 3\dfrac{1}{3}$$

(1) $\dfrac{4}{15} \times 9$

(2) $\dfrac{7}{10} \times 8$

3

계산한 값을 구하세요.

$$\dfrac{3}{20} \times 15$$

(   )

4

빈 곳에 알맞은 수를 써넣으세요.

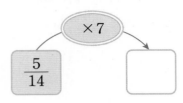

5

빈 곳에 두 수의 곱을 써넣으세요.

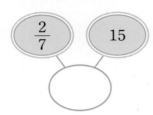

6

바르게 계산한 사람의 이름을 쓰세요.

$$\dfrac{3}{8} \times 5 = 1\dfrac{7}{8}$$
수지

$$\dfrac{2}{9} \times 8 = \dfrac{1}{36}$$

지혜

(   )

7

찰흙이 $\frac{5}{12}$ kg씩 5덩어리 있습니다. 찰흙은 모두 몇 kg인지 식을 쓰고, 답을 구하세요.

식 _____

답 _____

8

무게가 $\frac{5}{6}$ kg인 나무 막대가 8개 있습니다. 나무 막대의 무게는 모두 몇 kg일까요?

(   )

9 ➕ 10종 교과서

한 변의 길이가 $\frac{8}{27}$ m인 정삼각형의 둘레는 몇 m일까요?

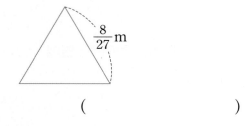

(   )

10

음료수가 한 병에 $\frac{3}{8}$ L씩 들어 있습니다. 음료수 24병은 모두 몇 L일까요?

(   )

11

계산 결과가 더 작은 것에 ○표 하세요.

$$\frac{4}{7} \times 3 \qquad \frac{3}{5} \times 4$$

(   )   (   )

12

㉠×㉡의 값을 구하세요.

$$㉠\, \frac{2}{9} \times 2 \qquad ㉡\, \frac{1}{3} \times 6$$

(   )

13 ➕ 10종 교과서

□ 안에 들어갈 수 있는 자연수 중에서 가장 작은 수를 구하세요.

$$\frac{2}{9} \times 20 < □$$

(   )

2 (대분수)×(자연수)

> 대분수를 가분수로 나타내고 분자와 자연수를 곱하여 계산합니다. 이때 반드시 대분수를 가분수로 나타낸 다음 약분합니다.

$$1\frac{4}{9} \times 12 = \frac{13}{9} \times \overset{4}{12} = \frac{13 \times 4}{3} = \frac{52}{3} = 17\frac{1}{3}$$

1

그림을 보고 □ 안에 알맞은 수를 써넣으세요.

 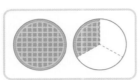

$$1\frac{1}{3} \times 2 = (1+1) + \left(\frac{1}{3} + \frac{1}{3}\right)$$

$$= (1 \times \boxed{}) + \left(\frac{1}{3} \times \boxed{}\right) = \boxed{}$$

2

계산을 하세요.

(1) $1\frac{1}{3} \times 9$ (2) $1\frac{1}{8} \times 10$

3

보기 와 같은 방법으로 계산하세요.

보기
$$2\frac{2}{5} \times 3 = (2 \times 3) + \left(\frac{2}{5} \times 3\right) = 6 + 1\frac{1}{5} = 7\frac{1}{5}$$

$3\frac{3}{4} \times 5$

4

빈 곳에 알맞은 수를 써넣으세요.

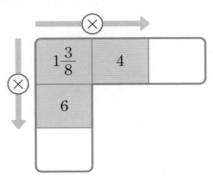

5

계산 결과를 찾아 이으세요.

$3\frac{2}{5} \times 10$ •

$1\frac{2}{7} \times 20$ •

$1\frac{1}{21} \times 30$ •

• $31\frac{3}{7}$

• 34

• $25\frac{5}{7}$

6

계산 결과를 비교하여 ○ 안에 >, =, <를 알맞게 써넣으세요.

$1\frac{6}{7} \times 3$ ○ $1\frac{3}{5} \times 4$

7 ➕ 10종 교과서

잘못 계산한 것을 찾아 기호를 쓰고, 바르게 계산하세요.

$$\text{㉠ } 1\frac{1}{8} \times 4 = \frac{9}{8} \times \overset{1}{4} = \frac{9}{2} = 4\frac{1}{2}$$

$$\text{㉡ } 2\frac{3}{5} \times 3 = (2 \times 3) + \left(\frac{3}{5} \times 3\right)$$
$$= 6 + \frac{9}{5} = 7\frac{4}{5}$$

$$\text{㉢ } 3\frac{3}{4} \times 4 = \frac{15}{4} \times 4 = \frac{15 \times 4}{4 \times 4} = \frac{60}{16}$$
$$= 3\frac{12}{16} = 3\frac{3}{4}$$

잘못 계산한 것 _____

바른 계산 _____

8

계산 결과가 다른 식을 쓴 사람의 이름을 쓰세요.

$2\frac{7}{12} \times 8$	$2\frac{2}{15} \times 10$	$3\frac{4}{9} \times 6$
지혜	강우	준서

(　　　　　)

9

계산 결과가 작은 것부터 차례대로 기호를 쓰세요.

$$\text{㉠ } 3\frac{1}{3} \times 2 \qquad \text{㉡ } 1\frac{3}{20} \times 8 \qquad \text{㉢ } 2\frac{1}{10} \times 2$$

(　　　　　)

10

지율이네 가족은 하루에 우유를 $1\frac{3}{14}$ L씩 마십니다. 지율이네 가족이 일주일 동안 마신 우유는 몇 L일까요?

(　　　　　)

11

재훈이는 자전거로 한 시간에 $12\frac{2}{5}$ km를 달립니다. 같은 빠르기로 3시간 동안 달린다면 몇 km를 달릴 수 있을까요?

(　　　　　)

12 ➕ 10종 교과서

3장의 수 카드를 한 번씩만 사용하여 만들 수 있는 가장 큰 대분수와 4의 곱은 얼마인지 구하세요.

2	7	3

(　　　　　)

3 (자연수)×(진분수)

> 자연수와 분자를 곱하여 계산합니다.
> 약분을 먼저 하고 계산하면 계산이 간단합니다.

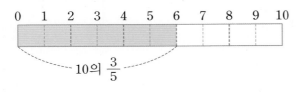

$$\overset{1}{3} \times \frac{7}{\underset{6}{18}} = \frac{1 \times 7}{6} = \frac{7}{6} = 1\frac{1}{6}$$

1

그림을 보고 □ 안에 알맞은 수를 써넣으세요.

0 1 2 3 4 5 6 7 8 9 10

10의 $\frac{3}{5}$

$$10 \times \frac{3}{5} = \frac{\boxed{} \times \boxed{}}{5} = \boxed{}$$

2

계산을 하세요.

(1) $10 \times \frac{5}{7}$

(2) $12 \times \frac{7}{15}$

3

설명하는 수가 얼마인지 구하세요.

36의 $\frac{7}{30}$배인 수

( )

4

빈 곳에 알맞은 수를 써넣으세요.

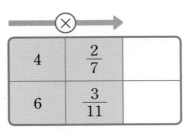

	⊗ →	
4	$\frac{2}{7}$	
6	$\frac{3}{11}$	

5

빈 곳에 알맞은 수를 써넣으세요.

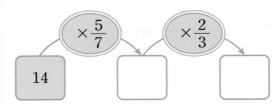

14 $\xrightarrow{\times \frac{5}{7}}$ □ $\xrightarrow{\times \frac{2}{3}}$ □

6

계산 결과가 가장 큰 것을 찾아 기호를 쓰세요.

⊙ $15 \times \frac{5}{7}$

⊙ $15 \times \frac{3}{8}$

⊙ $15 \times \frac{1}{2}$

( )

7

두 식의 계산 결과의 합을 구하세요.

$$8 \times \frac{4}{5} \qquad 6 \times \frac{3}{4}$$

( )

8

★과 ♥에 알맞은 수를 각각 구하세요. (단, 같은 기호는 같은 수를 나타냅니다.)

$$★ \times \frac{5}{9} = ♥ \qquad 6 \times \frac{2}{3} = ★$$

★ ( )

♥ ( )

9 ➕ 10종 교과서

바르게 말한 사람을 찾아 이름을 쓰세요.

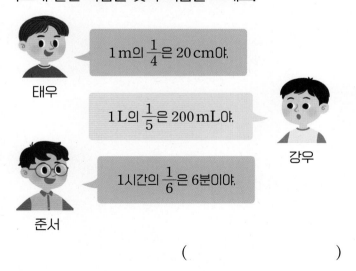

태우: 1 m의 $\frac{1}{4}$은 20 cm야.

강우: 1 L의 $\frac{1}{5}$은 200 mL야.

준서: 1시간의 $\frac{1}{6}$은 6분이야.

( )

10

준호는 집에서 18 km 떨어진 할머니 댁에 갔습니다. 전체 거리의 $\frac{8}{9}$은 버스를 타고 나머지는 걸어갔다면 준호가 걸어간 거리는 몇 km일까요?

( )

11 ➕ 10종 교과서

땅에 닿으면 떨어진 높이의 $\frac{2}{3}$만큼 튀어 오르는 공을 72 cm 높이에서 떨어뜨렸습니다. 공이 땅에 한 번 닿았다가 튀어 올랐을 때의 높이는 몇 cm일까요?

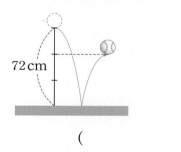

72 cm

( )

12

어느 박물관의 입장권은 5000원입니다. 할인 기간에는 원래 가격의 $\frac{4}{5}$만큼만 내면 된다고 합니다. 할인 기간에 입장권 3장을 사려면 얼마를 내야 할까요?

( )

4 (자연수)×(대분수)

> 대분수를 가분수로 나타내고 자연수와 분자를 곱하여 계산합니다. 이때 반드시 대분수를 가분수로 나타낸 다음 약분합니다.

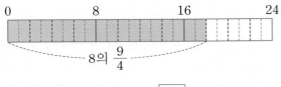

$$10 \times 1\frac{5}{8} = 10 \times \frac{13}{8} = \frac{5 \times 13}{4} = \frac{65}{4} = 16\frac{1}{4}$$

1

그림을 보고 □ 안에 알맞은 수를 써넣으세요.

8의 $\frac{9}{4}$

$$8 \times 2\frac{1}{4} = \boxed{} \times \frac{\boxed{}}{4} = \boxed{}$$

2

계산을 하세요.

(1) $9 \times 1\frac{1}{3}$

(2) $2 \times 2\frac{1}{6}$

3

빈 곳에 두 수의 곱을 써넣으세요.

(1)

3	
$1\frac{2}{3}$	

(2)

15	
$1\frac{2}{9}$	

4

계산 결과가 5보다 큰 식에 ○표, 5보다 작은 식에 △표 하세요.

$$5 \times 1\frac{2}{3} \quad 5 \times \frac{1}{4} \quad 5 \times \frac{3}{7} \quad 5 \times 1 \quad 5 \times 2\frac{1}{8}$$

5

빈 곳에 알맞은 수를 써넣으세요.

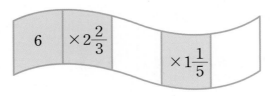

6 ✚ 10종 교과서

㉠보다 크고 ㉡보다 작은 자연수를 모두 쓰세요.

$$㉠\ 3 \times 1\frac{5}{9} \qquad ㉡\ 4 \times 1\frac{5}{6}$$

(   )

7

계산 결과가 더 큰 것에 색칠하세요.

$$6 \times 1\frac{1}{4} \qquad 3 \times 2\frac{3}{4}$$

8

가장 큰 수와 가장 작은 수의 곱을 구하세요.

$$5 \qquad 1\frac{3}{4} \qquad 7 \qquad 4\frac{1}{2}$$

( )

9

다음 식은 잘못 계산한 것입니다. 바르게 계산하세요.

틀린 계산

$$\overset{2}{8} \times 2\frac{5}{\underset{3}{12}} = 2 \times 2\frac{5}{3} = 2 \times \frac{11}{3} = \frac{22}{3} = 7\frac{1}{3}$$

바른 계산

$$8 \times 2\frac{5}{12}$$

10

㉠과 ㉡을 계산한 값의 차를 구하세요.

$$㉠\ 27 \times 1\frac{4}{9} \qquad ㉡\ 18 \times 1\frac{5}{6}$$

( )

11

직사각형의 넓이는 몇 cm²일까요?

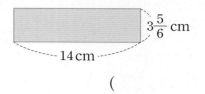

$3\frac{5}{6}$ cm

14 cm

( )

12 ➕ 10종 교과서

하은이의 몸무게는 32 kg입니다. 아버지의 몸무게는 하은이 몸무게의 $2\frac{3}{8}$배라면 아버지의 몸무게는 몇 kg 일까요?

( )

13

지훈이네 집에서 도서관까지의 거리는 2 km이고, 도서관에서 공원까지의 거리는 지훈이네 집에서 도서관까지의 거리의 $2\frac{4}{7}$배입니다. 도서관에서 공원까지의 거리는 몇 km일까요?

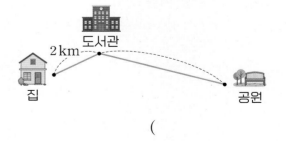

( )

5 (진분수)×(진분수)

> 분자는 분자끼리, 분모는 분모끼리 곱하여 계산합니다. 약분을 먼저 하고 계산하면 계산이 간단합니다.

$$\frac{\overset{1}{2}}{3} \times \frac{5}{\underset{6}{12}} = \frac{5}{18} \quad \Big| \quad \frac{1}{\underset{1}{3}} \times \frac{\overset{1}{5}}{8} \times \frac{\overset{3}{9}}{\underset{2}{10}} = \frac{3}{16}$$

1

계산을 하세요.

(1) $\dfrac{1}{3} \times \dfrac{1}{8}$ 　　　　　(2) $\dfrac{1}{6} \times \dfrac{1}{9}$

2

빈 곳에 알맞은 수를 써넣으세요.

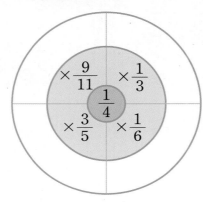

3

빈 곳에 세 수의 곱을 써넣으세요.

$\dfrac{3}{7}$	$\dfrac{5}{9}$	$\dfrac{4}{5}$

4

다음 식은 잘못 계산한 것입니다. 바르게 계산하세요.

$$\frac{\overset{2}{4}}{15} \times \frac{\overset{3}{6}}{7} = \frac{2 \times 3}{15 \times 7} = \frac{6}{105}$$

$$\frac{4}{15} \times \frac{6}{7}$$

5

크기를 바르게 비교한 것에 ○표 하세요.

$$\frac{1}{9} \times \frac{1}{2} > \frac{1}{9} \qquad (\qquad)$$

$$\frac{7}{13} \times \frac{1}{4} < \frac{7}{13} \qquad (\qquad)$$

6

계산 결과가 큰 것부터 빈 곳에 차례대로 1, 2, 3을 써넣으세요.

$\dfrac{5}{6} \times \dfrac{1}{5}$	$\dfrac{3}{8} \times \dfrac{2}{3}$	$\dfrac{8}{21} \times \dfrac{3}{8}$
○	○	○

7

계산 결과가 같은 것을 찾아 기호를 쓰세요.

ㄱ $\frac{5}{9} \times \frac{3}{5}$　　　ㄴ $\frac{3}{4} \times \frac{4}{5}$

ㄷ $\frac{2}{5} \times \frac{5}{6}$　　　ㄹ $\frac{2}{9} \times \frac{3}{4}$

(　　　　　　)

8

화병에 꽂혀 있는 꽃의 $\frac{1}{2}$은 튤립입니다. 튤립 중에서 $\frac{1}{4}$이 노란색이라면 노란색 튤립은 전체의 얼마일까요?

(　　　　　　)

9

한 변의 길이가 $\frac{4}{9}$ m인 정사각형 모양의 거울이 있습니다. 이 거울의 넓이는 몇 m^2일까요?

(　　　　　　)

10 ➕ 10종 교과서

소연이네 반 학생의 $\frac{2}{5}$는 여학생이고, 여학생 중 $\frac{3}{8}$은 피아노를 연주할 수 있습니다. 소연이네 반에서 피아노를 연주할 수 있는 여학생은 전체의 얼마일까요?

(　　　　　　)

11

수 카드 8장 중 2장을 사용하여 다음과 같은 분수의 곱셈식을 만들려고 합니다. 물음에 답하세요.

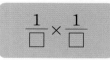
$\frac{1}{\square} \times \frac{1}{\square}$

(1) 계산 결과가 가장 작은 식을 만들고 계산하세요.

$$\frac{1}{\square} \times \frac{1}{\square} = \frac{1}{\square}$$

(2) 계산 결과가 가장 큰 식을 만들고 계산하세요.

$$\frac{1}{\square} \times \frac{1}{\square} = \frac{1}{\square}$$

12 ➕ 10종 교과서

지원이는 150쪽짜리 책을 읽고 있습니다. 어제 책 전체의 $\frac{1}{3}$을 읽었고, 오늘은 어제 읽고 난 나머지의 $\frac{3}{5}$을 읽었습니다. 오늘 읽은 양은 모두 몇 쪽일까요?

(　　　　　　)

6 (대분수)×(대분수)

> 대분수를 가분수로 나타내고 분자는 분자끼리, 분모
> 는 분모끼리 곱하여 계산합니다. 이때 반드시 대분수
> 를 가분수로 나타낸 다음 약분합니다.

$$3\frac{1}{9} \times 1\frac{3}{4} = \frac{\overset{7}{28}}{9} \times \frac{7}{\underset{1}{4}} = \frac{49}{9} = 5\frac{4}{9}$$

1

계산을 하세요.

(1) $3\frac{2}{5} \times 1\frac{1}{4}$　　　(2) $4\frac{2}{7} \times 1\frac{1}{6}$

2

빈 곳에 알맞은 수를 써넣으세요.

$$1\frac{1}{9} \rightarrow \boxed{\times 2\frac{5}{8}} \rightarrow \boxed{}$$

3

보기 와 같은 방법으로 계산하세요.

> 보기
> $$3\frac{3}{4} \times \frac{1}{3} \times 1\frac{1}{9} = \frac{\overset{5}{15}}{\underset{2}{4}} \times \frac{1}{\underset{1}{3}} \times \frac{\overset{5}{10}}{9}$$
> $$= \frac{5 \times 1 \times 5}{2 \times 1 \times 9} = \frac{25}{18} = 1\frac{7}{18}$$

$\frac{5}{8} \times 3\frac{3}{7} \times 2\frac{2}{5}$

4

계산 결과를 찾아 이으세요.

$\boxed{2\frac{1}{4} \times 1\frac{1}{3}}$ ・　　・ $\boxed{2\frac{1}{3}}$

$\boxed{1\frac{1}{3} \times 1\frac{5}{7}}$ ・　　・ $\boxed{3}$

$\boxed{1\frac{2}{5} \times 1\frac{2}{3}}$ ・　　・ $\boxed{2\frac{2}{7}}$

5 ➕ 10종 교과서

가장 작은 수와 두 번째로 큰 수의 곱을 구하세요.

$\boxed{2\frac{3}{4}}$ $\boxed{1\frac{1}{2}}$ $\boxed{2\frac{2}{3}}$ $\boxed{1\frac{3}{4}}$

(　　　　　　　)

6

두 사람의 대화를 읽고, 승하의 키는 몇 m인지 구하세요.

> 인아: 내 키는 $1\frac{1}{2}$ m야.
>
> 승하: 내 키는 인아의 키의 $1\frac{3}{25}$배야.

(　　　　　　　)

7

빨간색 끈의 길이는 $3\frac{3}{4}$ m입니다. 파란색 끈의 길이는 빨간색 끈의 길이의 $1\frac{1}{5}$ 배입니다. 파란색 끈은 몇 m일까요?

(　　　　　　　　　)

8

계산 결과를 비교하여 ○ 안에 >, =, <를 알맞게 써넣으세요.

$2\frac{3}{4} \times \frac{2}{5} \times 1\frac{2}{3}$　◯　$\frac{5}{6} \times 3\frac{3}{8} \times \frac{8}{9}$

9

두 사람이 계산한 값의 차를 구하세요.

$2\frac{3}{4} \times 3\frac{1}{3}$　　　$2\frac{2}{9} \times 1\frac{1}{2}$

태우　　　　　　　지혜

(　　　　　　　　　)

10

수 카드 3장을 한 번씩만 사용하여 만들 수 있는 가장 큰 대분수와 가장 작은 대분수의 곱은 얼마인지 구하세요.

| 4 | 1 | 5 |

(　　　　　　　　　)

11 ➕ 10종 교과서

□ 안에 들어갈 수 있는 자연수를 모두 구하세요.

$2\frac{1}{4} \times 5\frac{5}{6} < \square < 4\frac{4}{15} \times 4\frac{1}{11}$

(　　　　　　　　　)

12

그림과 같은 정사각형 모양의 색종이 45장을 겹치지 않게 벽에 붙였습니다. 색종이가 붙어 있는 벽의 넓이는 모두 몇 cm^2일까요?

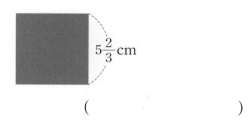

$5\frac{2}{3}$ cm

(　　　　　　　　　)

1 □ 안에 들어갈 수 있는 수 구하기

● 정답 14쪽

□ 안에 들어갈 수 있는 자연수는 모두 몇 개인지 구하세요.

$$3\frac{1}{7} \times 1\frac{2}{3} > \square \frac{2}{21}$$

1단계 $3\frac{1}{7} \times 1\frac{2}{3}$ 를 계산한 값 구하기

(   )

2단계 □ 안에 들어갈 수 있는 자연수의 개수 구하기

(   )

문제해결 tip 분수의 곱셈을 계산한 다음 □ 안에 들어갈 수 있는 자연수의 개수를 구합니다.

1·1 □ 안에 들어갈 수 있는 자연수는 모두 몇 개인지 구하세요.

(1)
$$3\frac{3}{5} \times 2\frac{1}{3} > \square \frac{1}{5}$$

(   )

(2)
$$\frac{8}{21} \times 14 > \square \frac{2}{3}$$

(   )

1·2 □ 안에 들어갈 수 있는 자연수의 합을 구하세요.

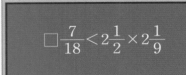

$$\square \frac{7}{18} < 2\frac{1}{2} \times 2\frac{1}{9}$$

(   )

직사각형 가와 나의 넓이의 차는 몇 cm^2인지 구하세요.

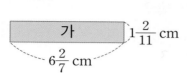

1단계 직사각형 가의 넓이 구하기

(   )

2단계 직사각형 나의 넓이 구하기

(   )

3단계 직사각형 가와 나의 넓이의 차 구하기

(   )

문제해결 tip (직사각형의 넓이)＝(가로)×(세로)를 이용하여 각각의 넓이를 구한 다음 두 넓이의 차를 구합니다.

2·1 직사각형 가와 평행사변형 나의 넓이의 차는 몇 cm^2인지 구하세요.

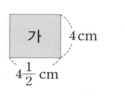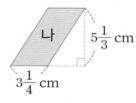

(   )

2·2 정사각형 모양의 화단과 직사각형 모양의 잔디밭이 있습니다. 화단과 잔디밭 중 어느 것이 몇 m^2 더 넓은지 구하세요.

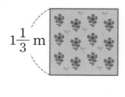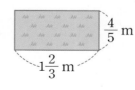

(   ), (   )

어떤 수에 $\frac{5}{6}$를 곱해야 할 것을 잘못하여 더했더니 $3\frac{23}{30}$이 되었습니다. 바르게 계산하면 얼마인지 구하세요.

1단계 어떤 수 구하기

(   )

2단계 바르게 계산한 값 구하기

(   )

문제해결 tip   잘못 계산한 식을 이용하여 어떤 수를 구한 다음 바르게 계산합니다.

3·1   어떤 수에 $2\frac{1}{6}$을 곱해야 할 것을 잘못하여 뺐더니 $3\frac{1}{3}$이 되었습니다. 바르게 계산하면 얼마인지 구하세요.

(   )

3·2   어떤 수에 9를 곱해야 할 것을 잘못하여 나누었더니 $1\frac{4}{5}$가 되었습니다. 바르게 계산한 값과 잘못 계산한 값의 차는 얼마인지 구하세요.

(   )

4 남은 양 구하기

● 정답 15쪽

경원이는 200쪽짜리 과학책을 샀습니다. 어제는 전체의 $\frac{1}{4}$을 읽었고, 오늘은 어제 읽고 난 나머지의 $\frac{4}{5}$를 읽었습니다. 어제와 오늘 읽고 난 나머지는 몇 쪽인지 구하세요.

1단계 어제 읽고 난 나머지는 전체의 얼마인지 구하기

( )

2단계 어제와 오늘 읽고 난 나머지는 전체의 얼마인지 구하기

( )

3단계 어제와 오늘 읽고 난 나머지는 몇 쪽인지 구하기

( )

문제해결 tip 어제와 오늘 읽고 난 나머지는 전체의 $\left(1-\frac{1}{4}\right) \times \left(1-\frac{4}{5}\right)$입니다.

4·1 성민이는 사탕 100개를 가지고 있었습니다. 윤지에게 전체 사탕의 $\frac{1}{4}$을 주고, 윤지에게 주고 남은 사탕의 $\frac{7}{15}$을 태현이에게 주었습니다. 성민이가 윤지와 태현이에게 주고 남은 사탕은 몇 개인지 구하세요.

( )

4·2 밀가루 $2\frac{2}{5}$ kg이 있었습니다. 빵을 만드는 데 전체의 $\frac{4}{7}$를 사용했고, 빵을 만들고 남은 밀가루의 $\frac{1}{4}$을 쿠키를 만드는 데 사용했습니다. 빵과 쿠키를 만드는 데 사용하고 남은 밀가루는 몇 kg인지 구하세요.

( )

5 만든 도형의 넓이 구하기

● 정답 16쪽

한 변의 길이가 $1\,m$인 정사각형의 가로를 $\dfrac{2}{7}$ 만큼 줄이고, 세로를 $\dfrac{2}{3}$ 만큼 늘여서 직사각형을 만들었습니다. 만든 직사각형의 넓이는 몇 m^2인지 구하세요.

1단계 직사각형의 가로는 몇 m인지 구하기

(   )

2단계 직사각형의 세로는 몇 m인지 구하기

(   )

3단계 직사각형의 넓이 구하기

(   )

문제해결 tip 길이가 $1\,m$인 변을 ■만큼 줄이면 변의 길이는 $1-1\times■=1-■$입니다.
길이가 $1\,m$인 변을 ▲만큼 늘이면 변의 길이는 $1+1\times▲=1+▲$입니다.

5·1 한 변의 길이가 $1\,m$인 정사각형의 가로를 $\dfrac{1}{6}$ 만큼 줄이고, 세로를 $1\dfrac{3}{4}$ 만큼 늘여서 직사각형을 만들었습니다. 만든 직사각형의 넓이는 몇 m^2인지 구하세요.

(   )

5·2 한 변의 길이가 $21\,cm$인 정사각형이 있습니다. 이 정사각형의 가로를 $\dfrac{3}{14}$ 만큼 줄이고, 세로를 $\dfrac{1}{3}$ 만큼 늘여서 직사각형을 만들었습니다. 만든 직사각형의 넓이는 몇 cm^2인지 구하세요.

(   )

6 갈 수 있는 거리 구하기

● 정답 16쪽

지훈이는 걸어서 한 시간에 $3\frac{1}{5}$ km를 갑니다. 지훈이가 같은 빠르기로 1시간 15분 동안 걷는다면 몇 km를 갈 수 있는지 구하세요.

1단계 1시간 15분은 몇 시간인지 분수로 나타내기

(   )

2단계 지훈이가 1시간 15분 동안 갈 수 있는 거리 구하기

(   )

문제해결 tip 1시간=60분이므로 1분=$\frac{1}{60}$시간, ■분=$\frac{■}{60}$시간입니다.

6·1 민성이는 자전거로 한 시간에 $10\frac{2}{7}$ km를 갑니다. 민성이가 같은 빠르기로 1시간 45분 동안 자전거를 탄다면 몇 km를 갈 수 있는지 구하세요.

(   )

6·2 지효네 가족은 버스를 타고 200 km 떨어진 곳으로 여행을 갑니다. 한 시간에 $70\frac{4}{5}$ km를 가는 빠르기로 2시간 30분 동안 왔다면 앞으로 몇 km를 더 가야 하는지 구하세요.

(   )

2 분수의 곱셈

● 정답 17쪽

① (진분수) × (자연수), (자연수) × (진분수)

(진분수) × (자연수), (자연수) × (진분수)는 분모는 그대로 두고 분자와 자연수를 곱하여 계산합니다.

$$\frac{6}{11} \times 7 = \frac{\boxed{}}{11} = \boxed{}\frac{\boxed{}}{11} \qquad 8 \times \frac{4}{7} = \frac{\boxed{}}{7} = \boxed{}\frac{\boxed{}}{7}$$

② (대분수) × (자연수), (자연수) × (대분수)

(대분수) × (자연수), (자연수) × (대분수)에서 약분을 할 때는 대분수를 가분수로 나타낸 다음 약분해야 합니다.

$$1\frac{7}{12} \times 6 = \frac{19}{12} \times \overset{1}{\underset{2}{6}} = \frac{\boxed{}}{2} = \boxed{}\frac{\boxed{}}{2}$$

$$2 \times 1\frac{3}{8} = \overset{1}{2} \times \frac{11}{\underset{4}{8}} = \frac{\boxed{}}{4} = \boxed{}\frac{\boxed{}}{4}$$

↑ 대분수를 가분수로 나타내고 약분

③ (진분수) × (진분수)

진분수끼리의 곱셈은 분자는 분자끼리, 분모는 분모끼리 곱하여 계산합니다.

• (단위분수) × (단위분수)

$$\frac{1}{6} \times \frac{1}{7} = \frac{1}{6 \times \boxed{}} = \frac{1}{\boxed{}} \quad \leftarrow 1 \times 1 = 1$$이므로 분자는 항상 1입니다.

• (단위분수) × (진분수), (진분수) × (단위분수)

$$\frac{1}{5} \times \frac{3}{8} = \frac{3}{\boxed{} \times 8} = \frac{3}{\boxed{}} \qquad \frac{7}{12} \times \frac{1}{4} = \frac{7}{12 \times \boxed{}} = \frac{7}{\boxed{}}$$

• (진분수) × (진분수)

$$\frac{2}{3} \times \frac{7}{9} = \frac{2 \times \boxed{}}{3 \times \boxed{}} = \frac{\boxed{}}{\boxed{}}$$

④ (대분수) × (대분수)

대분수를 가분수로 나타내고 분자는 분자끼리, 분모는 분모끼리 곱하여 계산합니다.
약분이 될 경우 대분수 상태에서 약분하지 않도록 주의합니다.

$$1\frac{1}{6} \times 4\frac{2}{7} = \frac{7}{6} \times \frac{30}{7} = \boxed{}\frac{\boxed{}}{\boxed{}}$$

↑ 가분수로 나타내지 않고

$$1\frac{\overset{1}{\cancel{1}}}{\underset{3}{\cancel{6}}} \times 4\frac{\overset{2}{\cancel{2}}}{7}$$로 계산하면 틀립니다.

● 정답 17쪽

1

그림을 보고 □ 안에 알맞은 수를 써넣으세요.

$$\frac{2}{3} \times \boxed{} = \frac{2 \times \boxed{}}{3} = \frac{\boxed{}}{3} = \boxed{}$$

2

보기 와 같은 방법으로 계산하세요.

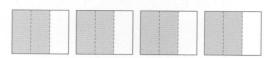

보기

$$6 \times \frac{3}{4} = \frac{\overset{3}{6} \times 3}{\underset{2}{4}} = \frac{9}{2} = 4\frac{1}{2}$$

$$9 \times \frac{11}{15}$$

3

계산을 하세요.

$$3\frac{1}{2} \times 2\frac{4}{5}$$

4

빈 곳에 알맞은 수를 써넣으세요.

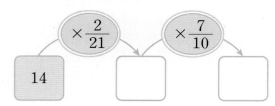

5

계산 결과를 찾아 이으세요.

$3\frac{1}{8} \times 3$ ·

$2 \times 2\frac{4}{9}$ ·

$4\frac{1}{2} \times \frac{7}{8}$ ·

· $3\frac{15}{16}$

· $9\frac{3}{8}$

· $4\frac{8}{9}$

6

한 변의 길이가 $\frac{3}{10}$ cm인 정사각형의 둘레는 몇 cm 인지 구하세요.

(   )

7

계산 결과가 더 큰 것에 ○표 하세요.

$1\frac{1}{8} \times 10$ $3 \times 3\frac{1}{5}$

(   )   (   )

8 서술형

다음 식은 잘못 계산한 것입니다. 잘못 계산한 이유를 쓰고, 바르게 계산하세요.

$$1\frac{3}{\underset{2}{10}} \times \overset{1}{5} = 1\frac{3}{2} = 2\frac{1}{2}$$

이유

바른 계산

9

□ 안에 들어갈 수 있는 가장 작은 자연수를 구하세요.

$$1\frac{2}{7} \times 20 < \square$$

( )

10

지유네 반 학생 32명 중에서 $\frac{5}{8}$가 휴대 전화를 가지고 있습니다. 지유네 반 학생 중에서 휴대 전화를 가지고 있는 학생은 몇 명일까요?

( )

11

㉠과 ㉡을 계산한 값의 합을 구하세요.

$$㉠ \frac{3}{4} \times \frac{2}{5} \qquad ㉡ \frac{1}{6} \times \frac{3}{7}$$

( )

12

빈 곳에 알맞은 수를 써넣으세요.

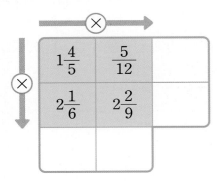

13

초등학생인 선우는 어머니와 함께 수영장에 갔습니다.
이 수영장은 2명이 함께 입장하면 총 입장료의 $\frac{3}{5}$만큼만 내면 됩니다. 수영장 입장료가 다음과 같을 때, 선우와 어머니가 낸 입장료는 얼마인지 구하세요.

	어린이	어른
입장료	3500원	4500원

( )

14

바르게 말한 사람을 찾아 이름을 쓰세요.

1 km의 $\frac{1}{20}$은 500 m야.
수지

1시간의 $\frac{11}{12}$은 55분이야.
수민

1 cm의 $\frac{3}{100}$은 0.03 mm야.
지혜

( )

15

수빈이네 반 학생의 $\frac{1}{2}$은 남학생입니다. 남학생의 $\frac{4}{9}$는 운동을 좋아하고, 운동을 좋아하는 남학생 중 $\frac{5}{8}$는 축구를 좋아합니다. 축구를 좋아하는 남학생은 수빈이네 반 전체 학생의 얼마인지 구하세요.

(   )

16

□ 안에 들어갈 수 있는 자연수는 모두 몇 개인지 구하세요.

$$\frac{1}{4} \times \frac{1}{6} < \frac{1}{\Box} \times \frac{1}{8}$$

(   )

17 서술형

㉠▲㉡＝(㉠＋㉡)×㉡으로 약속했습니다. 주어진 식을 계산한 값은 얼마인지 해결 과정을 쓰고, 답을 구하세요.

$$\frac{1}{2} \blacktriangle 2\frac{1}{3}$$

_____

_____

(   )

18

끈이 30 cm 있었습니다. 전체의 $\frac{2}{3}$는 지혜가 사용하고, 지혜가 사용하고 남은 끈의 $\frac{7}{10}$은 민주가 사용했습니다. 두 사람이 사용하고 남은 끈은 몇 cm인지 구하세요.

(   )

19 서술형

한 변의 길이가 $1\frac{3}{5}$ m인 정사각형 모양의 종이가 있습니다. 이 종이를 $\frac{2}{5}$만큼 색칠했다면 색칠한 부분의 넓이는 몇 m²인지 해결 과정을 쓰고, 답을 구하세요.

_____

_____

_____

(   )

20

수 카드 8장 중 6장을 골라 한 번씩만 사용하여 진분수 3개를 만들려고 합니다. 만든 3개의 진분수를 곱했을 때, 나올 수 있는 계산 결과 중 가장 작은 값은 얼마인지 구하세요.

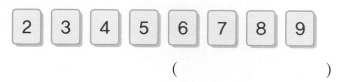

(   )

다른 그림을 찾아보세요.

● 정답 45쪽

다른 곳이 15군데 있어요.

3

합동과 대칭

▶ 학습을 완료하면 ∨표를 하면서 학습 진도를 체크해요.

	개념학습						문제학습
백점 쪽수	66	67	68	69	70	71	72
확인							

	문제학습						
백점 쪽수	73	74	75	76	77	78	79
확인							

	문제학습				응용학습		
백점 쪽수	80	81	82	83	84	85	86
확인							

	응용학습			단원평가			
백점 쪽수	87	88	89	90	91	92	93
확인							

1 **합동**

● 정답 18쪽

○ 합동

- 모양과 크기가 같아서 포개었을 때 완전히 겹치는 두 도형을 서로 합동 이라고 합니다.

- 두 도형을 뒤집거나 돌려서 완전히 겹치면 두 도형은 서로 합동입니다.

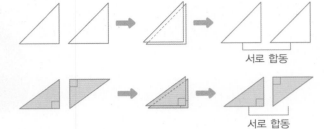

서로 합동

서로 합동

○ 합동인 도형 찾기

- 가와 나는 모양이 다릅니다.
- 가와 다는 모양은 같지만 크기가 다릅니다.
- 가와 라는 모양과 크기가 같아서 포개었을 때 완전히 겹치므로 서로 합동입니다.

 개념 강의 ● 모양은 같지만 크기 비교가 정확하지 않은 경우 투명 종이로 본을 떠서 포개어 보면 완전히 겹치는지 확인할 수 있습니다.

1 왼쪽 도형과 서로 합동인 도형을 찾아 기호를 쓰세요.

(1)

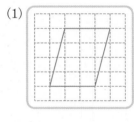 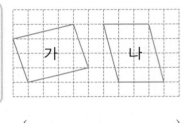

( )

(2)

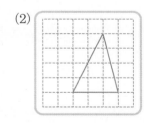 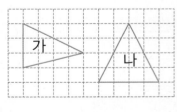

( )

(3)

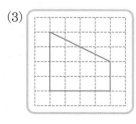 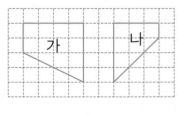

( )

2 색종이를 점선을 따라 잘랐을 때 만들어지는 도형이 서로 합동인 것을 모두 찾아 ○표 하세요.

(1)

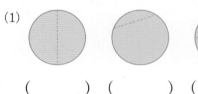

( ) ( ) ( )

(2)

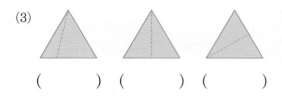

( ) ( ) ( )

(3)

( ) ( ) ( )

2 합동인 도형의 성질

● 정답 18쪽

● 대응점, 대응변, 대응각

서로 합동인 두 도형을 포개었을 때 완전히 겹치는 점을
대응점, 겹치는 변을 대응변, 겹치는 각을 대응각이라
고 합니다.

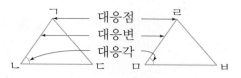

대응점	대응변	대응각
점 ㄱ과 점 ㄹ	변 ㄱㄴ과 변 ㄹㅁ	각 ㄱㄴㄷ과 각 ㄹㅁㅂ
점 ㄴ과 점 ㅁ	변 ㄴㄷ과 변 ㅁㅂ	각 ㄴㄷㄱ과 각 ㅁㅂㄹ
점 ㄷ과 점 ㅂ	변 ㄷㄱ과 변 ㅂㄹ	각 ㄷㄱㄴ과 각 ㅂㄹㅁ

● 합동인 도형의 성질

① 각각의 대응변의 길이는 서로 같습니다.
② 각각의 대응각의 크기는 서로 같습니다.

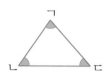

• 각 꼭짓점의 대응점을 먼저 찾아보면 대응변과 대응각을 쉽게 찾을 수 있습니다.
• 대응변과 대응각을 쓸 때는 각 대응점의 순서에 맞게 씁니다.

---

1 두 삼각형은 서로 합동입니다. □ 안에 알맞게 써
넣으세요.

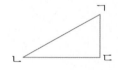
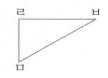

(1) 대응점을 찾아 쓰세요.

점 ㄱ과 점 □

점 ㄴ과 점 □

점 ㄷ과 점 □

(2) 대응변을 찾아 쓰세요.

변 ㄱㄴ과 변 □

변 ㄴㄷ과 변 □

변 ㄱㄷ과 변 □

(3) 대응각을 찾아 쓰세요.

각 ㄱㄴㄷ과 각 □

각 ㄴㄷㄱ과 각 □

각 ㄴㄱㄷ과 각 □

---

2 두 사각형은 서로 합동입니다. □ 안에 알맞은 수
를 써넣으세요.

(1)
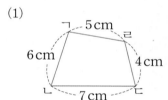
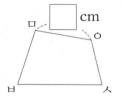

(2)
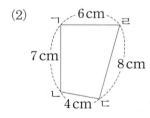
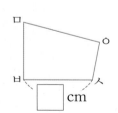

(3)
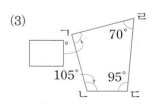
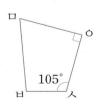

3 선대칭도형

● 정답 18쪽

◉ 선대칭도형

- 한 직선을 따라 접었을 때 완전히 겹치는 도형을 선대칭도형이라고 합니다. 이때 그 직선을 대칭축이라고 합니다.
- 대칭축을 따라 접었을 때 겹치는 점을 대응점, 겹치는 변을 대응변, 겹치는 각을 대응각이라고 합니다.

◉ 대칭축의 개수 알아보기

도형의 모양에 따라 선대칭도형의 대칭축은 여러 개가 있을 수 있습니다.

대칭축은 모두 한 점에서 만나요.

    3개   2개   4개   셀 수 없이 많아요.

 개념 강의
- 선대칭도형은 대칭축을 따라 접었을 때 완전히 겹치므로 대칭축으로 나누어진 두 도형은 서로 합동입니다.
- 대칭축의 개수는 도형에 따라 다릅니다.

---

1 선대칭도형이면 ○표, 선대칭도형이 아니면 ×표 하세요.

(1)

( )

(2)

( )

(3)

( )

(4)

( )

(5)

( )

(6)

( )

(7)

( )

(8)

( )

2 선대칭도형에서 대칭축을 찾아 기호를 쓰세요.

(1)

( )

(2)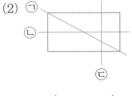

( )

(3)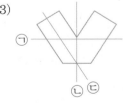

( )

(4)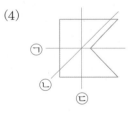

( )

(5)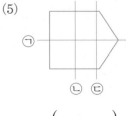

( )

(6)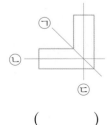

( )

◎ **선대칭도형의 성질**

① 각각의 대응변의 길이는 서로 같습니다.

② 각각의 대응각의 크기는 서로 같습니다.

③ 대응점끼리 이은 선분은 대칭축과 수직으로 만납니다.

④ 대칭축은 대응점끼리 이은 선분을 둘로 똑같이 나눕니다.

⑤ 각각의 대응점에서 대칭축까지의 거리는 서로 같습니다.

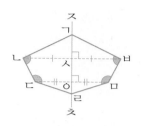

◎ **선대칭도형 그리기**

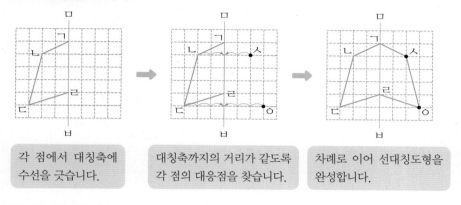

각 점에서 대칭축에 수선을 긋습니다.

대칭축까지의 거리가 같도록 각 점의 대응점을 찾습니다.

차례로 이어 선대칭도형을 완성합니다.

● 선대칭도형에서 대칭축 위에 있는 꼭짓점의 대응점은 자기 자신입니다.

1 선대칭도형을 보고 □ 안에 알맞게 써넣으세요.

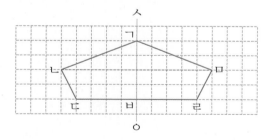

(1) 변 ㄴㄷ과 길이가 같은 변은 변 □ 입니다.

(2) 각 ㄴㄷㅂ과 크기가 같은 각은 각 □ 입니다.

(3) 선분 ㄷㅂ과 길이가 같은 선분은 선분 □ 입니다.

(4) 선분 ㄴㅁ과 대칭축이 만나서 이루는 각은 □ °입니다.

2 주어진 직선을 대칭축으로 하는 선대칭도형을 완성하세요.

(1)

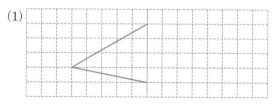

(2)

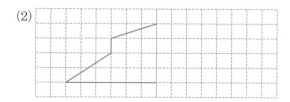

(3)

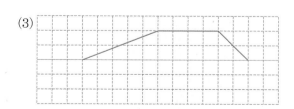

점대칭도형

● 정답 19쪽

● 점대칭도형

• 한 도형을 어떤 점을 중심으로 180° 돌렸을 때 처음 도형과 완전히 겹치면 이 도형을 점대칭도형이라고 합니다. 이때 그 점을 대칭의 중심이라고 합니다.

• 대칭의 중심을 중심으로 180° 돌렸을 때 겹치는 점을 대응점, 겹치는 변을 대응변, 겹치는 각을 대응각이라고 합니다.

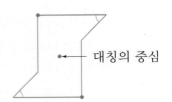
← 대칭의 중심

● 대칭의 중심 알아보기

대칭의 중심은 도형의 가운데에 있고 항상 1개입니다.

개념
강의

• 점대칭도형은 대칭의 중심을 중심으로 180° 돌렸을 때 위치와 모양이 같습니다.
• 대응점끼리 이은 선분이 만나는 한 점이 대칭의 중심입니다.

1 점대칭도형이면 ○표, 점대칭도형이 아니면 ×표 하세요.

(1)

( )

(2)

( )

(3)

( )

(4)

( )

(5)

( )

(6)

( )

(7)

( )

(8)

( )

2 점대칭도형에서 대칭의 중심을 찾아 기호를 쓰세요.

(1)

( )

(2)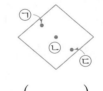

( )

(3)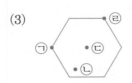

( )

(4)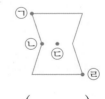

( )

(5)

( )

(6)

( )

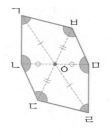

◉ **점대칭도형의 성질**

① 각각의 대응변의 길이는 서로 같습니다.

② 각각의 대응각의 크기는 서로 같습니다.

③ 대칭의 중심은 대응점끼리 이은 선분을 둘로 똑같이 나눕니다.

④ 각각의 대응점에서 대칭의 중심까지의 거리는 서로 같습니다.

◉ **점대칭도형 그리기**

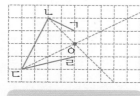 ➡ 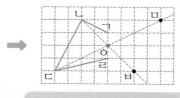 ➡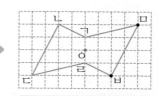

각 점에서 대칭의 중심을 지나는 직선을 긋습니다. | 대칭의 중심까지의 거리가 같도록 각 점의 대응점을 찾습니다. | 차례로 이어 점대칭도형을 완성합니다.

개념 강의

● 대응점끼리 이은 선분은 반드시 대칭의 중심을 지납니다.

1 점대칭도형을 보고 □ 안에 알맞게 써넣으세요.

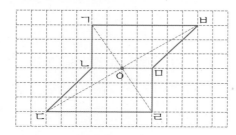

(1) 변 ㄱㄴ과 길이가 같은 변은 변 □ 입니다.

(2) 각 ㄴㄷㄹ과 크기가 같은 각은 각 □ 입니다.

(3) 선분 ㄱㅇ과 길이가 같은 선분은 선분 □ 입니다.

(4) 선분 ㄷㅇ과 길이가 같은 선분은 선분 □ 입니다.

2 점 ㅇ을 대칭의 중심으로 하는 점대칭도형을 완성하세요.

(1)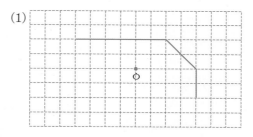

(2)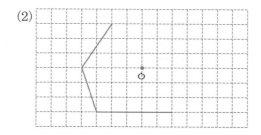

(3)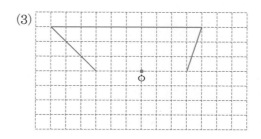

1 합동

▶ 모양과 크기가 같아서 포개었을 때 완전히 겹치는 두 도형을 서로 합동이라고 합니다.

• 가와 서로 합동인 도형은 라입니다.
• 가와 나는 모양은 같지만 크기가 다르고,
  가와 다는 모양이 다르므로 합동이 아닙니다.

1

왼쪽 도형과 서로 합동인 도형을 찾아 기호를 쓰세요.

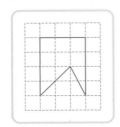 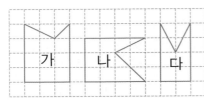

( )

2

도형을 보고 물음에 답하세요.

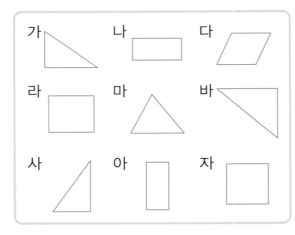

⑴ 도형 가와 서로 합동인 도형을 찾아 기호를 쓰세요.

( )

⑵ 도형 나와 서로 합동인 도형을 찾아 기호를 쓰세요.

( )

3

주어진 도형과 서로 합동인 도형을 그리세요.

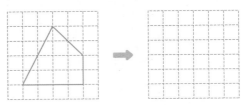

4

점선을 따라 잘랐을 때 만들어지는 두 도형이 서로 합동이 되는 점선을 모두 찾아 기호를 쓰세요.

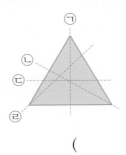

( )

5 ➕ 10종 교과서

직사각형 모양의 색종이를 점선을 따라 잘랐을 때 만들어지는 세 도형이 서로 합동인 것에 ○표 하세요.

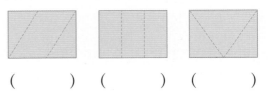

( )　( )　( )

6

서로 합동인 도형을 모두 찾아 기호를 쓰세요.

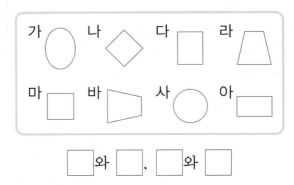

☐와 ☐, ☐와 ☐

7

나머지 셋과 서로 합동이 아닌 도형을 찾아 기호를 쓰세요.

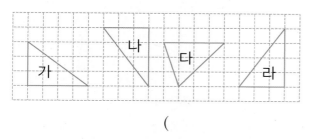

( )

8

직사각형 모양의 색종이를 선을 따라 잘라서 서로 합동인 도형 4개로 만들려고 합니다. 어떻게 자르면 되는지 두 가지 방법으로 선을 그으세요.

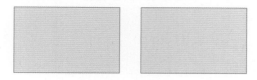

9

대화를 읽고 두 도형이 서로 합동이 아닌 이유를 바르게 말한 사람의 이름을 쓰세요.

모양은 같지만 크기가 다르기 때문에 합동이 아니야.

지혜

크기는 같지만 모양이 다르기 때문에 합동이 아니야.

수민

( )

10

직사각형 모양의 종이를 점선을 따라 모두 잘랐습니다. 만들어진 도형 중에서 서로 합동인 도형을 모두 찾아 기호를 쓰세요.

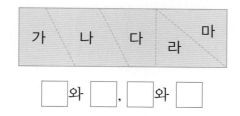

☐ 와 ☐ , ☐ 와 ☐

11 ➕ 10종 교과서

사각형 ㄱㄴㄷㄹ에서 찾을 수 있는 합동인 삼각형은 모두 몇 쌍일까요?

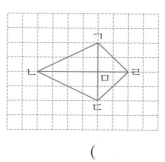

( )

12

두 도형이 서로 합동이 아닌 것을 찾아 기호를 쓰세요.

> ㉠ 둘레가 같은 두 정삼각형
> ㉡ 둘레가 같은 두 직사각형
> ㉢ 둘레가 같은 두 정사각형

( )

2 합동인 도형의 성질

> 서로 합동인 두 도형에서 각각의 대응변의 길이와
> 대응각의 크기는 서로 같습니다.

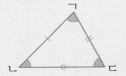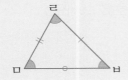

1

두 사각형은 서로 합동입니다. 물음에 답하세요.

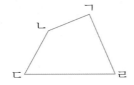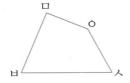

(1) 점 ㄷ의 대응점을 찾아 쓰세요.

(   )

(2) 변 ㄱㄹ의 대응변을 찾아 쓰세요.

(   )

(3) 각 ㄱㄴㄷ의 대응각을 찾아 쓰세요.

(   )

2

삼각형 ㄱㄴㄷ과 삼각형 ㄹㄷㄴ은 서로 합동입니다.
대응점, 대응변, 대응각을 각각 찾아 쓰세요.

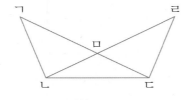

점 ㄴ의 대응점 (   )

변 ㄱㄷ의 대응변 (   )

각 ㄱㄴㄷ의 대응각 (   )

3

두 사각형은 서로 합동입니다. 대응점, 대응변, 대응각
은 각각 몇 쌍일까요?

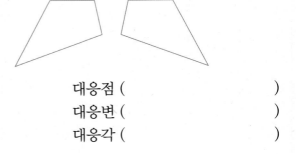

대응점 (   )

대응변 (   )

대응각 (   )

4

두 삼각형은 서로 합동입니다. 물음에 답하세요.

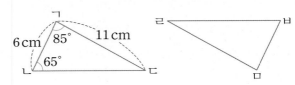

(1) 변 ㅁㅂ은 몇 cm일까요?

(   )

(2) 각 ㅂㄹㅁ은 몇 도일까요?

(   )

5

두 삼각형은 서로 합동입니다. 각 ㄱㄴㄷ은 몇 도일까
요?

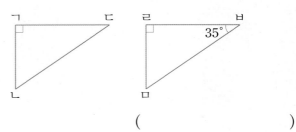

(   )

6

두 사각형은 서로 합동입니다. 물음에 답하세요.

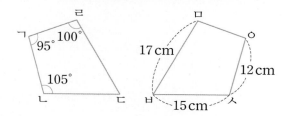

(1) 변 ㄴㄷ은 몇 cm일까요?

(　　　　　　)

(2) 각 ㅁㅇㅅ은 몇 도일까요?

(　　　　　　)

7

두 사각형은 서로 합동입니다. 각 ㄹㄱㄴ은 몇 도일까요?

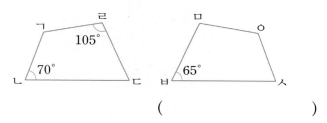

(　　　　　　)

8　➕ 10종 교과서

두 이등변삼각형은 서로 합동입니다. □ 안에 알맞은 수를 써넣으세요.

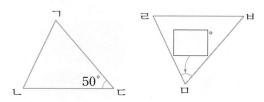

9

두 직사각형은 서로 합동입니다. 직사각형 ㅁㅂㅅㅇ의 넓이는 몇 cm²일까요?

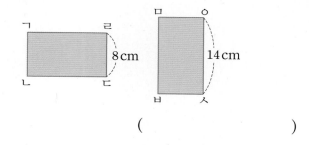

(　　　　　　)

10

삼각형 ㄱㄴㄷ과 삼각형 ㄹㄷㄴ은 서로 합동입니다. 삼각형 ㄹㄷㄴ의 넓이는 몇 cm²일까요?

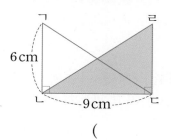

(　　　　　　)

11　➕ 10종 교과서

두 사각형은 서로 합동입니다. 사각형 ㄱㄴㄷㄹ의 둘레는 몇 cm일까요?

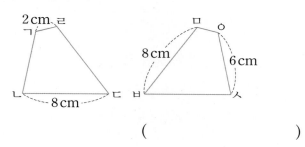

(　　　　　　)

3 선대칭도형

> 한 직선을 따라 접었을 때 완전히 겹치는 도형을 선대칭도형이라고 합니다.

대칭축   대칭축

1

그림을 보고 물음에 답하세요.

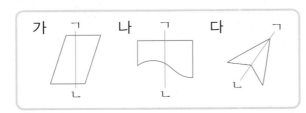

(1) 직선 ㄱㄴ을 따라 접었을 때 완전히 겹치는 도형을 찾아 기호를 쓰세요.

(   )

(2) (1)에서 답한 도형을 무엇이라 하고, 이때 직선 ㄱㄴ을 무엇이라고 하는지 차례로 쓰세요.

(   ), (   )

2

선대칭도형을 보고 물음에 답하세요.

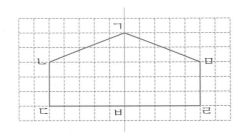

(1) 점 ㄴ의 대응점을 찾아 쓰세요.

(   )

(2) 변 ㄱㄴ의 대응변을 찾아 쓰세요.

(   )

(3) 각 ㄱㄴㄷ의 대응각을 찾아 쓰세요.

(   )

3

선대칭도형이 <u>아닌</u> 것은 어느 것일까요? (   )

①   ②

③   ④

⑤

4

선대칭도형의 대칭축을 바르게 나타낸 것을 찾아 기호를 쓰세요.

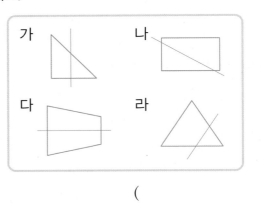

가   나

다   라

(   )

5

원에 대해 바르게 설명한 사람의 이름을 쓰세요.

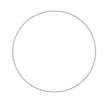

원은 원의 중심을 지나는 직선을 대칭축으로 하는 선대칭도형이야.

맞아. 그리고 원의 대칭축은 모두 10개야.

태우

강우

(   )

6 ➕ 10종 교과서

다음 도형은 선대칭도형입니다. 대칭축을 모두 그리세요.

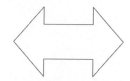

7

선대칭도형이 아닌 알파벳을 찾아 기호를 쓰세요.

ⓐ A ⓑ E ⓒ M ⓓ P

( )

8 ➕ 10종 교과서

선대칭도형에서 대칭축이 가장 많은 도형을 찾아 기호를 쓰세요.

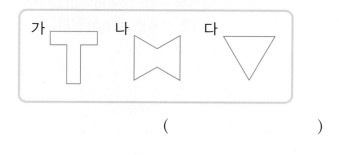

가 나 다

( )

9

다음 도형은 선대칭도형입니다. 대칭축은 모두 몇 개일까요?

( )

10

선대칭도형에서 대칭축의 수가 다른 도형을 찾아 기호를 쓰세요.

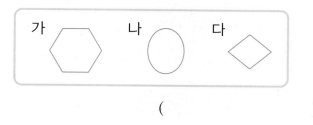

가 나 다

( )

11

다음 중 선대칭도형이 되는 국기는 모두 몇 개일까요?

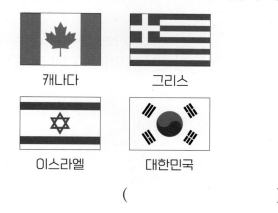

캐나다   그리스

이스라엘   대한민국

( )

▶ 선대칭도형에서 각각의 대응변의 길이와 대응각의 크기는 서로 같습니다.
대칭축은 대응점끼리 이은 선분을 둘로 똑같이 나눕니다.

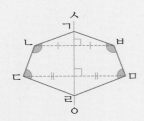

1

직선 ㅁㅂ을 대칭축으로 하는 선대칭도형입니다. 물음에 답하세요.

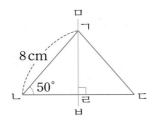

(1) 변 ㄱㄷ은 몇 cm일까요?

(   )

(2) 각 ㄱㄷㄹ은 몇 도일까요?

(   )

2

직선 ㅁㅂ을 대칭축으로 하는 선대칭도형입니다. 대칭축과 선분 ㄴㄹ이 만나서 이루는 각은 몇 도일까요?

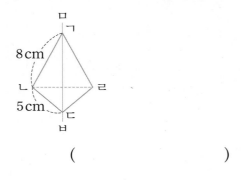

(   )

3

직선 ㄱㄴ을 대칭축으로 하는 선대칭도형을 완성하세요.

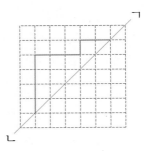

4

직선 ㅅㅇ을 대칭축으로 하는 선대칭도형입니다. □ 안에 알맞은 수를 써넣으세요.

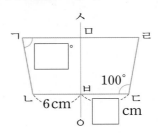

5

직선 ㅇㅈ을 대칭축으로 하는 선대칭도형입니다. 선분 ㅂㅅ이 7 cm라면 선분 ㅂㄹ은 몇 cm일까요?

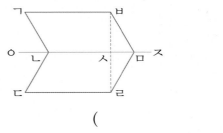

(   )

6

직선 ㅁㅂ을 대칭축으로 하는 선대칭도형입니다. 각 ㄱㄷㄹ은 몇 도일까요?

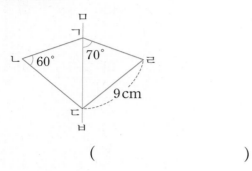

(   )

9 ➕ 10종 교과서

직선 ㄱㄴ을 대칭축으로 하는 선대칭도형을 완성했을 때, 선대칭도형의 둘레는 몇 cm일까요?

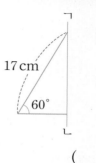

(   )

7

직선 ㄱㄴ을 대칭축으로 하는 선대칭도형입니다. 이 도형의 둘레는 몇 cm일까요?

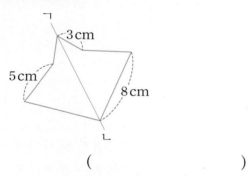

(   )

10

직선 ㄱㄹ을 대칭축으로 하는 선대칭도형입니다. 삼각형 ㄱㄴㄷ의 둘레가 44 cm일 때, 선분 ㄴㄹ은 몇 cm일까요?

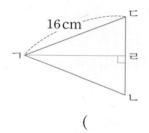

(   )

8 ➕ 10종 교과서

직선 ㅅㅇ을 대칭축으로 하는 선대칭도형입니다. 각 ㄱㅂㄷ은 몇 도일까요?

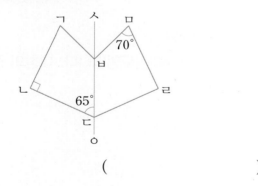

(   )

11

직선 ㄱㄴ을 대칭축으로 하는 선대칭도형을 완성하고, 완성한 선대칭도형의 넓이는 몇 cm²인지 구하세요.

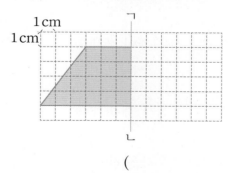

(   )

5 점대칭도형

▶ 한 도형을 어떤 점을 중심으로 180° 돌렸을 때 처음 도형과 완전히 겹치면 이 도형을 점대칭도형이라고 합니다.

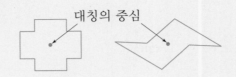

대칭의 중심

1

그림을 보고 물음에 답하세요.

(1) 점 ㅇ을 중심으로 180° 돌렸을 때 처음 도형과 완전히 겹치는 도형을 찾아 기호를 쓰세요.

( )

(2) (1)에서 답한 도형을 무엇이라 하고, 이때 점 ㅇ을 무엇이라고 하는지 차례로 쓰세요.

( ), ( )

2

점대칭도형을 보고 물음에 답하세요.

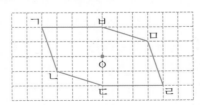

(1) 점 ㄱ의 대응점을 찾아 쓰세요.

( )

(2) 변 ㄴㄷ의 대응변을 찾아 쓰세요.

( )

(3) 각 ㄷㄹㅁ의 대응각을 찾아 쓰세요.

( )

3

점대칭도형을 모두 찾아 기호를 쓰세요.

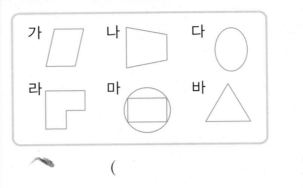

( )

4

점대칭도형에 대해 바르게 설명한 사람의 이름을 쓰세요.

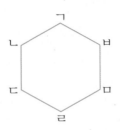

윤아: 점 ㄱ의 대응점은 점 ㅁ이야.
가은: 점 ㄷ의 대응점은 점 ㅂ이야.
수연: 주어진 도형에서 찾을 수 있는 대응점은 모두 6쌍이야.

( )

5 ➕ 10종 교과서

다음 도형은 점대칭도형입니다. 대칭의 중심을 찾아 표시하세요.

(1)   (2)

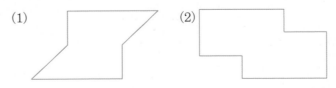

6

점대칭도형이 아닌 것을 찾아 기호를 쓰세요.

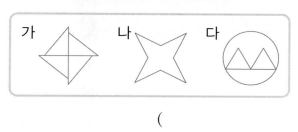

( )

7

다음 도형은 점대칭도형이 아닙니다. 그 이유를 쓰세요.

이유 _____

_____

8

도형을 보고 바르게 말한 사람의 이름을 쓰세요.

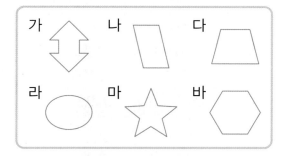

점대칭도형은 가, 나, 바로 모두 3개야.

다와 마는 점대칭도형이 아니야.

 수민

 수지

( )

9

점대칭도형이 <u>아닌</u> 것은 어느 것일까요? ( )

① 정사각형 ② 마름모 ③ 직사각형
④ 정삼각형 ⑤ 평행사변형

10 ➕ 10종 교과서

다음 중 점대칭도형인 한글 자음은 모두 몇 개일까요?

( )

11

크기가 같은 정사각형 5개를 변끼리 이어 붙여 만든 도형을 펜토미노라고 합니다. 다음 펜토미노 중에서 점대칭도형이 되는 것을 모두 찾아 기호를 쓰세요.

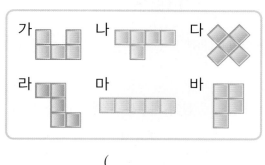

( )

6 점대칭도형의 성질, 점대칭도형 그리기

> 점대칭도형에서 각각의 대응변의 길이와 대응각의 크기는 서로 같습니다.
> 대칭의 중심은 대응점끼리 이은 선분을 둘로 똑같이 나눕니다.

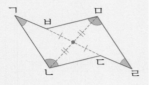

1

점 ㅇ을 대칭의 중심으로 하는 점대칭도형입니다. 물음에 답하세요.

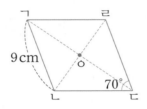

(1) 변 ㄷㄹ은 몇 cm일까요?

(   )

(2) 각 ㄴㄱㄹ은 몇 도일까요?

(   )

2

점대칭도형에 대해 잘못 설명한 사람의 이름을 쓰세요.

민성: 대응각의 크기는 서로 같아.
하준: 대칭의 중심의 개수는 도형에 따라 달라.
지환: 대칭의 중심은 대응점끼리 이은 선분을 둘로 똑같이 나눠.

(   )

3

점 ㅇ을 대칭의 중심으로 하는 점대칭도형을 완성하세요.

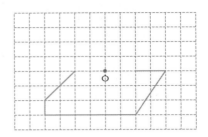

4

점 ㅇ을 대칭의 중심으로 하는 점대칭도형입니다. □ 안에 알맞은 수를 써넣으세요.

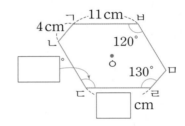

5

점 ㅇ을 대칭의 중심으로 하는 점대칭도형입니다. 선분 ㄴㄹ은 몇 cm일까요?

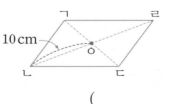

(   )

6
점 ㅇ을 대칭의 중심으로 하는 점대칭도형입니다. 선분 ㄴㅂ은 몇 cm일까요?

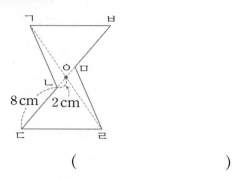

( )

7
점 ㅇ을 대칭의 중심으로 하는 점대칭도형입니다. 각 ㄹㄱㄴ은 몇 도일까요?

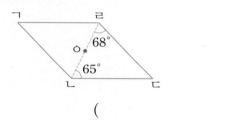

( )

8 ➕ **10종 교과서**
점 ㅇ을 대칭의 중심으로 하는 점대칭도형입니다. 각 ㄱㅂㅁ은 몇 도일까요?

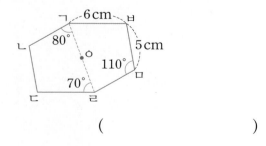

( )

9 ➕ **10종 교과서**
점 ㅇ을 대칭의 중심으로 하는 점대칭도형입니다. 이 점대칭도형의 둘레는 몇 cm일까요?

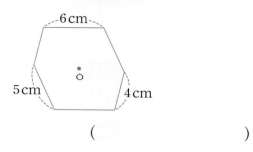

( )

10
점 ㅇ을 대칭의 중심으로 하는 점대칭도형입니다. 이 도형의 둘레가 40 cm일 때, 변 ㄱㄹ은 몇 cm일까요?

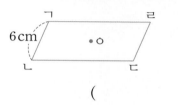

( )

11
점 ㅇ을 대칭의 중심으로 하는 점대칭도형입니다. 이 도형의 넓이는 몇 cm^2일까요?

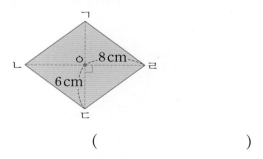

( )

1 합동인 도형에서 변의 길이 구하기

● 정답 22쪽

삼각형 ㄱㄴㄷ과 삼각형 ㅁㄹㄷ은 서로 합동입니다. 삼각형 ㄱㄴㄷ의 둘레가 36 cm일 때, 변 ㄱㄷ은 몇 cm인지 구하세요.

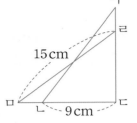

1단계 변 ㄱㄴ의 길이 구하기

(   )

2단계 변 ㄱㄷ의 길이 구하기

(   )

문제해결 tip 합동인 두 도형에서 각각의 대응변의 길이는 서로 같음을 이용하여 변 ㄱㄴ의 길이를 구합니다.

1·1 삼각형 ㄱㄴㄷ과 삼각형 ㄹㄷㄴ은 서로 합동입니다. 삼각형 ㄹㄷㄴ의 둘레가 43 cm일 때, 변 ㄹㄴ은 몇 cm인지 구하세요.

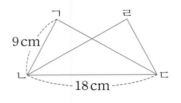

(   )

1·2 두 사각형은 서로 합동입니다. 사각형 ㄱㄴㄷㄹ의 둘레가 30 cm일 때, 변 ㄹㄷ은 몇 cm인지 구하세요.

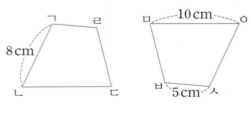

(   )

2 선대칭도형에서 각의 크기 구하기

직선 ㄱㅂ을 대칭축으로 하는 선대칭도형입니다. 각 ㄴㄱㅂ은 몇 도인지 구하세요.

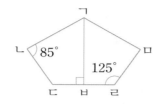

1단계 각 ㄴㄷㅂ의 크기 구하기

(   )

2단계 각 ㄴㄱㅂ의 크기 구하기

(   )

문제해결 tip 선대칭도형에서 각각의 대응각의 크기는 서로 같음을 이용하여 각 ㄴㄷㅂ의 크기를 구합니다.

2·1 직선 ㄱㅂ을 대칭축으로 하는 선대칭도형입니다. 각 ㄴㄷㅂ은 몇 도인지 구하세요.

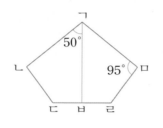

(   )

2·2 사각형 ㄱㄴㄷㄹ은 직선 ㅅㅇ을 대칭축으로 하는 선대칭도형입니다. 각 ㅁㄱㄴ은 몇 도인지 구하세요.

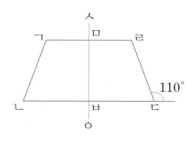

(   )

3 점대칭도형에서 각의 크기 구하기

● 정답 23쪽

점 ㅇ을 대칭의 중심으로 하는 점대칭도형입니다. 각 ㄴㅁㄹ은 몇 도인지 구하세요.

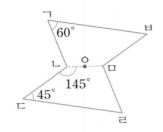

1단계 각 ㄷㄹㅁ의 크기 구하기

(   )

2단계 각 ㄴㅁㄹ의 크기 구하기

(   )

문제해결 tip 점대칭도형에서 각각의 대응각의 크기는 서로 같음을 이용하여 각 ㄷㄹㅁ의 크기를 구합니다.

3·1 점 ㅇ을 대칭의 중심으로 하는 점대칭도형입니다. 각 ㅂㄱㄴ은 몇 도인지 구하세요.

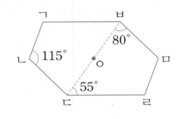

(   )

3·2 점 ㅇ을 대칭의 중심으로 하는 점대칭도형입니다. 각 ㄱㄹㄷ은 몇 도인지 구하세요.

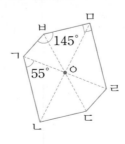

(   )

4 점대칭도형의 둘레 구하기

오른쪽은 점 ㅇ을 대칭의 중심으로 하는 점대칭도형의 일부
분을 나타낸 것입니다. 점대칭도형이 되도록 나머지 부분을
완성했을 때, 점대칭도형의 둘레는 몇 cm인지 구하세요.

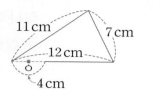

1단계 완성한 점대칭도형의 변의 길이 구하기

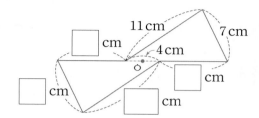

2단계 점대칭도형의 둘레 구하기

(   )

문제해결 tip 점대칭도형에서 각각의 대응변의 길이는 서로 같으므로 길이가 같은 변이 2개씩 있습니다.

4·1 점 ㅇ을 대칭의 중심으로 하는 점대칭도형이 되도록 나머지 부분을 완성했을 때, 점대
칭도형의 둘레는 몇 cm인지 구하세요.

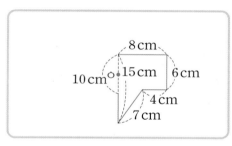

(   )

4·2 점 ㅇ을 대칭의 중심으로 하는 점대칭도형이 되도록 나머지 부분을 완성했을 때, 점대
칭도형의 둘레는 몇 cm인지 구하세요.

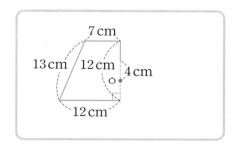

(   )

5 종이를 접었을 때 넓이 구하기

● 정답 23쪽

직사각형 모양의 종이를 그림과 같이 접었습니다. 직사각형 ㄱㄴㄷㄹ의 넓이는 몇 cm²인지 구하세요.

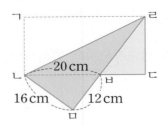

1단계 합동인 삼각형 찾기

삼각형 ㄴㅁㅂ과 삼각형 [   ]은 서로 합동입니다.

2단계 변 ㄴㄷ, 변 ㄹㄷ의 길이 구하기

변 ㄴㄷ (   )
변 ㄹㄷ (   )

3단계 직사각형의 넓이 구하기

(   )

문제해결 tip 종이를 접은 모양과 접기 전의 모양은 서로 합동이므로 삼각형 ㄱㄴㄹ과 삼각형 ㅁㄴㄹ은 서로 합동입니다.

5·1 직사각형 모양의 종이를 오른쪽 그림과 같이 접었습니다. 직사각형 ㄱㄴㄷㄹ의 넓이는 몇 cm²인지 구하세요.

(   )

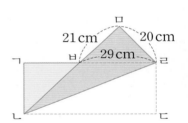

5·2 직사각형 모양의 종이를 오른쪽 그림과 같이 접었습니다. 삼각형 ㄱㄴㄷ의 넓이는 몇 cm²인지 구하세요.

(   )

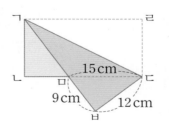

8228은 점대칭이 되는 네 자리 수입니다. 수 카드의 숫자를 사용하여 **8228**보다 작고 점대칭이 되는 네 자리 수를 만들려고 합니다. 만들 수 있는 네 자리 수는 모두 몇 개인지 구하세요. (단, 같은 숫자를 여러 번 사용할 수 있습니다.)

0 1 8

1단계 조건을 만족하는 네 자리 수의 천의 자리 숫자 알아보기

> 만들 수 있는 네 자리 수는 천의 자리 숫자가 ☐ 또는 ☐ 입니다.

2단계 조건을 만족하는 네 자리 수 구하기

(   )

3단계 조건을 만족하는 네 자리 수는 모두 몇 개인지 구하기

(   )

문제해결 tip 수 카드의 숫자로 만든 네 자리 수가 점대칭이 되려면 180° 돌렸을 때 처음 모양과 완전히 겹쳐야 하므로 ●■■● 또는 ●●●●이어야 합니다.

6·1 **8558**은 점대칭이 되는 네 자리 수입니다. 수 카드의 숫자를 사용하여 **8558**보다 작고 점대칭이 되는 네 자리 수를 만들려고 합니다. 만들 수 있는 네 자리 수는 모두 몇 개인지 구하세요. (단, 같은 숫자를 여러 번 사용할 수 있습니다.)

0 2 8

(   )

6·2 **1221**은 점대칭이 되는 네 자리 수입니다. 수 카드의 숫자를 사용하여 **1221**보다 크고 점대칭이 되는 네 자리 수를 만들려고 합니다. 만들 수 있는 네 자리 수는 모두 몇 개인지 구하세요. (단, 같은 숫자를 여러 번 사용할 수 있습니다.)

0 1 2 8

(   )

서로 합동인 두 도형에서 각각의 대응변의 길이와 대응각의 크기는 서로 같습니다.

1 합동인 도형

모양과 크기가 같아서 포개었을 때 완전히 겹치는 두 도형을 서로 합동이라고 합니다.

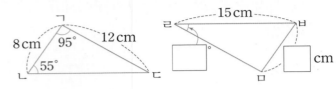

선대칭도형에서 대칭축이 여러 개일 때 대칭축은 모두 한 점에서 만납니다.

2 선대칭도형

• 한 직선을 따라 접었을 때 완전히 겹치는 도형을 선대칭도형이라고 합니다.

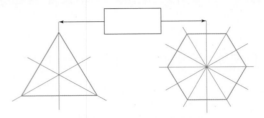

• 다음 중 선대칭도형이 아닌 알파벳은 ☐, ☐입니다.

A B C D E F G H

점대칭도형에서 대응점끼리 이은 선분이 만나는 점이 대칭의 중심입니다.

3 점대칭도형

• 한 도형을 어떤 점을 중심으로 ☐° 돌렸을 때 처음 도형과 완전히 겹치면 이 도형을 점대칭도형이라고 합니다.

대칭의 중심

• 점대칭도형의 모양에 관계없이 대칭의 중심은 항상 ☐개입니다.

• 다음 중 점대칭도형이 아닌 자음은 ㄱ, ㄴ, ☐, ☐입니다.

ㄱ ㄴ ㄷ ㄹ ㅁ ㅂ ㅇ ㅍ

1

왼쪽 도형과 서로 합동인 도형을 찾아 ○표 하세요.

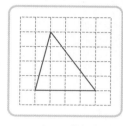
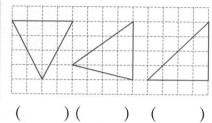

(   ) (   ) (   )

[2-3] 도형을 보고 물음에 답하세요.

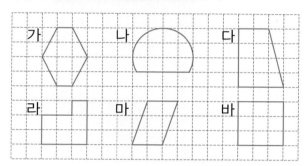

2

선대칭도형을 모두 찾아 기호를 쓰세요.

(   )

3

점대칭도형을 모두 찾아 기호를 쓰세요.

(   )

4

직선 ㅈㅊ을 대칭축으로 하는 선대칭도형입니다. 변 ㄷㄹ의 대응변을 쓰세요.

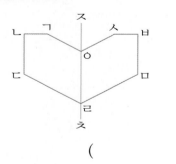

(   )

5

다음 도형은 점대칭도형입니다. 대칭의 중심을 찾아 표시하세요.

6

삼각형 ㄱㄴㄷ과 삼각형 ㄹㄷㄴ은 서로 합동입니다. 삼각형 ㄱㄴㄷ의 둘레가 36 cm일 때, 변 ㄱㄴ은 몇 cm일까요?

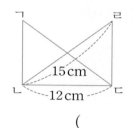

(   )

7 서술형

두 삼각형은 서로 합동입니다. 변 ㄱㄷ은 몇 cm이고, 각 ㄱㄷㄴ은 몇 도인지 해결 과정을 쓰고, 답을 구하세요.

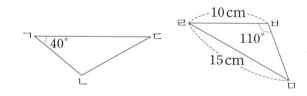

_____

_____

_____

_____

변 ㄱㄷ (   )

각 ㄱㄷㄴ (   )

8

두 사다리꼴은 서로 합동입니다. 사다리꼴 ㄱㄴㄷㄹ의 넓이는 몇 cm²일까요?

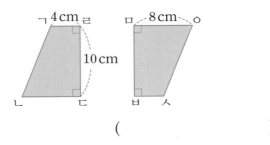

(   )

9 서술형

두 선대칭도형의 대칭축의 수의 차는 몇 개인지 해결 과정을 쓰고, 답을 구하세요.

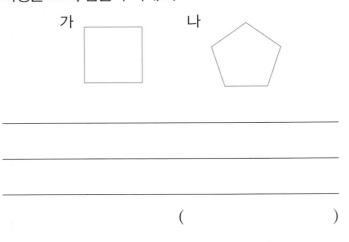

_____

_____

_____

(   )

10

선대칭도형도 되고 점대칭도형도 되는 알파벳은 모두 몇 개일까요?

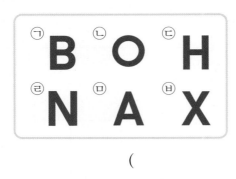

(   )

11

직선 ㅁㅂ을 대칭축으로 하는 선대칭도형입니다. □ 안에 알맞은 수를 써넣으세요.

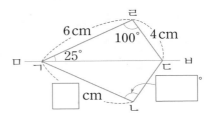

12

직선 ㄱㄴ을 대칭축으로 하는 선대칭도형을 완성하세요.

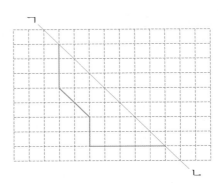

13

직선 ㄴㄹ을 대칭축으로 하는 선대칭도형입니다. 삼각형 ㄱㄴㄷ의 둘레가 44 cm일 때, 변 ㄴㄷ의 길이는 몇 cm일까요?

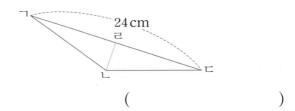

(   )

14

점 ㅇ을 대칭의 중심으로 하는 점대칭도형입니다. 선분 ㄷㅇ은 몇 cm일까요?

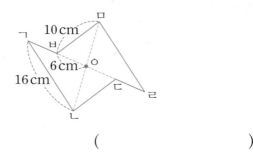

(   )

15

점 ㅇ을 대칭의 중심으로 하는 점대칭도형을 완성하세요.

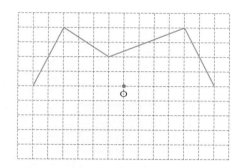

16 서술형

점 ㅇ을 대칭의 중심으로 하는 점대칭도형이 되도록 나머지 부분을 완성했을 때, 점대칭도형의 넓이는 몇 cm²인지 해결 과정을 쓰고, 답을 구하세요.

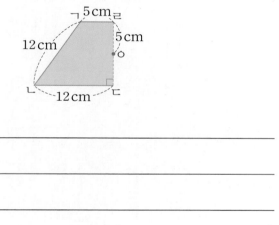

( )

17

삼각형 ㄱㄴㄷ과 삼각형 ㄱㄹㅁ은 서로 합동입니다. 각 ㄱㅂㄷ은 몇 도일까요? (단, 삼각형 ㄱㄹㅁ은 정삼각형입니다.)

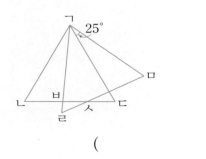

( )

18

직선 ㄱㄴ을 대칭축으로 하는 선대칭도형입니다. ㉠과 ㉡의 각의 크기의 합은 몇 도일까요?

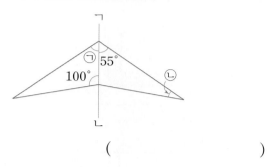

( )

19

직선 ㄴㄹ을 대칭축으로 하는 선대칭도형입니다. 선분 ㄱㄷ의 길이가 10 cm이고, 선분 ㄴㄹ의 길이가 16 cm일 때, 사각형 ㄱㄴㄷㄹ의 넓이는 몇 cm²인지 구하세요.

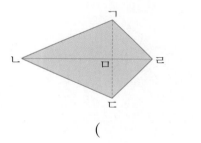

( )

20

점 ㅇ을 대칭의 중심으로 하는 점대칭도형입니다. 삼각형 ㄴㄷㄹ의 둘레가 82 cm일 때, 점대칭도형의 둘레는 몇 cm일까요?

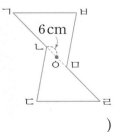

( )

숨은 그림을 찾아보세요.

● 정답 45쪽

4

소수의 곱셈

▶ 학습을 완료하면 ∨표를 하면서 학습 진도를 체크해요.

백점 쪽수	개념학습				문제학습		
백점 쪽수	96	97	98	99	100	101	102
확인							

백점 쪽수	문제학습					응용학습	
백점 쪽수	103	104	105	106	107	108	109
확인							

백점 쪽수	응용학습		단원평가			
백점 쪽수	110	111	112	113	114	115
확인						

● **0.6×3의 계산 방법**

방법1 0.1의 개수로 계산하기

(0.6)— 0.1 0.1 0.1 0.1 0.1 0.1   (0.6)— 0.1 0.1 0.1 0.1 0.1 0.1   (0.6)— 0.1 0.1 0.1 0.1 0.1 0.1

0.1이 6개씩 3묶음 ➡ 0.1이 18개 ➡ 0.6×3=1.8

방법2 분수의 곱셈으로 계산하기

$$0.6 \times 3 = \frac{6}{10} \times 3 = \frac{6 \times 3}{10} = \frac{18}{10} = 1.8$$

방법3 자연수의 곱셈으로 계산하기

6 × 3 = 18
$\frac{1}{10}$배 ↓   ↓ $\frac{1}{10}$배
0.6 × 3 = 1.8

6 ——$\frac{1}{10}$배→ 0.6
× 3   × 3
1 8 ——$\frac{1}{10}$배→ 1.8

개념
강의
● 계산한 값의 소수점 아래 마지막 0은 보통 생략하여 나타냅니다.
➡ 1.4×5=7.0=7, 0.95×2=1.90=1.9

---

1 0.2×7을 여러 가지 방법으로 계산하려고 합니다. ☐ 안에 알맞은 수를 써넣으세요.

(1) 0.1의 개수로 계산

0.1 0.1 0.1 0.1 0.1 0.1 0.1 0.1
0.1 0.1 0.1 0.1 0.1 0.1

0.1이 ☐ 개 ➡ 0.2×7= ☐

(2) 분수의 곱셈으로 계산

$$0.2 \times 7 = \frac{\boxed{}}{10} \times 7 = \frac{\boxed{} \times 7}{10}$$
$$= \frac{\boxed{}}{10} = \boxed{}$$

(3) 자연수의 곱셈으로 계산

2 × 7 = ☐
$\frac{1}{10}$배 $\frac{1}{10}$배
0.2 × 7 = ☐

2 1.8×2를 여러 가지 방법으로 계산하려고 합니다. ☐ 안에 알맞은 수를 써넣으세요.

(1) 0.1의 개수로 계산

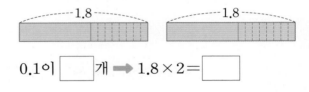

0.1이 ☐ 개 ➡ 1.8×2= ☐

(2) 분수의 곱셈으로 계산

$$1.8 \times 2 = \frac{\boxed{}}{10} \times 2 = \frac{\boxed{} \times 2}{10}$$
$$= \frac{\boxed{}}{10} = \boxed{}$$

(3) 자연수의 곱셈으로 계산

18 × 2 = ☐
$\frac{1}{10}$배 $\frac{1}{10}$배
1.8 × 2 = ☐

2 (자연수)×(소수)

● 9×2.5의 계산 방법

방법1 분수의 곱셈으로 계산하기

$9 \times 2.5 = 9 \times \dfrac{25}{10} = \dfrac{9 \times 25}{10} = \dfrac{225}{10} = 22.5$

방법2 자연수의 곱셈으로 계산하기

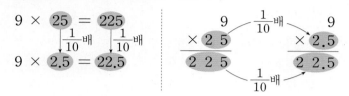

● 곱하는 수가 $\dfrac{1}{10}$배가 되면 계산 결과도 $\dfrac{1}{10}$배가 됩니다.

---

1 주어진 식을 분수의 곱셈으로 계산하려고 합니다. □ 안에 알맞은 수를 써넣으세요.

(1) $6 \times 0.8 = 6 \times \dfrac{\square}{10} = \dfrac{6 \times \square}{10}$

$= \dfrac{\square}{10} = \square$

(2) $19 \times 0.03 = 19 \times \dfrac{\square}{100} = \dfrac{19 \times \square}{100}$

$= \dfrac{\square}{100} = \square$

(3) $4 \times 1.36 = 4 \times \dfrac{\square}{100} = \dfrac{4 \times \square}{100}$

$= \dfrac{\square}{100} = \square$

2 주어진 식을 자연수의 곱셈으로 계산하려고 합니다. □ 안에 알맞은 수를 써넣으세요.

(1) $7 \times 4 = \square$

$\dfrac{1}{10}$배 $\dfrac{1}{10}$배

$7 \times 0.4 = \square$

(2) $16 \times 9 = \square$

$\dfrac{1}{10}$배 $\dfrac{1}{10}$배

$16 \times 0.9 = \square$

(3) $27 \times 15 = \square$

$\dfrac{1}{10}$배 $\dfrac{1}{10}$배

$27 \times 1.5 = \square$

3 (소수)×(소수)

● 정답 26쪽

○ 1.3×1.5의 계산 방법

방법 1 분수의 곱셈으로 계산하기

$$1.3 \times 1.5 = \frac{13}{10} \times \frac{15}{10} = \frac{13 \times 15}{10 \times 10} = \frac{195}{100} = 1.95$$

방법 2 자연수의 곱셈으로 계산하기

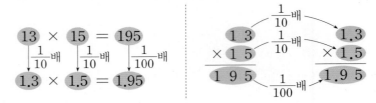

 ● 곱해지는 수가 $\frac{1}{10}$ 배, 곱하는 수가 $\frac{1}{10}$ 배가 되면 계산 결과는 $\frac{1}{100}$ 배가 됩니다.

---

1 주어진 식을 분수의 곱셈으로 계산하려고 합니다. □ 안에 알맞은 수를 써넣으세요.

(1) $0.7 \times 0.9 = \dfrac{\boxed{}}{10} \times \dfrac{\boxed{}}{10}$

$= \dfrac{\boxed{}}{100} = \boxed{}$

(2) $1.9 \times 1.2 = \dfrac{\boxed{}}{10} \times \dfrac{\boxed{}}{10}$

$= \dfrac{\boxed{}}{100} = \boxed{}$

(3) $3.2 \times 0.24 = \dfrac{\boxed{}}{10} \times \dfrac{\boxed{}}{100}$

$= \dfrac{\boxed{}}{1000} = \boxed{}$

2 주어진 식을 자연수의 곱셈으로 계산하려고 합니다. □ 안에 알맞은 수를 써넣으세요.

(1) $6 \times 7 = \boxed{}$

$\frac{1}{10}$배 $\frac{1}{10}$배 $\frac{1}{100}$배

$0.6 \times 0.7 = \boxed{}$

(2) $18 \times 14 = \boxed{}$

$\frac{1}{10}$배 $\frac{1}{10}$배 $\frac{1}{100}$배

$1.8 \times 1.4 = \boxed{}$

(3) $13 \times 26 = \boxed{}$

$\frac{1}{10}$배 $\frac{1}{100}$배 $\frac{1}{1000}$배

$1.3 \times 0.26 = \boxed{}$

4. 곱의 소수점 위치

● 정답 26쪽

◎ 자연수와 소수의 곱셈에서 곱의 소수점 위치

곱하는 수의 0의 수만큼 곱의 소수점이 오른쪽으로 옮겨집니다.

$$0.23 \times 1 = 0.23$$
$$0.23 \times 10 = 2.3$$
$$0.23 \times 100 = 23$$
$$0.23 \times 1000 = 230$$

소수점을 오른쪽으로 옮길 자리가 없으면 오른쪽에 0을 씁니다.

곱하는 소수의 소수점 아래 자리 수만큼 곱의 소수점이 왼쪽으로 옮겨집니다.

$$760 \times 1 = 760$$
$$760 \times 0.1 = 76$$
$$760 \times 0.01 = 7.6$$
$$760 \times 0.001 = 0.76$$

소수점을 왼쪽으로 옮길 자리가 없으면 왼쪽에 0을 씁니다.

◎ 소수끼리의 곱셈에서 곱의 소수점 위치

곱하는 두 수의 소수점 아래 자리 수를 더한 것만큼 곱의 소수점이 왼쪽으로 옮겨집니다.

$$4 \times 3 = 12$$
$$0.4 \times 0.3 = 0.12$$
$$0.4 \times 0.03 = 0.012$$
$$0.04 \times 0.03 = 0.0012$$

끝자리에 0이 있을 때 주의합니다.
$$5 \times 6 = 30$$
$$\Rightarrow 0.5 \times 0.6 = 0.30$$

● 곱의 소수점을 옮길 자리가 없으면 오른쪽 또는 왼쪽으로 0을 채워 씁니다.

$$6.27 \times 1000 = 6270 \qquad\qquad 53 \times 0.001 = 0.053$$

---

1 소수점의 위치를 생각하여 □ 안에 알맞은 수를 써넣으세요.

(1)
$$0.09 \times 1 = 0.09$$
$$0.09 \times 10 = \boxed{}$$
$$0.09 \times 100 = \boxed{}$$
$$0.09 \times 1000 = \boxed{}$$

(2)
$$348 \times 1 = 348$$
$$348 \times 0.1 = \boxed{}$$
$$348 \times 0.01 = \boxed{}$$
$$348 \times 0.001 = \boxed{}$$

(3)
$$2 \times 6 = 12$$
$$0.2 \times 0.6 = \boxed{}$$
$$0.2 \times 0.06 = \boxed{}$$
$$0.02 \times 0.6 = \boxed{}$$

2 계산 결과에 알맞게 소수점을 찍으세요.

(1)
$$0.74 \times 1 = 0.74$$
$$\Rightarrow 0.74 \times 10 = 7\square4\square$$

(2)
$$650 \times 1 = 650$$
$$\Rightarrow 650 \times 0.01 = 6\square5\square0\square$$

(3)
$$21 \times 53 = 1113$$
$$\Rightarrow 2.1 \times 5.3 = 1\square1\square1\square3\square$$

(4)
$$137 \times 35 = 4795$$
$$\Rightarrow 1.37 \times 3.5 = 4\square7\square9\square5\square$$

1 (소수)×(자연수)

▶ 곱해지는 수가 $\frac{1}{10}$ 배가 되면 계산 결과도 $\frac{1}{10}$ 배가 됩니다.

$$13 \times 5 = 65$$
$$\downarrow \qquad \downarrow$$
$$1.3 \times 5 = 6.5$$

$$\begin{array}{r} 1\ 3 \\ \times \quad 5 \\ \hline 6\ 5 \end{array} \Rightarrow \begin{array}{r} 1.3 \\ \times \quad 5 \\ \hline 6.5 \end{array}$$

▶ 곱해지는 수가 $\frac{1}{100}$ 배가 되면 계산 결과도 $\frac{1}{100}$ 배가 됩니다.

$$13 \times 5 = 65$$
$$\downarrow \qquad \downarrow$$
$$0.13 \times 5 = 0.65$$

$$\begin{array}{r} 1\ 3 \\ \times \quad 5 \\ \hline 6\ 5 \end{array} \Rightarrow \begin{array}{r} 0.1\ 3 \\ \times \quad 5 \\ \hline 0.6\ 5 \end{array}$$

1
수직선에 0.9×3이 얼마인지 ↓로 나타내고, □ 안에 알맞은 수를 써넣으세요.

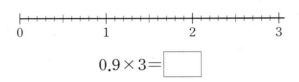

$$0.9 \times 3 = \boxed{}$$

2
보기 와 같은 방법으로 계산하세요.

보기
$$3.7 \times 5 = \frac{37}{10} \times 5 = \frac{185}{10} = 18.5$$

2.4×6

3
계산을 하세요.

(1) 1.3×8 (2) 0.32×4

(3) $\begin{array}{r} 0.4 \\ \times \quad 9 \\ \hline \end{array}$ (4) $\begin{array}{r} 3.5\ 1 \\ \times \qquad 4 \\ \hline \end{array}$

4
나타내는 수가 나머지와 다른 것에 ×표 하세요.

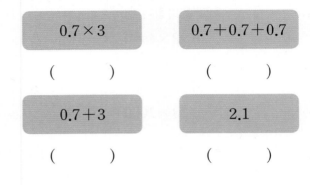

0.7×3	$0.7 + 0.7 + 0.7$
( )	( )
$0.7 + 3$	2.1
( )	( )

5
빈 곳에 알맞은 수를 써넣으세요.

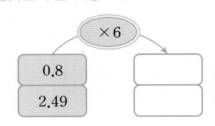

6
지승이는 매일 $0.35\,\text{L}$씩 우유를 마십니다. 지승이가 4일 동안 마신 우유는 모두 몇 L인지 식을 쓰고, 답을 구하세요.

식 _____

답 _____

7
계산 결과를 비교하여 ○ 안에 >, =, <를 알맞게 써넣으세요.

$$0.67 \times 6 \quad \bigcirc \quad 0.45 \times 9$$

8

어림하여 계산 결과가 4보다 큰 것을 찾아 기호를 쓰세요.

> ㉠ 0.95×4 ㉡ 0.52×8 ㉢ 1.47×2

( )

9 ➕ 10종 교과서

계산 결과를 잘못 말한 사람의 이름을 쓰고, 잘못 말한 부분을 바르게 고치세요.

0.38×5는 0.4와 5의 곱으로 어림할 수 있으니까 결과는 2 정도가 돼.

준서

52와 8의 곱은 약 400이니까 0.52×8은 40 정도가 돼.

강우

( )

바르게 고치기

_____

_____

10

어떤 수를 15로 나누었더니 0.12가 되었습니다. 어떤 수는 얼마일까요?

( )

11

지후네 가족이 중국으로 여행을 가기 위해 환전*하려고 합니다. 중국 돈 650위안*만큼 환전하려면 우리나라 돈으로 얼마를 내야 할까요? (단, 환전하는 날 환율은 1위안이 165.8원입니다.)

( )

＊환전: 종류가 다른 화폐를 교환하는 일
＊위안: 중국의 화폐 단위

12 ➕ 10종 교과서

윤지는 지난주에 월요일부터 금요일까지 하루에 30분씩 피아노 연습을 했습니다. 윤지가 지난주에 피아노 연습을 한 시간은 몇 시간일까요?

( )

13

다은이가 사려는 과자의 가격표가 찢어져 있습니다. 다은이가 과자 한 봉지를 사려고 5000원을 낸다면 받는 거스름돈은 얼마일까요?

( )

2 (자연수)×(소수)

> 곱하는 수가 $\frac{1}{10}$ 배가 되면 계산 결과도 $\frac{1}{10}$ 배가 됩니다.

$$4 \times 17 = 68$$
$$4 \times 1.7 = 6.8$$

$$\begin{array}{r} 4 \\ \times\ 1\ 7 \\ \hline 6\ 8 \end{array} \Rightarrow \begin{array}{r} 4 \\ \times\ 1.7 \\ \hline 6.8 \end{array}$$

> 곱하는 수가 $\frac{1}{100}$ 배가 되면 계산 결과도 $\frac{1}{100}$ 배가 됩니다.

$$4 \times 17 = 68$$
$$4 \times 0.17 = 0.68$$

$$\begin{array}{r} 4 \\ \times\ 1\ 7 \\ \hline 6\ 8 \end{array} \Rightarrow \begin{array}{r} 4 \\ \times\ 0.1\ 7 \\ \hline 0.6\ 8 \end{array}$$

1

지혜가 계산한 방법으로 38×1.4를 계산하세요.

$$26 \times 1.3 = 26 \times \frac{13}{10} = \frac{26 \times 13}{10}$$
$$= \frac{338}{10} = 33.8$$

지혜

38×1.4

2

계산을 하세요.

(1) 6×0.9

(2) 7×0.28

(3) $\begin{array}{r} 3 \\ \times\ 2.6 \\ \hline \end{array}$

(4) $\begin{array}{r} 9 \\ \times\ 5.4\ 6 \\ \hline \end{array}$

3

빈 곳에 알맞은 수를 써넣으세요.

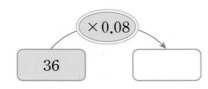

4

빈 곳에 알맞은 수를 써넣으세요.

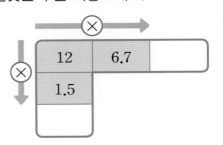

5

계산 결과가 더 큰 것의 기호를 쓰세요.

$$㉠\ 24 \times 1.3 \qquad ㉡\ 11 \times 2.7$$

(   )

6

건우가 들고 있는 수에 지유가 설명하는 수를 곱한 값을 구하세요.

이 수는 0.1이 47개, 0.01이 8개인 소수 두 자리 수야.

건우   지유

(   )

7

두 평행사변형의 넓이의 차는 몇 cm²일까요?

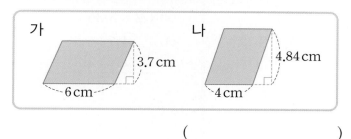

가   나

3.7 cm

6 cm

4.84 cm

4 cm

(   )

8

어림하여 7 × 0.78의 계산 결과에 가장 가까운 것을 찾아 ○표 하세요.

0.4   5   60   400

9 ➕ 10종 교과서

영주는 한 번 샤워하는 데 물을 43 L 사용합니다. 절수형* 샤워기를 사용하면 평소 사용량의 0.16배만큼 물을 아낄 수 있습니다. 절수형 샤워기로 샤워를 한 번할 때 영주가 아낄 수 있는 물은 몇 L인지 식을 쓰고, 답을 구하세요.

식

답

 절수형: 물을 절약하게 하는 형태

10

어느 동물원의 어른 입장료는 어린이 입장료의 1.5배입니다. 어린이 입장료가 3000원일 때, 어른 입장료는 얼마일까요?

(   )

11

대화를 읽고 민우와 정혁이가 가진 끈의 길이는 각각 몇 m인지 구하세요.

> 예지: 내가 가진 끈의 길이는 3 m야.
> 민우: 내가 가진 끈의 길이는 예지가 가진 끈의 길이의 1.14배야.
> 정혁: 내가 가진 끈의 길이는 예지가 가진 끈의 길이의 1.8배야.

민우 (   )

정혁 (   )

12 ➕ 10종 교과서

준석이의 몸무게는 45 kg이고 어머니의 몸무게는 준석이의 몸무게의 1.4배입니다. 형의 몸무게는 어머니의 몸무게의 1.18배일 때, 형의 몸무게는 몇 kg일까요?

(   )

13

㉠과 ㉡에 알맞은 수의 합을 구하세요.

$$\begin{array}{r} ㉠ \; 4 \\ \times \; 0.\; ㉡ \\ \hline 2\,8.2 \end{array}$$

(   )

3 (소수)×(소수)

▶ 곱해지는 수가 $\frac{1}{10}$ 배, 곱하는 수가 $\frac{1}{10}$ 배가 되면
계산 결과는 $\frac{1}{100}$ 배가 됩니다.

$$32 \times 15 = 480$$
$$\downarrow \quad \downarrow \quad \downarrow$$
$$3.2 \times 1.5 = 4.8$$

$$\begin{array}{r} 3\,2 \\ \times\ 1\,5 \\ \hline 4\,8\,0 \end{array} \Rightarrow \begin{array}{r} 3.2 \\ \times\ 1.5 \\ \hline 4.8\,\cancel{0} \end{array}$$

1

0.6 × 0.25를 여러 가지 방법으로 계산하려고 합니다.
물음에 답하세요.

(1) 자연수의 곱셈으로 계산하세요.

$$6 \ \times \ 25 \ = \boxed{}$$

$\frac{1}{10}$배 $\frac{1}{100}$배 $\boxed{}$ 배

$$0.6 \ \times \ 0.25 \ = \boxed{}$$

(2) 소수의 크기를 생각하여 계산하세요.

$6 \times 25 = \boxed{}$ 인데 0.6에 0.25를 곱하면

0.6의 0.3배인 $\boxed{}$ 보다 (커야 , 작아야)

하므로 계산 결과는 $\boxed{}$ 입니다.

2

보기 와 같은 방법으로 계산하세요.

보기

$$0.73 \times 1.2 = \frac{73}{100} \times \frac{12}{10} = \frac{876}{1000} = 0.876$$

0.58×1.6

3

계산을 하세요.

(1) 0.8×0.6

(2) 1.2×3.36

(3) $\begin{array}{r} 0.1\,3 \\ \times\ \ \ 0.5 \\ \hline \end{array}$

(4) $\begin{array}{r} 4.7 \\ \times\ 1.4 \\ \hline \end{array}$

4

빈 곳에 알맞은 수를 써넣으세요.

	0.4	1.95	
	7.25	2.08	

5

어림하여 계산 결과가 5보다 크고 7보다 작은 것을 찾
아 기호를 쓰세요.

㉠ 1.4×5.1	㉡ 3.2×3.8
㉢ 6.2×0.9	㉣ 4.9×0.9

(   )

6

다음 식은 잘못 계산한 것입니다. 바르게 계산하세요.

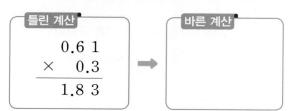

7

가장 큰 수와 가장 작은 수의 곱을 구하세요.

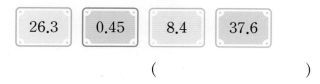

(   )

8 ➕ 10종 교과서

계산 결과의 소수점 아래 자리 수가 다른 사람을 찾아 이름을 쓰세요.

(   )

9

계산 결과가 큰 것부터 빈 곳에 차례대로 1, 2, 3을 써 넣으세요.

10

밀가루 0.9 kg이 있습니다. 밀가루 한 봉지의 0.15만큼이 단백질 성분일 때, 밀가루 0.9 kg의 단백질 성분은 몇 kg일까요?

(   )

11 ➕ 10종 교과서

□ 안에 들어갈 수 있는 자연수를 모두 구하세요.

$$5.62 \times 7.5 < \square < 3.2 \times 13.8$$

(   )

12

㉯ 식물의 키는 ㉮ 식물의 키의 1.45배이고, ㉰ 식물의 키는 ㉯ 식물의 키의 0.5배입니다. ㉮ 식물의 키가 32.8 cm일 때, ㉯와 ㉰ 식물의 키의 차는 몇 cm일까요?

(   )

4 곱의 소수점 위치

▶곱하는 수의 0이 하나씩 늘어날 때마다 곱의 소수점이 오른쪽으로 한 칸씩 옮겨집니다.

$6.2 \times 1 = 6.2$

$6.2 \times 10 = 62$ ← 오른쪽으로 한 칸

$6.2 \times 100 = 620$ ← 오른쪽으로 두 칸

$6.2 \times 1000 = 6200$ ← 오른쪽으로 세 칸

▶곱하는 소수의 소수점 아래 자리 수가 하나씩 늘어날 때마다 곱의 소수점이 왼쪽으로 한 칸씩 옮겨집니다.

$850 \times 1 = 850$

$850 \times 0.1 = 85.0$ ← 왼쪽으로 한 칸

$850 \times 0.01 = 8.50$ ← 왼쪽으로 두 칸

$850 \times 0.001 = 0.850$ ← 왼쪽으로 세 칸

1

$14 \times 92 = 1288$입니다. 다음을 계산하세요.

(1) 1.4×9.2

(2) 1.4×0.92

(3) 0.14×0.92

2

빈 곳에 알맞은 수를 써넣으세요.

$\times 100$ $\times 0.001$

| 0.58 | | |

3

계산 결과가 소수 세 자리 수인 것에 ◯표 하세요.

| 0.53×1.24 | 0.34×20.8 |

(   ) (   )

4

계산 결과가 다른 것을 찾아 ◯표 하세요.

| 0.748×10 | 0.748×100 |
| 748×0.01 | 74.8×0.1 |

5

계산 결과가 같은 것끼리 이으세요.

128×0.34 · · 1.28×0.34

1.28×3.4 · · 12.8×0.34

12.8×0.034 · · 12.8×3.4

6

계산 결과를 비교하여 ◯ 안에 $>$, $=$, $<$를 알맞게 써넣으세요.

3820×0.001 ◯ 3.82×10

7

보기 를 이용하여 식을 완성하려고 합니다. ☐ 안에 알맞은 수를 써넣으세요.

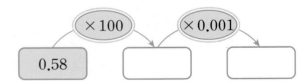

보기
$427 \times 16 = 6832$

(1) $4.27 \times \boxed{} = 0.6832$

(2) $\boxed{} \times 1600 = 683.2$

8

어떤 수에 1000을 곱했더니 810.2가 되었습니다. 어떤 수를 구하세요.

(   )

9

어느 주유소의 휘발유 1 L의 값은 1520원입니다. 이 주유소의 휘발유 0.001 L의 값은 얼마일까요?

(   )

10

경수가 키우는 강낭콩은 키가 21.3 cm까지 자랐고, 민재가 키우는 강낭콩은 키가 0.209 m까지 자랐습니다. 누가 키우는 강낭콩의 키가 더 큰지 구하세요.

(   )

11

♥는 ★의 몇 배인지 구하세요.

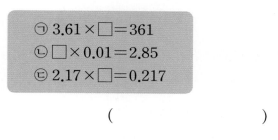

$23.95 \times ♥ = 239.5$

$239.5 \times ★ = 2.395$

(   )

12 ➕ 10종 교과서

□ 안에 알맞은 수가 가장 큰 것을 찾아 기호를 쓰세요.

㉠ $3.61 \times \square = 361$

㉡ $\square \times 0.01 = 2.85$

㉢ $2.17 \times \square = 0.217$

(   )

13 ➕ 10종 교과서

희수가 계산기로 0.17×0.46을 계산하다가 두 수 중에서 한 수의 소수점을 잘못 눌렀습니다. 결과로 0.782가 나왔다면 희수가 계산기에 누른 두 수가 될 수 있는 경우를 모두 쓰세요.

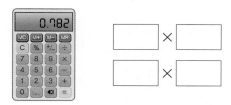

☐ × ☐

☐ × ☐

1 바르게 계산한 값 구하기

● 정답 29쪽

문제 강의

어떤 수에 0.65를 곱해야 할 것을 잘못하여 더했더니 1.23이 되었습니다. 바르게 계산하면 얼마인지 구하세요.

1단계 어떤 수 구하기

(   )

2단계 바르게 계산한 값 구하기

(   )

문제해결 tip 잘못 계산한 식에서 어떤 수를 구한 다음 바르게 계산한 값을 구합니다.

1·1 어떤 수에 1.8을 곱해야 할 것을 잘못하여 뺐더니 7.45가 되었습니다. 바르게 계산하면 얼마인지 구하세요.

(   )

1·2 어떤 수에 0.1을 곱해야 할 것을 잘못하여 0.01을 곱했더니 2.19가 되었습니다. 바르게 계산한 값과 1.2의 곱은 얼마인지 구하세요.

(   )

2 새로 만든 직사각형의 넓이 구하기

● 정답 29쪽

직사각형 모양 공원 놀이터의 가로를 1.3배, 세로를 1.2배 하여 새로운 놀이터를 만들려고 합니다. 새로운 놀이터의 넓이는 몇 m^2인지 구하세요.

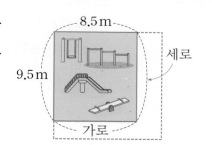

8.5 m
세로
9.5 m
가로

1단계 새로운 놀이터의 가로 구하기

(   )

2단계 새로운 놀이터의 세로 구하기

(   )

3단계 새로운 놀이터의 넓이 구하기

(   )

문제해결 tip (■배로 늘인 길이)=(원래 길이)×■임을 이용하여 새로운 놀이터의 가로와 세로를 각각 구합니다.

2·1 정은이네 집 마당에 오른쪽과 같은 직사각형 모양의 화단이 있습니다. 기존 화단의 가로를 2.2배, 세로를 0.75배 하여 새로운 화단을 만들려고 합니다. 새로운 화단의 넓이는 몇 m^2인지 구하세요.

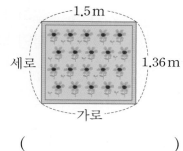

1.5 m
세로
1.36 m
가로

(   )

2·2 가로가 3.2 m, 세로가 0.9 m인 직사각형 모양의 게시판이 있습니다. 이 게시판의 가로를 1.25배, 세로를 1.4배 하여 새로운 게시판을 만들려고 합니다. 게시판에서 늘어난 부분의 넓이는 몇 m^2인지 구하세요.

(   )

3 이어 붙인 색 테이프의 길이 구하기

● 정답 30쪽

길이가 5.6 cm인 색 테이프 24장을 0.7 cm씩 겹치게 한 줄로 이어 붙였습니다. 이어 붙인 색 테이프의 전체 길이는 몇 cm인지 구하세요.

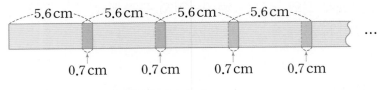

1단계 색 테이프 24장의 길이의 합 구하기

(   )

2단계 겹쳐진 부분의 길이의 합 구하기

(   )

3단계 이어 붙인 색 테이프의 전체 길이 구하기

(   )

문제해결 tip 색 테이프 ★장을 겹치게 이어 붙이면 겹치는 부분은 (★ −1)군데입니다.

3·1 길이가 4.2 cm인 색 테이프 36장을 0.6 cm씩 겹치게 한 줄로 이어 붙였습니다. 이어 붙인 색 테이프의 전체 길이는 몇 cm인지 구하세요.

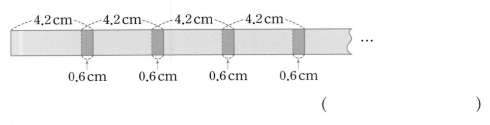

(   )

3·2 길이가 8.6 cm인 색 테이프 31장을 ■ cm씩 겹치게 한 줄로 이어 붙였습니다. 이어 붙인 색 테이프의 전체 길이가 236.6 cm일 때, ■에 알맞은 수를 구하세요.

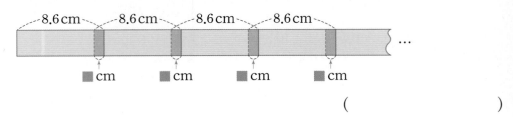

(   )

4 시간을 소수로 나타내어 구하기

1 km를 달리는 데 휘발유 0.28 L가 필요한 버스가 있습니다. 이 버스가 한 시간에 60 km를 달리는 빠르기로 3시간 45분 동안 달린다면 필요한 휘발유는 몇 L인지 구하세요.

1단계 3시간 45분은 몇 시간인지 소수로 나타내기

( )

2단계 3시간 45분 동안 달리는 거리 구하기

( )

3단계 필요한 휘발유의 양 구하기

( )

문제해결 tip ■분=$\frac{■}{60}$ 시간임을 이용하여 분 단위를 시간 단위인 소수로 나타냅니다.

4·1 1 km를 달리는 데 휘발유 0.24 L가 필요한 자동차가 있습니다. 이 자동차가 한 시간에 72.5 km를 달리는 빠르기로 2시간 36분 동안 달린다면 필요한 휘발유는 몇 L인지 구하세요.

( )

4·2 1분에 물이 1.6 L씩 나오는 수도가 있습니다. 이 수도 10개로 4분 30초 동안 물을 받는다면 받을 수 있는 물은 몇 L인지 구하세요.

( )

곱해지는 수가 $\frac{1}{10}$배가 되면 계산 결과도 $\frac{1}{10}$배가 됩니다.

① (소수)×(자연수)

• 분수의 곱셈으로 계산하기

$$2.9 \times 6 = \frac{\boxed{}}{10} \times 6 = \frac{\boxed{} \times 6}{10} = \frac{\boxed{}}{10} = \boxed{}$$

• 자연수의 곱셈으로 계산하기

$$29 \times 6 = 174 \implies 2.9 \times 6 = \boxed{}$$

곱하는 수가 $\frac{1}{100}$배가 되면 계산 결과도 $\frac{1}{100}$배가 됩니다.

② (자연수)×(소수)

• 분수의 곱셈으로 계산하기

$$7 \times 0.28 = 7 \times \frac{\boxed{}}{100} = \frac{7 \times \boxed{}}{100} = \frac{\boxed{}}{100} = \boxed{}$$

• 자연수의 곱셈으로 계산하기

$$7 \times 28 = 196 \implies 7 \times 0.28 = \boxed{}$$

곱해지는 수가 $\frac{1}{10}$배, 곱하는 수가 $\frac{1}{10}$배가 되면 계산 결과는 $\frac{1}{100}$배가 됩니다.

③ (소수)×(소수)

• 분수의 곱셈으로 계산하기

$$0.9 \times 1.8 = \frac{9}{10} \times \frac{18}{10} = \frac{9 \times 18}{10 \times 10} = \frac{\boxed{}}{100} = \boxed{}$$

• 자연수의 곱셈으로 계산하기

$$9 \times 18 = 162 \implies 0.9 \times 1.8 = \boxed{}$$

• 어떤 수에 1, 10, 100, 1000, …을 곱하면 소수점이 오른쪽으로 한 칸씩 옮겨집니다.
• 어떤 수에 1, 0.1, 0.01, 0.001, …을 곱하면 소수점이 왼쪽으로 한 칸씩 옮겨집니다.

④ 곱의 소수점 위치

$$0.03 \times 1 = 0.03$$
$$0.03 \times 10 = \boxed{}$$
$$0.03 \times 100 = \boxed{}$$
$$0.03 \times 1000 = \boxed{}$$

➡ 소수점이 오른쪽으로 한 칸씩 옮겨집니다.

$$28 \times 1 = 28$$
$$28 \times 0.1 = \boxed{}$$
$$28 \times 0.01 = \boxed{}$$
$$28 \times 0.001 = \boxed{}$$

➡ 소수점이 왼쪽으로 한 칸씩 옮겨집니다.

1

2.7×8의 값을 어림하여 계산하려고 합니다. 알맞게 ○표 하세요.

> 2.7×8은 3과 8의 곱으로 어림할 수 있습니다.
> 2.7×8은 24보다 조금 (클 , 작을) 것 같으므로 2.7×8은 (2.16 , 21.6)입니다.

2

계산을 하세요.

36×0.7

3

계산 결과를 찾아 이으세요.

3.7×1.4 •		• 5.18
2.69×2 •		• 6.08
16×0.38 •		• 5.38

4

빈 곳에 알맞은 수를 써넣으세요.

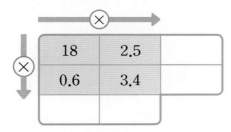

⊗	18	2.5	
⊗	0.6	3.4	

5

계산 결과가 나머지와 <u>다른</u> 하나는 어느 것일까요?

( )

① 59×0.1 ② 0.59×10
③ 590의 0.001 ④ 0.059×100
⑤ 5900의 0.001배

6

다음 계산에서 소수점을 찍어야 할 곳을 찾아 기호를 쓰세요.

> 42.057×10=4 2 0 5 7
> ↑ ↑ ↑ ↑ ↑
> ㉠ ㉡ ㉢ ㉣ ㉤

( )

7

지혜와 수지 중에서 키가 더 큰 사람의 이름을 쓰세요.

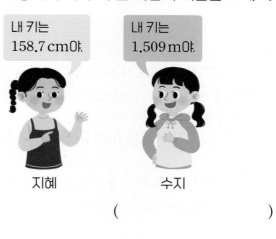

내 키는 158.7 cm야.

내 키는 1.509 m야.

지혜   수지

( )

8 서술형

정삼각형의 둘레와 정사각형의 한 변의 길이는 같습니다. 정사각형의 둘레는 몇 cm인지 해결 과정을 쓰고, 답을 구하세요.

△ 0.9 cm

( )

9

☐ 안에 들어갈 수 있는 자연수는 모두 몇 개인지 구하세요.

$$57 \times 1.06 < \square < 3.43 \times 19$$

( )

10

곱의 소수점 아래 자리 수가 많은 것부터 차례대로 기호를 쓰세요. (단, 소수점 아래 마지막 0은 생략합니다.)

| ㉠ 1.7×6.2 | ㉡ 0.83×1.52 |
| ㉢ 4.6×2.5 | ㉣ 0.12×10.15 |

( )

11

준서와 태우가 강우에게 줄 생일 선물을 샀습니다. 누가 주는 선물이 몇 g 더 무거운지 차례대로 쓰세요.

18.56 g짜리 연필 10자루를 샀어.

3.7 g짜리 사탕 100개를 샀어.

준서   태우

( ), ( )

12

지석이가 일주일 동안 마신 물은 9 L입니다. 현수가 일주일 동안 마신 물은 지석이가 마신 양의 1.3배이고, 윤우가 일주일 동안 마신 물은 지석이가 마신 양의 1.6배입니다. 현수와 윤우가 일주일 동안 마신 물의 양은 모두 몇 L일까요?

( )

13

세로가 8 m이고, 가로가 세로의 1.24배인 직사각형이 있습니다. 이 직사각형의 둘레는 몇 m일까요?

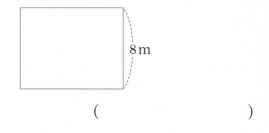

8 m

( )

14 서술형

가로가 8.6 m, 세로가 4 m인 직사각형 모양의 밭이 있습니다. 이 밭의 0.35만큼에 배추를 심었다면 배추를 심은 부분의 넓이는 몇 m²인지 해결 과정을 쓰고, 답을 구하세요.

(   )

15

정현이는 매일 운동장을 0.8 km씩 달립니다. 정현이가 3주일 동안 달린 거리는 몇 km일까요?

(   )

16 서술형

지웅이는 매일 1시간 15분씩 독서를 합니다. 지웅이가 일주일 동안 독서를 한 시간은 몇 시간인지 소수로 나타내려고 합니다. 해결 과정을 쓰고, 답을 구하세요.

(   )

17

어떤 수를 24로 나누었더니 1.65가 되었습니다. 어떤 수에 3을 곱하면 얼마일까요?

(   )

18

직사각형 나의 넓이는 정사각형 가의 넓이의 1.6배입니다. 직사각형 나의 긴 변은 몇 cm일까요?

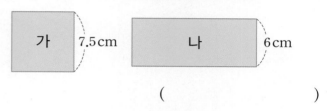

(   )

19

㉠×㉡의 값을 구하세요.

$$㉠×0.01=0.279$$
$$0.814×㉡=81.4$$

(   )

20

연수는 □ 안에 수 카드의 수를 한 번씩만 써넣어 곱이 가장 작은 곱셈식을 만들었습니다. 연수가 만든 곱셈식의 곱을 구하세요.

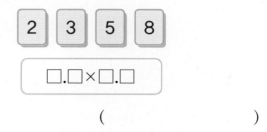

(   )

미로를 따라 길을 찾아보세요.

● 정답 45쪽

5

직육면체

① 직육면체, 정육면체

● 정답 32쪽

◎ 직육면체와 정육면체

- 직육면체: 직사각형 6개로 둘러싸인 도형
- 정육면체: 정사각형 6개로 둘러싸인 도형
- 직육면체와 정육면체에서
  - 면: 선분으로 둘러싸인 부분
  - 모서리: 면과 면이 만나는 선분
  - 꼭짓점: 모서리와 모서리가 만나는 점

꼭짓점 / 면 / 모서리

◎ 직육면체와 정육면체의 공통점과 차이점

	면	모서리	꼭짓점	면의 모양	모서리의 길이
직육면체	6개	12개	8개	직사각형	다릅니다.
정육면체	6개	12개	8개	정사각형	같습니다.

└─── 직육면체와 정육면체의 공통점 ───┘ └─ 직육면체와 정육면체의 차이점 ─┘

- 정사각형은 직사각형이라고 할 수 있으므로 정육면체는 직육면체라고 할 수 있습니다.
- 직사각형은 정사각형이라고 할 수 없으므로 직육면체는 정육면체라고 할 수 없습니다.

개념 강의

---

1 도형을 보고 □ 안에 알맞은 기호를 써넣으세요.

(1)
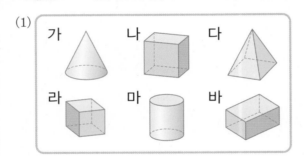
가 나 다
라 마 바

직육면체: □ , □ , □
정육면체: □

(2)
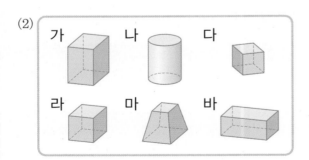
가 나 다
라 마 바

직육면체: □ , □ , □ , □
정육면체: □ , □

---

2 도형을 보고 빈칸에 알맞은 수를 써넣으세요.

(1)

면의 수(개)	모서리의 수(개)	꼭짓점의 수(개)

(2)

면의 수(개)	모서리의 수(개)	꼭짓점의 수(개)

(3)

면의 수(개)	모서리의 수(개)	꼭짓점의 수(개)

2 직육면체의 성질

● 정답 32쪽

◎ 직육면체의 밑면

- 직육면체에서 색칠한 두 면처럼 계속 늘여도 만나지 않는 평행한 두 면을 직육면체의 밑면이라고 합니다.
- 직육면체의 밑면의 특징
  - 직육면체의 밑면은 서로 평행합니다.
  - 직육면체에는 평행한 면이 3쌍 있고 이 평행한 면은 각각 밑면이 될 수 있습니다.

◎ 직육면체의 옆면

- 직육면체에서 밑면과 수직인 면을 직육면체의 옆면이라고 합니다.
- 직육면체의 옆면의 특징
  - 직육면체의 옆면은 밑면에 수직입니다.
  - 직육면체에서 한 밑면의 옆면은 모두 4개입니다.

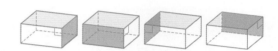

밑면이 변하면 옆면도 바뀌어요.

개념 강의

- 밑면은 고정된 면이 아닌 기준이 되는 면이므로 한 면이 밑면이 될 경우 마주 보는 면도 밑면이 됩니다.

---

1 직육면체에서 색칠한 면과 서로 평행한 면을 찾아 색칠하세요.

(1) 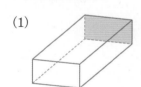　(2)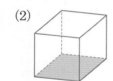

(3) 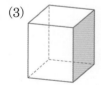　(4)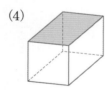

(5) 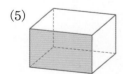　(6)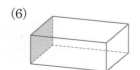

2 직육면체에서 색칠한 면과 수직인 면을 모두 찾아 ○표 하세요.

(1)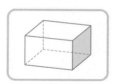

(　) (　) (　)

(2)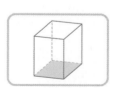

(　) (　) (　)

5. 직육면체 **119**

3 직육면체의 겨냥도

정답 32쪽

• 직육면체의 겨냥도: 직육면체의 모양을 잘 알 수 있도록 나타낸 그림

• 직육면체의 겨냥도 그리기

① 보이는 모서리는 실선으로 그립니다.

② 보이지 않는 모서리는 점선으로 그립니다.

③ 마주 보는 모서리는 평행하게 그립니다.

겨냥도에서는 각 면이 평행사변형으로 보이지만 실제로는 직사각형입니다.

• 직육면체의 겨냥도에서 면, 모서리, 꼭짓점의 수

	면	모서리	꼭짓점
보이는 부분	3개	9개→실선	7개
보이지 않는 부분	3개	3개→점선	1개

보이는 부분　　보이지 않는 부분

 • 겨냥도는 보이는 모서리 9개와 보이지 않는 모서리 3개를 구분해서 나타냅니다.

1 직육면체의 겨냥도를 바르게 그린 것에 ○표, 잘못 그린 것에 ×표 하세요.

(1)
(　　)

(2)
(　　)

(3)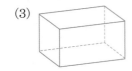
(　　)

(4)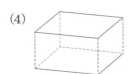
(　　)

(5)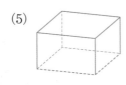
(　　)

(6)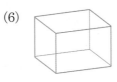
(　　)

(7)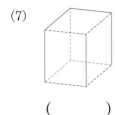
(　　)

(8)
(　　)

2 직육면체의 겨냥도를 완성하세요.

(1)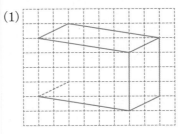

(2)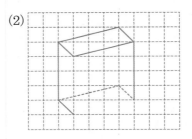

(3)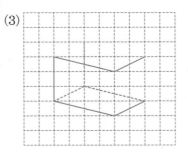

4 직육면체의 전개도

- 직육면체의 전개도: 직육면체의 모서리를 잘라서 펼친 그림
- 오른쪽 전개도를 접었을 때

  - 점 ㄱ과 만나는 점: 점 ㅍ, 점 ㅈ

  - 선분 ㄱㄴ과 겹치는 선분: 선분 ㅈㅇ

  - 면 가와 평행한 면: 면 바

  - 면 다와 수직인 면: 면 가, 면 나, 면 라, 면 바

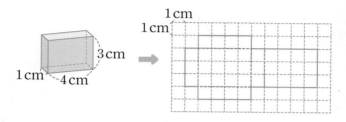

- 직육면체의 전개도 그리기

  ① 잘린 모서리는 실선으로, 잘리지 않은 모서리는 점선으로 그립니다.

  ② 서로 마주 보는 면의 모양과 크기가 같게 그립니다.

  ③ 전개도를 접었을 때 겹치는 선분의 길이가 같게 그립니다.

- 전개도를 접었을 때 서로 겹치는 면이 없어야 합니다.
- 전개도는 모서리를 자르는 방법에 따라 다양하게 그릴 수 있습니다.

---

1 전개도를 접어서 정육면체 또는 직육면체를 만들었을 때 색칠한 면과 평행한 면은 색칠하고, 수직인 면은 모두 ○표 하세요.

(1)

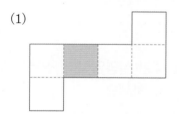

(2)

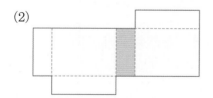

(3)

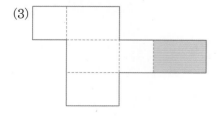

2 정육면체의 전개도를 찾아 기호를 쓰세요.

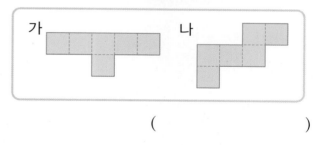

(   )

3 직육면체의 전개도를 찾아 기호를 쓰세요.

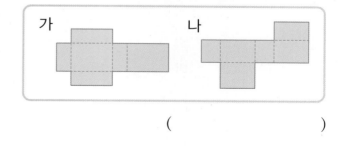

(   )

직육면체, 정육면체

▶ **직육면체와 정육면체의 공통점**

면, 모서리, 꼭짓점의 수가 각각 같습니다.

	면	모서리	꼭짓점
개수	6개	12개	8개

▶ **직육면체와 정육면체의 차이점**

	직육면체	정육면체
면의 모양	직사각형	정사각형
면의 크기	2개씩 3쌍의 크기가 같음	모든 면의 크기가 같음
모서리의 길이	4개씩 3쌍의 길이가 같음	모든 모서리의 길이가 같음

1

직육면체의 한 면을 종이 위에 놓고 본을 떠서 도형을 그렸습니다. 바르게 그린 사람의 이름을 쓰세요.

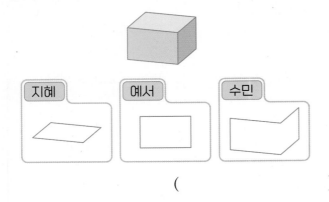

지혜 예서 수민

( )

2

직육면체를 모두 찾아 기호를 쓰세요.

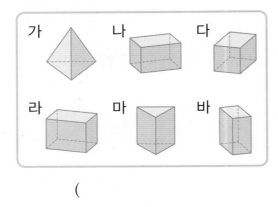

가 나 다
라 마 바

( )

3

정육면체를 모두 찾아 ◯표 하세요.

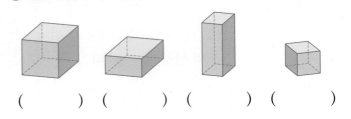

( ) ( ) ( ) ( )

4

정육면체를 보고 ☐ 안에 알맞은 수를 써넣으세요.

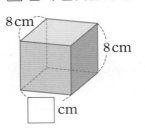

8 cm
8 cm
☐ cm

5

직육면체와 정육면체에 대한 설명입니다. 설명이 옳은 것은 ◯표, 틀린 것은 ✕표 하세요.

직육면체의 꼭짓점은 8개입니다. ◯

직육면체에서 선분으로 둘러싸인 부분을 모서리라고 합니다. ◯

정육면체에서 면의 크기는 서로 다릅니다. ◯

● 정답 32쪽

6

도형을 보고 바르게 말한 사람의 이름을 쓰세요.

사각형 6개로 둘러싸인 직육면체야.

태우

직사각형 6개로 둘러싸이지 않아서 직육면체가 아니야.

준서

(   )

7

직육면체와 정육면체의 공통점이 아닌 것을 찾아 기호를 쓰세요.

㉠ 면의 수 　　　　 ㉡ 면의 모양

㉢ 모서리의 수 　　 ㉣ 꼭짓점의 수

(   )

8

수지가 설명하는 직육면체를 찾아 기호를 쓰세요.

모양과 크기가 같은 면이 4개인 직육면체야.

수지

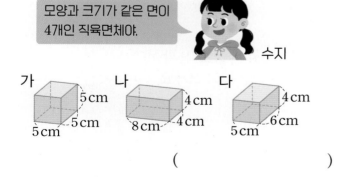

가 　　 나 　　 다

5 cm 5 cm 5 cm

4 cm 8 cm 4 cm

4 cm 5 cm 6 cm

(   )

9 ➕ 10종 교과서

정육면체에서 꼭짓점의 수와 모서리의 수의 합은 몇 개인지 구하세요.

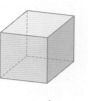

(   )

10

한 모서리의 길이가 6 cm인 정육면체 모양의 주사위가 있습니다. 이 주사위의 모든 모서리의 길이의 합은 몇 cm일까요?

(   )

11 ➕ 10종 교과서

그림과 같이 모양과 크기가 같은 직육면체 2개의 면과 면을 맞붙여서 정육면체를 만들었습니다. 만든 정육면체의 모든 모서리의 길이의 합을 구하세요.

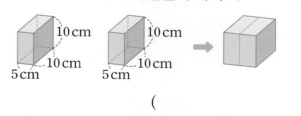

10 cm 10 cm 5 cm

10 cm 10 cm 5 cm

(   )

2 직육면체의 성질

▶ 직육면체에서 서로 마주 보는 면은 평행하고, 평행한 두 면을 밑면이라고 합니다.

밑면

→ 평행한 면 3쌍은 각각 밑면이 될 수 있습니다.

▶ 직육면체에서 서로 만나는 면은 수직이고, 밑면과 수직인 면을 옆면이라고 합니다.

옆면

→ 한 밑면에 수직인 면은 4개입니다.

1
직육면체에서 색칠한 면과 평행한 면을 찾아 쓰세요.

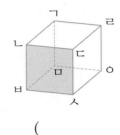

(   )

2
직육면체에서 색칠한 면과 수직인 면을 모두 찾아 쓰세요.

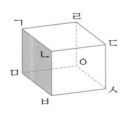

_____

_____

3
직육면체에서 서로 평행한 면은 모두 몇 쌍일까요?

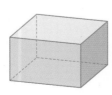

(   )

4
직육면체에서 색칠한 두 면이 만나서 이루는 각의 크기는 몇 도일까요?

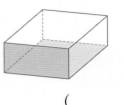

(   )

5 ➕ 10종 교과서
직육면체에서 서로 평행한 면이 아닌 것을 찾아 기호를 쓰세요.

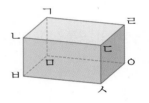

┌─────────────────────────────┐
│ ㉠ 면 ㄱㄴㄷㄹ과 면 ㅁㅂㅅㅇ   │
│ ㉡ 면 ㄴㅂㅁㄱ과 면 ㄱㄴㄷㄹ   │
│ ㉢ 면 ㄱㅁㅇㄹ과 면 ㄴㅂㅅㄷ   │
│ ㉣ 면 ㄷㅅㅇㄹ과 면 ㄴㅂㅁㄱ   │
└─────────────────────────────┘

(   )

6
직육면체에서 꼭짓점 ㅂ과 만나는 면을 모두 찾아 쓰세요.

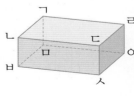

(   )

7

직육면체를 보고 □ 안에 알맞은 수를 써넣으세요.

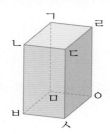

면 ㄱㅁㅇㄹ과 평행한 면은 □ 개이고,

면 ㄱㅁㅇㄹ과 수직인 면은 □ 개입니다.

8

직육면체를 보고 잘못 말한 사람의 이름을 쓰세요.

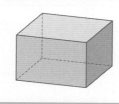

 한 모서리에서 만나는 두 면은 서로 수직이야.

태우

한 꼭짓점에서 만나는 면은 모두 4개야.

강우

( )

9

직육면체에서 면 ㄴㅂㅅㄷ과 면 ㅁㅂㅅㅇ에 동시에 수직인 면을 모두 찾아 쓰세요.

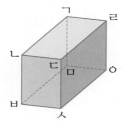

( )

10

직육면체에서 면 ㄱㅁㅇㄹ과 평행한 면의 넓이는 몇 cm²일까요?

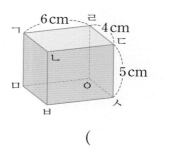

( )

11

각 면에 서로 다른 색이 칠해진 정육면체를 세 방향에서 본 것입니다. 빨간색 면과 평행한 면은 무슨 색일까요?

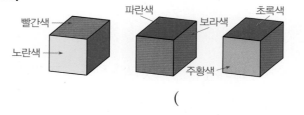

( )

12 ➕ 10종 교과서

직육면체에서 면 ㄱㄴㄷㄹ과 평행한 면의 모서리의 길이의 합은 몇 cm일까요?

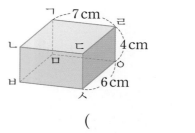

( )

3 직육면체의 겨냥도

> 겨냥도에서는 보이는 모서리는 실선으로, 보이지 않는 모서리는 점선으로 그립니다.

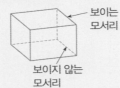

보이는 모서리

보이지 않는 모서리

➡ 실선으로 그린 모서리는 9개, 점선으로 그린 모서리는 3개입니다.

1
직육면체의 겨냥도에서 보이지 않는 모서리를 점선으로 그리세요.

(1) 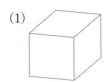   (2)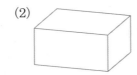

2
직육면체에서 보이지 않는 꼭짓점을 찾아 ◯표 하세요.

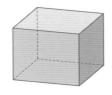

3
직육면체의 겨냥도에서 보이지 않는 면을 모두 찾아 쓰세요.

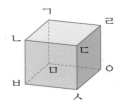

_____

_____

4
직육면체를 보고 물음에 답하세요.

(1) 보이는 면과 보이지 않는 면은 각각 몇 개인지 쓰세요.

보이는 면	보이지 않는 면

(2) 보이는 모서리와 보이지 않는 모서리는 각각 몇 개인지 쓰세요.

보이는 모서리	보이지 않는 모서리

(3) 보이는 꼭짓점과 보이지 않는 꼭짓점은 각각 몇 개인지 쓰세요.

보이는 꼭짓점	보이지 않는 꼭짓점

5
직육면체의 겨냥도를 바르게 그린 것을 찾아 기호를 쓰세요.

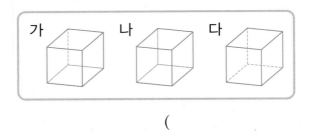

가   나   다

(   )

6
직육면체의 겨냥도를 완성하세요.

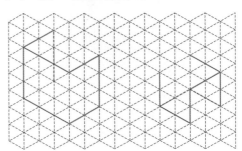

7

직육면체의 겨냥도에 빠진 부분이 있습니다. 빠진 부분에 대해 잘못 설명한 사람의 이름을 쓰세요.

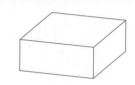

수지
빠진 부분은 모두 점선으로 그려야 해.

빠진 부분은 모두 2군데야.
지혜

수민
빠진 부분은 모두 보이지 않는 부분이야.

(   )

8 ➕ 10종 교과서

직육면체의 겨냥도를 보고 바르게 설명한 것을 모두 찾아 기호를 쓰세요.

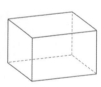

⊙ 보이는 면은 3개입니다.
ⓒ 보이지 않는 모서리는 9개입니다.
ⓒ 보이는 꼭짓점은 7개입니다.

(   )

9

직육면체의 겨냥도를 그리세요.

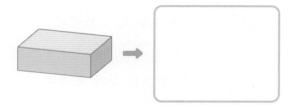

10 ➕ 10종 교과서

준서가 직육면체의 겨냥도를 잘못 그린 이유를 말한 것입니다. □ 안에 알맞은 말을 써넣으세요.

보이는 모서리는 □으로 그려야 하는데 □으로 그린 부분이 있어.

준서

11

직육면체 모양의 과자 상자에서 보이는 모서리의 길이의 합은 몇 cm일까요?

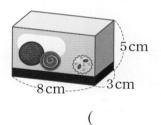

5 cm
8 cm
3 cm

(   )

12

직육면체에서 보이지 않는 모서리의 길이의 합은 몇 cm일까요?

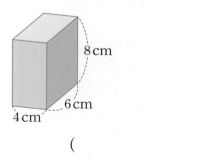

8 cm
6 cm
4 cm

(   )

④ 직육면체의 전개도

▶ 직육면체의 전개도와 정육면체의 전개도의 차이점

	직육면체의 전개도	정육면체의 전개도
면의 모양과 크기	모양과 크기가 같은 면이 2개씩 3쌍 있음	모두 같음
모서리의 길이	모두 같지는 않음	모두 같음

1

전개도를 접어서 정육면체를 만들었습니다. 물음에 답하세요.

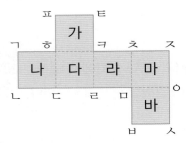

(1) 면 다와 마주 보는 면을 찾아 쓰세요.

(   )

(2) 면 다와 수직인 면을 모두 찾아 쓰세요.

(   )

2

직육면체의 전개도를 정확하게 그렸는지 확인하는 방법입니다. 바르게 말한 사람의 이름을 쓰세요.

> 유찬: 전개도에 모양과 크기가 같은 면이 2개씩 2쌍 있는지 확인해야 해.
> 진우: 접었을 때 겹치는 모서리의 길이가 같아야 해.
> 성현: 접었을 때 겹치는 면이 있어야 해.

(   )

3

직육면체의 전개도를 그린 것입니다. □ 안에 알맞은 수를 써넣으세요.

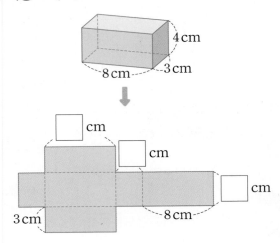

4 ➕ 10종 교과서

직육면체의 겨냥도를 보고 전개도를 그리세요.

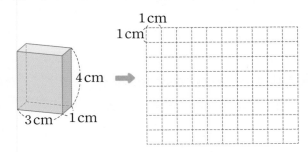

5

전개도를 접어서 직육면체를 만들었습니다. 물음에 답하세요.

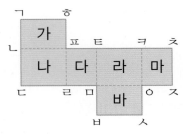

(1) 점 ㅅ과 만나는 점을 모두 찾아 쓰세요.

(   )

(2) 선분 ㄱㅎ과 겹치는 선분을 찾아 쓰세요.

(   )

6

정육면체의 전개도를 그린 것입니다. ☐ 안에 알맞은 기호를 써넣으세요.

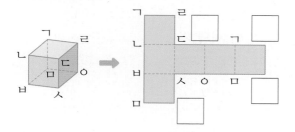

7

정육면체의 전개도가 아닌 것을 모두 찾아 기호를 쓰세요.

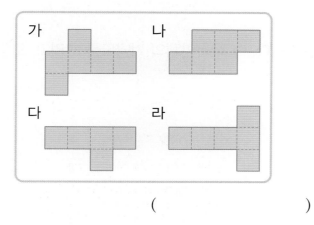

( )

8

직육면체 모양의 선물 상자를 끈으로 묶었습니다. 상자의 전개도가 다음과 같을 때, 끈이 지나가는 자리를 바르게 그리세요.

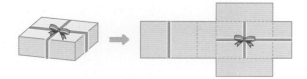

9 ➕ 10종 교과서

그림과 같이 무늬(◎) 3개가 그려져 있는 정육면체의 전개도를 그린 것입니다. 전개도에 나머지 무늬(◎) 1개를 그릴 수 있는 면을 모두 찾아 쓰세요.

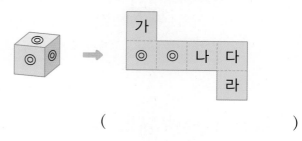

( )

10

직육면체의 전개도를 그린 것입니다. ㉠에 알맞은 수를 구하세요.

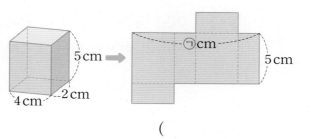

( )

11

직육면체의 전개도에서 면 가와 평행한 면의 넓이는 몇 cm²인지 구하세요.

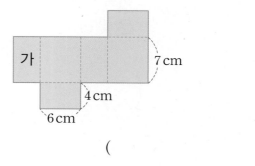

( )

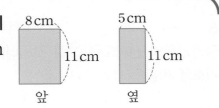

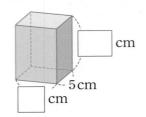

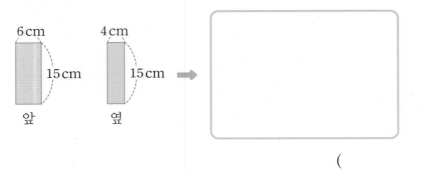

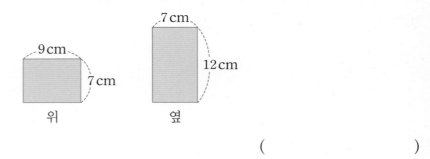

응용 학습

1 직육면체의 모서리의 길이 구하기

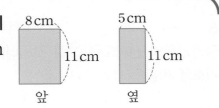

● 정답 35쪽

오른쪽은 어느 직육면체를 앞과 옆에서 본 모양입니다. 이 직육면체의 모든 모서리의 길이의 합은 몇 cm인지 구하세요.

1단계 앞과 옆에서 본 모양에 맞게 모서리의 길이 써넣기

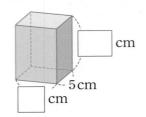

2단계 직육면체의 모든 모서리의 길이의 합 구하기

(   )

문제해결 tip 직육면체의 겨냥도를 그리면 길이가 같은 모서리가 4개씩 3쌍 있습니다.

1·1 어느 직육면체를 앞과 옆에서 본 모양입니다. 이 직육면체의 겨냥도를 그리고, 모든 모서리의 길이의 합은 몇 cm인지 구하세요.

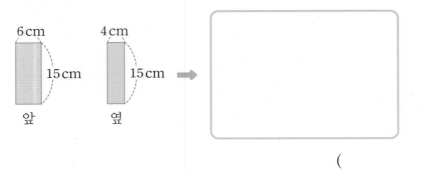

(   )

1·2 어느 직육면체를 위와 옆에서 본 모양입니다. 이 직육면체의 모든 모서리의 길이의 합은 몇 cm인지 구하세요.

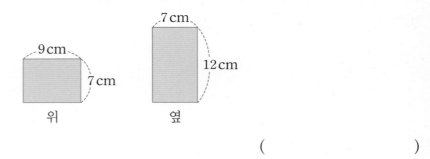

(   )

2 정육면체의 모서리의 길이 구하기

● 정답 35쪽

직육면체의 모든 모서리의 길이의 합과 정육면체의 모든 모서리의 길이의 합이 같습니다. 정육면체의 한 면의 넓이는 몇 cm^2인지 구하세요.

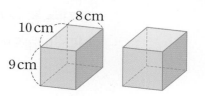

1단계 직육면체의 모든 모서리의 길이의 합 구하기

(   )

2단계 정육면체의 한 모서리의 길이 구하기

(   )

3단계 정육면체의 한 면의 넓이 구하기

(   )

문제해결 tip 직육면체의 모든 모서리의 길이의 합을 구한 후 이를 이용하여 정육면체의 한 모서리의 길이를 구합니다.

2·1 직육면체의 모든 모서리의 길이의 합과 정육면체의 모든 모서리의 길이의 합이 같습니다. 정육면체의 한 면의 넓이는 몇 cm^2인지 구하세요.

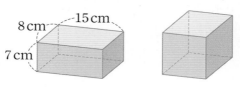

(   )

2·2 가로가 6 cm, 세로가 20 cm, 높이가 10 cm인 직육면체와 모든 모서리의 길이의 합이 같은 정육면체가 있습니다. 이 정육면체의 한 면의 둘레는 몇 cm인지 구하세요.

(   )

3 사용한 리본의 길이 구하기

● 정답 35쪽

문제 강의

윤지는 친구에게 줄 직육면체 모양의 선물 상자를 그림과 같이 리본으로 묶었습니다. 매듭의 길이가 30 cm일 때, 사용한 리본의 길이는 몇 cm인지 구하세요.

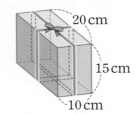

1단계 매듭을 제외하고 사용한 리본의 길이 구하기

( )

2단계 사용한 리본의 길이 구하기

( )

문제해결 tip 리본이 지나간 자리를 보고 10 cm, 15 cm, 20 cm가 각각 몇 번인지 구합니다.

3·1 직육면체 모양의 선물 상자를 오른쪽 그림과 같이 리본으로 묶었습니다. 매듭의 길이가 26 cm일 때, 사용한 리본의 길이는 몇 cm인지 구하세요.

( )

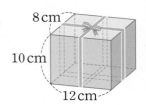

3·2 직육면체 모양의 상자를 그림과 같이 빨간색 끈으로 겹치지 않게 둘렀습니다. 상자를 두르는 데 사용한 빨간색 끈의 길이는 몇 cm인지 구하세요. (단, 매듭의 길이는 생각하지 않습니다.)

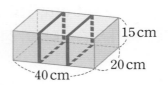

( )

전개도를 접어 주사위를 만들려고 합니다. 주사위의 마주 보는 면에 있는 눈의 수의 합이 7일 때, 전개도의 면 가, 면 나에 알맞은 눈의 수의 합을 구하세요.

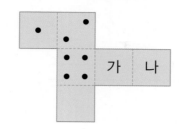

1단계 면 가, 면 나에 알맞은 눈 그리기

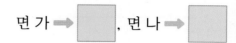

면 가 ➡ ⬜ , 면 나 ➡ ⬜

2단계 면 가, 면 나에 알맞은 눈의 수의 합 구하기

(   )

문제해결 tip 주사위의 마주 보는 두 면이 서로 평행하므로 서로 평행한 면에 있는 눈의 수의 합이 7이 되어야 합니다.

4·1 전개도를 접어 주사위를 만들려고 합니다. 주사위의 마주 보는 면에 있는 눈의 수의 합이 7일 때, 전개도의 면 가, 면 나, 면 다에 알맞은 눈의 수의 합을 구하세요.

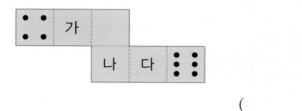

(   )

4·2 주사위의 마주 보는 면에 있는 눈의 수의 합이 7일 때, 보이지 않는 면에 있는 눈의 수의 합은 얼마인지 구하세요.

(   )

5 직육면체

● 정답 36쪽

직육면체에서
• 면: 선분으로 둘러싸인 부분
• 모서리: 면과 면이 만나는 선분
• 꼭짓점: 모서리와 모서리가 만나는 점

① 직육면체의 구성 요소

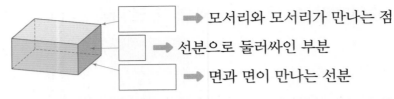

➡ 모서리와 모서리가 만나는 점

➡ 선분으로 둘러싸인 부분

➡ 면과 면이 만나는 선분

	면	모서리	꼭짓점
직육면체	☐개	12개	8개
정육면체	6개	☐개	☐개

직육면체에는 평행한 면이 3쌍 있습니다.
한 꼭짓점에서 만나는 면은 3개이고, 한 면과 수직으로 만나는 면은 4개입니다.

② 직육면체의 성질

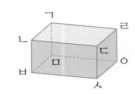

• 서로 평행한 면은 ☐쌍입니다.

• 꼭짓점 ㄱ과 만나는 면은 ☐개입니다.

• 면 ㄱㄴㄷㄹ과 수직으로 만나는 면은 ☐개입니다.

직육면체의 겨냥도에서는 보이는 모서리는 실선으로, 보이지 않는 모서리는 점선으로 그립니다.

③ 직육면체의 겨냥도

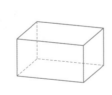

• 직육면체의 모양을 잘 알 수 있도록 나타낸 그림을 직육면체의 ☐라고 합니다.

• 보이는 모서리는 ☐으로, 보이지 않는 모서리는 ☐으로 그립니다.

직육면체의 전개도에서 잘린 모서리는 실선으로, 잘리지 않은 모서리는 점선으로 표시합니다.

④ 직육면체의 전개도

직육면체의 전개도를 접었을 때 서로 겹치는 부분이 (있고 , 없고), 만나는 모서리의 길이가 (같습니다 , 다릅니다).

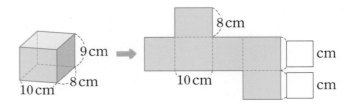

1

직육면체가 <u>아닌</u> 것을 모두 고르세요. (　　　)

①
②
③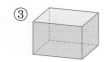
④
⑤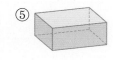

2

직육면체에서 색칠한 부분을 본뜬 모양을 쓰세요.

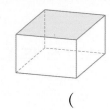

(　　　　　)

3

직육면체에서 면 ㄹㅇㅅㄷ과 수직이 아닌 면을 찾아 쓰세요.

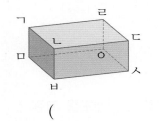

(　　　　　)

4

직육면체의 겨냥도를 바르게 그린 것을 찾아 기호를 쓰세요.

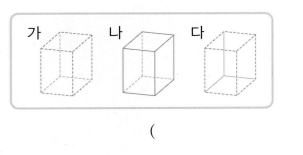

(　　　　　)

5

직육면체의 전개도를 바르게 그린 사람의 이름을 쓰세요.

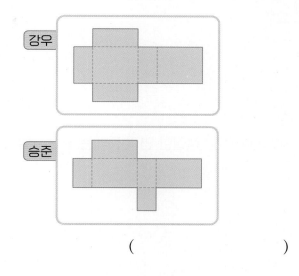

(　　　　　)

6

♣＋▲＋♠는 얼마인지 구하세요.

- 직육면체의 면은 ♣개입니다.
- 정육면체의 모서리는 ▲개입니다.
- 직육면체의 꼭짓점은 ♠개입니다.

(　　　　　)

7

직육면체와 정육면체에 대해 바르게 설명한 것을 찾아 기호를 쓰세요.

> ㉠ 면의 모양은 모두 정사각형입니다.
> ㉡ 서로 마주 보는 면은 수직입니다.
> ㉢ 모서리의 길이는 모두 다릅니다.
> ㉣ 정육면체는 직육면체라고 할 수 있습니다.

(　　　　　)

8

한 모서리의 길이가 5 cm인 정육면체가 있습니다. 이 정육면체의 모든 모서리의 길이의 합은 몇 cm일까요?

( )

9

정육면체에서 색칠한 면의 둘레는 몇 cm일까요?

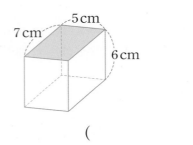

( )

10

직육면체에서 색칠한 면과 평행한 면의 넓이는 몇 cm² 일까요?

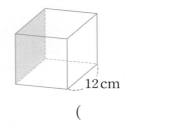

( )

11

직육면체의 겨냥도에서 나타내는 수가 나머지와 다른 하나를 찾아 기호를 쓰세요.

㉠ 보이는 면의 수
㉡ 보이지 않는 면의 수
㉢ 보이는 모서리의 수
㉣ 보이지 않는 모서리의 수

( )

12 서술형

직육면체에서 보이는 모서리의 길이의 합은 몇 cm인지 해결 과정을 쓰고, 답을 구하세요.

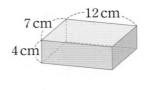

_____

_____

_____

( )

13

직육면체의 겨냥도를 보고 전개도를 그리세요.

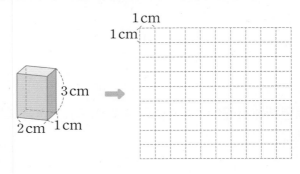

14

오른쪽 직육면체의 전개도를 그린 것입니다. ☐ 안에 알맞은 기호를 써넣으세요.

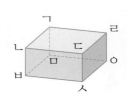

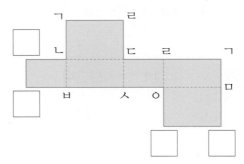

15

전개도를 접어서 직육면체를 만들었을 때 선분 ㅁㅂ과 겹치는 선분을 찾아 쓰세요.

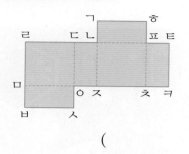

( )

16 서술형

다음은 잘못 그려진 직육면체의 전개도입니다. 면 1개를 옮겨 전개도를 바르게 그리고, 잘못 그려진 이유를 쓰세요.

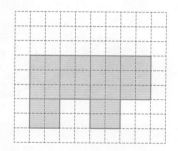

이유

17

전개도를 접어서 만든 직육면체의 모든 모서리의 길이의 합은 몇 cm일까요?

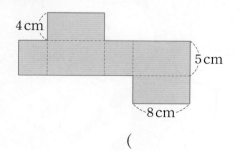

( )

18

정육면체에서 보이지 않는 모서리의 길이의 합은 몇 cm일까요?

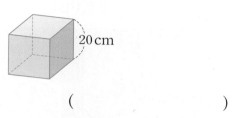

( )

19 서술형

직육면체의 모든 모서리의 길이의 합이 96 cm일 때, □ 안에 알맞은 수는 얼마인지 해결 과정을 쓰고, 답을 구하세요.

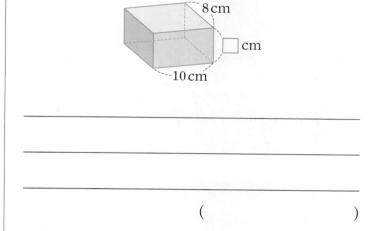

( )

20

직육면체 모양의 상자에 그림과 같이 색 테이프를 붙였습니다. 직육면체의 전개도가 다음과 같을 때, 색 테이프가 지나가는 자리를 전개도에 바르게 그리세요.

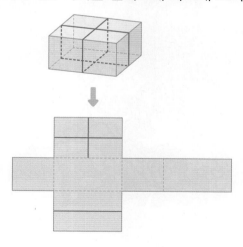

다른 그림을 찾아보세요.

● 정답 45쪽

다른 곳이 15군데 있어요.

6 평균과 가능성

▶ 학습을 완료하면 V표를 하면서 학습 진도를 체크해요.

백점 쪽수	개념학습				문제학습		
	140	141	142	143	144	145	146
확인							

백점 쪽수	문제학습					응용학습	
	147	148	149	150	151	152	153
확인							

백점 쪽수	응용학습		단원평가			
	154	155	156	157	158	159
확인						

1 평균 구하기

● 정답 37쪽

수지의 고리 던지기 기록

회	1회	2회	3회	4회
기록(개)	5	1	2	4

수지의 고리 던지기 기록 5, 1, 2, 4를 모두 더해 자료의 수 4로 나눈 값 3은 수지의 고리 던지기 기록을 대표하는 값으로 정할 수 있습니다. 이 값을 평균이라고 합니다.

방법 1 자료의 값을 고르게 하여 평균 구하기

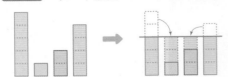

기록을 나타낸 모형을 옮겨 모형의 수를 고르게 하면 평균은 3개입니다.

방법 2 자료 값의 합을 자료의 수로 나누어 평균 구하기

(고리 던지기 기록의 합)=5+1+2+4=12(개) ➡ (평균)=12÷4=3(개)

(평균)=(자료 값의 합)÷(자료의 수)

개념 강의

● 자료의 값을 고르게 하여 평균을 구할 때에는 기준 수를 정하여 기준 수보다 많은 것을 부족한 쪽으로 채우며 구합니다.

---

1 ○를 옮겨서 수를 고르게 하여 평균을 구하세요.

(1) 선우가 받은 칭찬 도장 수

월	3월	4월	5월	6월
칭찬 도장 수(개)	4	1	2	5

선우가 받은 칭찬 도장 수의 평균: ☐ 개

(2) 지혜의 턱걸이 횟수

회	1회	2회	3회	4회
턱걸이 횟수(번)	3	5	5	3

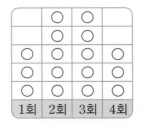

지혜의 턱걸이 횟수의 평균: ☐ 번

2 자료의 값을 모두 더해 자료의 수로 나누어 평균을 구하세요.

(1) 윤서의 점수

과목	국어	수학	사회	과학
점수(점)	87	90	75	80

(총점)=87+☐+75+☐=☐(점)

➡ (평균)=☐÷☐=☐(점)

(2) 반별 안경을 쓴 학생 수

반	1반	2반	3반	4반	5반
학생 수(명)	5	8	6	9	7

(안경을 쓴 전체 학생 수)

=5+8+☐+9+☐=☐(명)

➡ (평균)=☐÷☐=☐(명)

2 평균 이용하기

◉ 평균 비교하기

모둠별 도서 대출 책 수

모둠	가	나	다	라
모둠원 수(명)	5	5	6	6
대출 책 수의 합(권)	25	40	42	30
평균(권)	5 ($25 \div 5$)	8 ($40 \div 5$)	7 ($42 \div 6$)	5 ($30 \div 6$)

➡ 8>7>5이므로 한 명당 도서 대출 책 수가 가장 많은 모둠은 나 모둠입니다.

◉ 평균을 이용하여 모르는 값 구하기

준영이의 도서 대출 책 수

요일	월	화	수	목	금	평균
대출 책 수(권)	8	7	5		6	**6**

(5일 동안의 도서 대출 책 수의 합)=6×5=30(권) ←자료의 수

➡ (목요일의 도서 대출 책 수)=30−(8+7+5+6)=4(권)

> (자료 값의 합)
> =(평균)×(자료의 수)
>
> └(평균)=(자료 값의 합)÷(자료의 수)
> ➡(자료 값의 합)=(평균)×(자료의 수)

개념
강의

● (모르는 자료의 값)=(전체 자료 값의 합)−(아는 자료 값의 합)

---

1 지혜네 반 학생들의 모둠별 균형 잡기 기록을 나타낸 표입니다. ☐ 안에 알맞게 써넣으세요.

모둠별 균형 잡기 기록

모둠	가	나
모둠원 수(명)	7	5
기록의 합(초)	35	30

(1) 가 모둠의 균형 잡기 기록의 평균은

☐ ÷7=☐ (초)입니다.

(2) 나 모둠의 균형 잡기 기록의 평균은

☐ ÷5=☐ (초)입니다.

(3) 균형 잡기 기록의 평균이 더 높은 모둠은

☐ 모둠입니다.

2 수현이네 학교 5학년 반별 학생 수를 나타낸 표입니다. 반별 학생 수의 평균이 30명일 때, ☐ 안에 알맞은 수를 써넣으세요.

반별 학생 수

반	1반	2반	3반	4반	5반
학생 수(명)	32	27	31	30	

(1) 수현이네 학교 5학년 전체 학생 수는

☐ ×5=☐ (명)입니다.

(2) 5반을 제외한 학생 수는

☐ +27+31+☐ =☐ (명)입니다.

(3) 5반 학생 수는 ☐ −☐ =☐ (명)
입니다.

3 **일이 일어날 가능성을 말로 표현하기**

● 정답 38쪽

- 가능성: 어떠한 상황에서 특정한 일이 일어나길 기대할 수 있는 정도
- 가능성은 '불가능하다', '~아닐 것 같다', '반반이다', '~일 것 같다', '확실하다' 등으로 표현할 수 있습니다.

가능성 　　일	불가능 하다	~아닐 것 같다	반반 이다	~일 것 같다	확실 하다
오늘은 월요일이니까 내일은 수요일이 될 것입니다.	○				
내년 9월 넷째 주에는 일주일 내내 비가 올 것입니다.		○			
양손 중 한 손에 바둑돌이 있다면 왼손에 있을 것입니다.			○		
내년 8월에는 10월보다 비가 자주 올 것입니다.				○	
11월 다음에는 12월이 올 것입니다.					○

개념 강의

- 절대 일어나지 않는 일은 '불가능하다'라 표현하고, 반드시 일어나는 일은 '확실하다'라고 표현합니다.

1 일이 일어날 가능성으로 알맞은 말에 ○표 하세요.

가능성 　　일	불가능 하다	반반 이다	확실 하다
계산기로 2 + 1 = 을 누르면 5가 나올 것입니다.			
내년에는 4월이 30일까지 있을 것입니다.			
동전을 던지면 숫자 면이 나올 것입니다.			
은행에서 뽑은 대기표의 번호는 홀수일 것입니다.			
공룡이 우리 집에 놀러올 것입니다.			
내년에는 2월이 3월보다 빨리 올 것입니다.			

2 일이 일어날 가능성으로 알맞은 말에 ○표 하세요.

(1) 사과나무에서 배가 열릴 것입니다.

(불가능하다 , 반반이다 , 확실하다)

(2) 계산기로 3 + 5 = 을 누르면 8이 나올 것입니다.

(불가능하다 , 반반이다 , 확실하다)

(3) 수 카드 1 , 2 중에서 한 장을 뽑으면 2 가 나올 것입니다.

(불가능하다 , 반반이다 , 확실하다)

(4) 빨간색 공만 들어 있는 주머니에서 공을 한 개 꺼내면 노란색일 것입니다.

(불가능하다 , 반반이다 , 확실하다)

4 일이 일어날 가능성을 수로 표현하기

● 정답 38쪽

일이 일어날 가능성을 0, $\frac{1}{2}$, 1과 같은 수로 표현할 수 있습니다.

가   나   다

① 회전판 가를 돌릴 때 화살이 파란색에 멈출 가능성: '확실하다'이고, 수로 표현하면 1입니다.

② 회전판 나를 돌릴 때 화살이 파란색에 멈출 가능성: '반반이다'이고, 수로 표현하면 $\frac{1}{2}$입니다.

③ 회전판 다를 돌릴 때 화살이 파란색에 멈출 가능성: '불가능하다'이고, 수로 표현하면 0입니다.

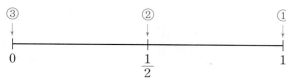

6 단원

● 일이 일어날 가능성이 확실한 경우는 1, 반반인 경우는 $\frac{1}{2}$, 불가능한 경우는 0으로 표현합니다.

---

1 회전판을 돌릴 때 화살이 멈출 가능성으로 알맞은 수에 ○표 하세요.

(1)   화살이 노란색에 멈출 가능성

(0 , $\frac{1}{2}$, 1)

(2) 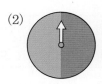 화살이 빨간색에 멈출 가능성

(0 , $\frac{1}{2}$, 1)

(3) 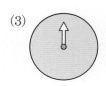 화살이 보라색에 멈출 가능성

(0 , $\frac{1}{2}$, 1)

(4) 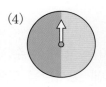 화살이 초록색에 멈출 가능성

(0 , $\frac{1}{2}$, 1)

2 일이 일어날 가능성을 수직선에 ↓로 나타내세요.

(1)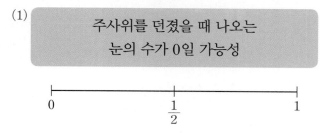
주사위를 던졌을 때 나오는 눈의 수가 0일 가능성

0 ——— $\frac{1}{2}$ ——— 1

(2)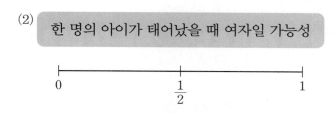
한 명의 아이가 태어났을 때 여자일 가능성

0 ——— $\frac{1}{2}$ ——— 1

(3)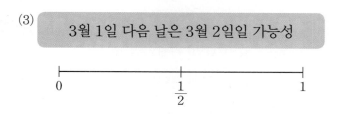
3월 1일 다음 날은 3월 2일일 가능성

0 ——— $\frac{1}{2}$ ——— 1

(4)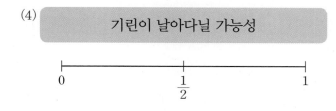
기린이 날아다닐 가능성

0 ——— $\frac{1}{2}$ ——— 1

1 평균 구하기

▶ 자료 값의 합을 자료의 수로 나누어 평균을 구합니다.

$$10 \quad 20 \quad 30$$

$$(평균) = (자료 값의 합) \div (자료의 수)$$
$$= (10 + 20 + 30) \div 3 = 60 \div 3 = 20$$

1

어느 지역의 지난주 월요일부터 금요일까지 최고 기온을 나타낸 막대그래프입니다. 요일별 최고 기온의 평균은 몇 °C일까요?

요일별 최고 기온

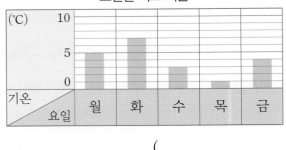

(   )

2

윤서네 모둠의 공 던지기 기록입니다. 평균을 20 m라고 예상할 때 물음에 답하세요.

(단위: m)

$$10 \quad 23 \quad 17 \quad 25 \quad 30 \quad 15$$

(1) 수를 2개씩 짝 지어 평균이 20 m가 되게 하려면 두 수의 합이 얼마가 되어야 할까요?

$$\boxed{} \times 2 = \boxed{}$$

(2) 평균이 20 m가 되도록 수를 2개씩 짝 지으세요.

$$(10, \boxed{}), (23, \boxed{}), (\boxed{}, \boxed{})$$

3

준수의 100 m 달리기 기록을 나타낸 표입니다. 준수의 100 m 달리기 기록의 평균을 두 가지 방법으로 구하세요.

준수의 100 m 달리기 기록

측정 시기	7월	8월	9월	10월
기록(초)	17	16	13	14

방법 1

평균을 15초로 예상한 후 (17, $\boxed{}$), (16, $\boxed{}$)로 수를 짝 지어 자료의 값을 고르게 하면 준수의 100 m 달리기 기록의 평균은 $\boxed{}$초입니다.

방법 2

$$(17 + 16 + \boxed{} + \boxed{}) \div \boxed{}$$
$$= \boxed{} \div \boxed{} = \boxed{} (초)$$

4

시우네 모둠 학생들이 1분 동안 한 윗몸 말아 올리기 기록을 나타낸 표입니다. 물음에 답하세요.

시우네 모둠의 윗몸 말아 올리기 기록

이름	시우	진주	경민	유빈	민태
기록(회)	25	27	20	23	30

(1) 시우네 모둠 학생들이 1분 동안 한 윗몸 말아 올리기 기록은 모두 몇 회일까요?

(   )

(2) 시우네 모둠의 윗몸 말아 올리기 기록의 평균은 몇 회일까요?

(   )

5

5일 동안 혜주네 학교 도서관을 이용한 학생 수의 합은 290명입니다. 5일 동안 하루에 도서관을 이용한 학생 수의 평균은 몇 명일까요?

(   )

6

윤서네 모둠에서 하루 동안 자신이 사용한 물의 양을 조사하여 나타낸 표입니다. 윤서네 모둠 학생들이 하루 동안 사용한 물의 양의 평균은 몇 L일까요?

윤서네 모둠이 사용한 물의 양

이름	윤서	지연	현수	성훈
물의 양(L)	318	239	309	278

( )

7 ➕ 10종 교과서

다희네 반 1모둠과 2모둠의 수학 점수입니다. 어느 모둠의 수학 점수의 평균이 더 높을까요?

1모둠   90 78 85 81 76

2모둠   88 75 80 94 83

( )

8 ➕ 10종 교과서

정민이네 모둠의 팔굽혀펴기 기록을 나타낸 표입니다. 평균보다 팔굽혀펴기를 더 많이 한 학생의 이름을 모두 쓰세요.

정민이네 모둠의 팔굽혀펴기 기록

이름	정민	한수	연서	찬영	수정
기록(개)	13	9	8	15	10

( )

9

어느 동물원에 지난주 월요일부터 금요일까지 다녀간 방문자 수를 나타낸 표입니다. 동물원에서는 5일 동안 다녀간 방문자 수의 평균보다 방문자가 많았던 요일은 다음주부터 안내 도우미를 추가하려고 합니다. 안내 도우미가 추가되어야 하는 요일을 모두 쓰세요.

요일별 방문자 수

요일	월	화	수	목	금
방문자 수(명)	108	131	147	158	216

( )

10

서현이의 훌라후프 기록을 나타낸 표입니다. 물음에 답하세요.

서현이의 훌라후프 기록

회	1회	2회	3회	4회
기록(번)	44	56	52	64

(1) 서현이의 훌라후프 기록의 평균은 몇 번일까요?

( )

(2) 5회까지 훌라후프 기록의 평균이 4회까지 훌라후프 기록의 평균보다 높으려면 5회에서는 훌라후프를 적어도 몇 번 해야 할까요?

( )

11

준태네 가족이 여행을 갑니다. 자동차를 타고 집에서 휴게소까지 36 km를 가는 데 1시간이 걸렸고, 휴게소에서 여행 장소까지 87 km를 가는 데 2시간이 걸렸습니다. 준태네 가족은 한 시간에 평균 몇 km를 간 셈일까요?

( )

2 평균 이용하기

▶ (평균)=(자료 값의 합)÷(자료의 수)이므로
(자료 값의 합)=(평균)×(자료의 수)입니다.

농장별 귤 수확량

농장	해	달	별	평균
수확량(kg)	176	162		163

(수확량의 합)=(평균)×3
       =163×3=489 (kg)
→ (별 농장의 수확량)=489−(176+162)
       =151 (kg)

1

세 사람의 줄넘기 기록을 나타낸 표입니다. 물음에 답하세요.

줄넘기를 한 횟수와 기록

이름	승엽	재혁	현수
줄넘기를 한 횟수(회)	5	6	4
기록의 합(번)	335	492	304

(1) 세 사람의 줄넘기 기록의 평균은 각각 몇 번인지 구하세요.

승엽 ( )
재혁 ( )
현수 ( )

(2) 줄넘기 기록의 평균이 가장 높은 사람이 대표 선수가 됩니다. 누가 대표 선수가 되어야 할까요?

( )

2

재호네 모둠의 키를 나타낸 표입니다. 재호네 모둠의 키의 평균이 152 cm일 때, 정아의 키는 몇 cm일까요?

재호네 모둠의 키

이름	재호	성민	정아	혜영
키(cm)	149	152		154

( )

3

세 사람이 운동한 날수와 시간을 나타낸 표입니다. 하루 평균 운동 시간이 긴 사람부터 차례대로 이름을 쓰세요.

운동한 날수와 시간

이름	현지	미소	다경
운동한 날수(일)	11	12	15
운동 시간의 합(분)	561	564	720

( )

4

상욱이와 승기의 제기차기 기록을 나타낸 표입니다. 상욱이와 승기 중 누가 제기차기를 더 잘했다고 볼 수 있을까요?

제기차기 기록

이름 \ 회	1회	2회	3회	4회	5회
상욱	12개	13개	18개	15개	17개
승기	12개	14개	15개	11개	18개

( )

5

성훈이네 학교 5학년 학생들이 종이학 600개를 접으려고 합니다. 물음에 답하세요.

반별 학생 수

반	1반	2반	3반	4반	5반	6반
학생 수(명)	27	24	23	26	24	26

(1) 성훈이네 학교 5학년 학생은 모두 몇 명일까요?

( )

(2) 학생 한 명당 접어야 하는 종이학은 평균 몇 개일까요?

( )

6

어느 공장에서 2주일 동안 사탕을 하루에 평균 480개씩 만들었습니다. 이 공장에서 2주일 동안 만든 사탕은 모두 몇 개인지 구하세요.

( )

7

현서네 모둠과 준우네 모둠의 독서 시간을 나타낸 표입니다. 평균 독서 시간이 더 긴 모둠은 누구네 모둠일까요?

현서네 모둠의 독서 시간

이름	독서 시간(분)
현서	16
지수	25
재민	19
도준	28

준우네 모둠의 독서 시간

이름	독서 시간(분)
준우	26
하영	20
민지	23

( )

8 ➕ 10종 교과서

민지와 주호가 투호*에 넣은 화살 수를 나타낸 표입니다. 두 사람이 넣은 화살 수의 평균이 같을 때, 주호가 2회에 넣은 화살은 몇 개인지 구하세요.

민지가 넣은 화살 수

회	넣은 화살 수(개)
1회	8
2회	10
3회	6

주호가 넣은 화살 수

회	넣은 화살 수(개)
1회	5
2회	
3회	11
4회	7

( )

*투호: 병 속에 화살을 던지는 놀이

9

지영이가 1분씩 5회 동안 기록한 타자 수를 나타낸 표입니다. 지영이가 기록한 타자 수의 평균이 318타일 때, 지영이의 기록이 가장 좋았을 때는 몇 회일까요?

지영이의 회별 타자 수

회	1회	2회	3회	4회	5회
타자 수(타)	294	315	326		317

( )

10

지훈, 윤호, 소영, 민아의 몸무게의 평균은 35 kg이고, 현우의 몸무게는 30 kg입니다. 현우를 포함한 다섯 명의 몸무게의 평균은 몇 kg인지 구하세요.

( )

11 ➕ 10종 교과서

지성이네 반의 단체 줄넘기 기록입니다. 평균이 20번 이상 되어야 준결승에 올라갈 수 있습니다. 지성이네 반이 준결승에 올라가려면 마지막에 줄넘기를 적어도 몇 번 넘어야 하는지 구하세요.

15 24 18 21 □

( )

3 일이 일어날 가능성을 말로 표현하기

▶가능성은 어떠한 상황에서 특정한 일이 일어나길 기대할 수 있는 정도를 말합니다.

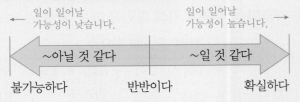

일이 일어날 가능성이 '확실하다'에 가까울수록 일이 일어날 가능성이 높습니다.

1

□ 안에 일이 일어날 가능성을 알맞게 써넣으세요.

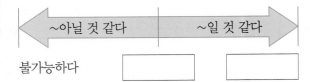

2

지혜가 말한 일이 일어날 가능성을 보기 에서 찾아 쓰세요.

보기
확실하다   반반이다   불가능하다

내 나이는 올해 12살이니까 내년에는 13살이 될 거야.

지혜

(   )

3

일이 일어날 가능성을 찾아 이으세요.

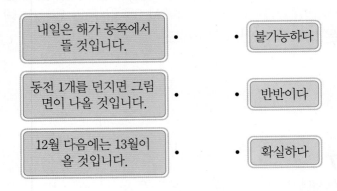

내일은 해가 동쪽에서 뜰 것입니다. ·   · 불가능하다

동전 1개를 던지면 그림 면이 나올 것입니다. ·   · 반반이다

12월 다음에는 13월이 올 것입니다. ·   · 확실하다

4

일이 일어날 가능성으로 알맞은 말은 어느 것일까요?
(   )

1부터 6까지의 눈이 그려진 주사위를 한 번 던질 때 주사위의 눈의 수가 1이 나올 가능성

① 불가능하다   ② ~아닐 것 같다
③ 반반이다   ④ ~일 것 같다
⑤ 확실하다

5

일이 일어날 가능성을 말로 표현하세요.

흰색 바둑돌 2개가 들어 있는 주머니에서 검은색 바둑돌을 꺼낼 가능성

(   )

6

일이 일어날 가능성이 더 높은 것에 ○표 하세요.

> 우리나라에는 3월보다 6월에 반팔을 입는 사람이 더 많을 것입니다.

> 오늘 학교에 전학생이 올 것입니다.

7

세 사람이 말한 일이 일어날 가능성을 비교하려고 합니다. 물음에 답하세요.

강우
> 딸기 맛 사탕이 5개 들어 있는 주머니에서 사탕을 17개 꺼내면 딸기 맛 사탕일 거야.

태우
> 내일 학교에 제일 먼저 도착하는 친구는 여학생일 거야.

준서
> 지금은 오후 5시니까 1시간 후에는 오전 5시가 될 거야.

(1) 일이 일어날 가능성이 '반반이다'인 경우를 말한 사람의 이름을 쓰세요.

( )

(2) 일이 일어날 가능성이 '불가능하다'인 경우를 말한 사람의 이름을 쓰세요.

( )

(3) 일이 일어날 가능성이 높은 사람부터 차례대로 이름을 쓰세요.

( )

8

8장의 카드 중에서 한 장을 뽑을 때 ♥가 나올 가능성을 말로 표현하세요.

( )

9

회전판을 돌릴 때 화살이 초록색에 멈출 가능성과 주황색에 멈출 가능성이 같은 회전판을 찾아 기호를 쓰세요.

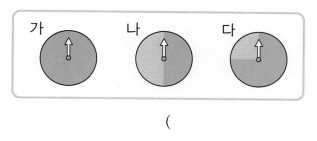

( )

10 ➕ 10종 교과서

일이 일어날 가능성이 낮은 것부터 차례대로 기호를 쓰세요.

> ㉠ 병아리가 자라면 닭이 될 것입니다.
> ㉡ 오늘은 토요일이니까 내일은 월요일일 것입니다.
> ㉢ 학생 30명 중에서 12월에 생일인 사람이 있을 것입니다.

( )

11 ➕ 10종 교과서

조건 을 모두 만족하도록 회전판을 색칠하세요.

> 조건 ●
> • 화살이 초록색에 멈출 가능성이 가장 높습니다.
> • 화살이 빨간색에 멈출 가능성과 노란색에 멈출 가능성은 같습니다.

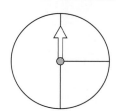

4 일이 일어날 가능성을 수로 표현하기

▶ 일이 일어날 가능성이 '불가능하다'이면 0,
'반반이다'이면 $\frac{1}{2}$, '확실하다'이면 1로 표현합니다.

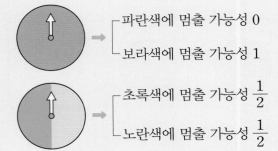

파란색에 멈출 가능성 0
보라색에 멈출 가능성 1

초록색에 멈출 가능성 $\frac{1}{2}$
노란색에 멈출 가능성 $\frac{1}{2}$

1

일이 일어날 가능성을 수로 표현하세요.

검은색 공 4개가 들어 있는 상자에서
꺼낸 공은 검은색일 것입니다.

주사위를 한 번 던졌을 때 나온
눈의 수는 짝수일 것입니다.

강아지가 날개를 펴고
하늘을 날 것입니다.

2

회전판을 돌릴 때 화살이 빨간색에 멈출 가능성을 수
직선에 ↓로 나타내세요.

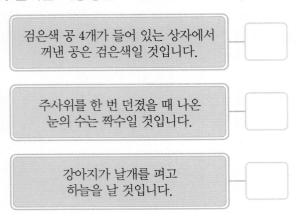

```
0          1/2          1
```

3

윤선이는 100원짜리 동전이 2개 들어 있는 지갑에서
동전 1개를 꺼냈습니다. 윤선이가 꺼낸 동전이 500원
짜리일 가능성을 수로 표현하세요.

(   )

4

당첨 제비만 4개 들어 있는 제비뽑기 상자에서 제비 1개
를 뽑았습니다. 뽑은 제비가 당첨 제비일 가능성을 수
로 표현하세요.

(   )

5 ➕ 10종 교과서

지윤이와 경현이가 ○, × 문제를 풀고 있습니다. 물음
에 답하세요.

(1) 지윤이가 ○라고 답했을 때 정답일 가능성을 수로
표현하세요.

(   )

(2) 경현이가 ×라고 답했을 때 정답일 가능성을 수로
표현하세요.

(   )

6

4장의 수 카드가 들어 있는 상자에서 수 카드 1장을 뽑았을 때 나온 수가 5일 가능성을 수로 표현하세요.

1 2 3 4

(   )

7

구슬 6개가 들어 있는 주머니에서 1개 이상의 구슬을 꺼냈습니다. 꺼낸 구슬의 개수가 홀수일 가능성을 수로 표현하세요.

(   )

8

일이 일어날 가능성을 수로 표현했을 때 수가 더 작은 것의 기호를 쓰세요.

> ㉠ 동전 1개를 던지면 숫자 면이 나올 것입니다.
> ㉡ 화요일의 다음 날은 수요일이 될 것입니다.

(   )

9

1부터 6까지의 눈이 그려진 주사위를 한 번 던질 때 나오는 눈의 수가 4의 약수일 가능성을 수로 표현하세요.

(   )

10 ➕ 10종 교과서

상자에 빨간 구슬 2개와 파란 구슬 2개가 들어 있습니다. 민정이가 상자에서 구슬 1개를 꺼낼 때 파란색일 가능성과 회전판을 돌릴 때 화살이 파란색에 멈출 가능성이 같습니다. 회전판을 알맞게 색칠하세요. (단, 빨간색과 파란색으로 회전판을 색칠하세요.)

11

상자 안에는 1번부터 20번까지의 번호표가 있습니다. 수민이와 준서가 번호표를 1개씩 꺼내려고 합니다. 대화를 읽고 ㉠과 ㉡의 차를 구하세요.

> 2의 배수가 나올 가능성을 수로 표현하면 ㉠이야.

수민

> 20보다 큰 자연수가 나올 가능성을 수로 표현하면 ㉡이야.

준서

(   )

1 가능성이 주어졌을 때 물건의 개수 구하기

● 정답 42쪽

상자 안에 주황색 공 2개, 초록색 공 2개, 보라색 공 몇 개가 있습니다. 그중에서 1개를 꺼낼 때 꺼낸 공이 보라색일 가능성을 수로 표현하면 $\frac{1}{2}$입니다. 보라색 공은 몇 개인지 구하세요.

1단계 주황색과 초록색 공은 모두 몇 개인지 구하기

(   )

2단계 보라색 공의 수 구하기

(   )

문제해결 tip 꺼낸 공이 보라색일 가능성이 $\frac{1}{2}$이므로 (보라색 공의 수)=(주황색 공의 수)+(초록색 공의 수)입니다.

1·1 상자 안에 빨간색 구슬 1개, 노란색 구슬 2개, 파란색 구슬 몇 개가 있습니다. 그중에서 1개를 꺼낼 때 꺼낸 구슬이 파란색일 가능성을 수로 표현하면 $\frac{1}{2}$입니다. 파란색 구슬은 몇 개인지 구하세요.

(   )

1·2 봉지 안에 딸기 맛 사탕 3개, 포도 맛 사탕 1개, 레몬 맛 사탕 몇 개가 있습니다. 그중에서 1개를 꺼낼 때 꺼낸 사탕이 딸기 맛일 가능성을 수로 표현하면 $\frac{1}{2}$입니다. 레몬 맛 사탕은 몇 개인지 구하세요.

(   )

● 정답 42쪽

종현이가 3월부터 7월까지 읽은 책 수를 나타낸 표입니다. 종현이가 8월에 책을 더 많이 읽어서 3월부터 7월까지 읽은 책 수의 평균보다 전체 평균이 1권 더 많아졌습니다. 종현이가 8월에 읽은 책은 몇 권인지 구하세요.

종현이가 월별 읽은 책 수

월	3월	4월	5월	6월	7월
책 수(권)	7	6	8	11	13

1단계 종현이가 3월부터 7월까지 읽은 책 수의 평균 구하기

(   )

2단계 종현이가 3월부터 8월까지 읽은 책 수의 평균 구하기

(   )

3단계 종현이가 8월에 읽은 책 수 구하기

(   )

문제해결 tip 평균을 높이려면 자료 값의 합은 얼마나 커져야 하는지 알아봅니다.

2·1 성찬이의 월요일부터 목요일까지의 제기차기 기록을 나타낸 표입니다. 성찬이가 금요일에 제기를 더 많이 차서 월요일부터 목요일까지 제기차기 기록의 평균보다 전체 평균이 1번 더 많아졌습니다. 성찬이는 금요일에 제기를 몇 번 찼는지 구하세요.

성찬이의 제기차기 기록

요일	월	화	수	목
기록(번)	11	12	15	14

(   )

2·2 윤지의 1단원부터 5단원까지의 수학 점수를 나타낸 표입니다. 윤지가 6단원은 시험 공부를 더 열심히 해서 1단원부터 5단원까지 수학 점수의 평균보다 전체 평균을 적어도 2점 더 높게 올리려고 합니다. 윤지가 6단원에서 수학 점수를 몇 점 이상 받아야 하는지 구하세요.

윤지의 단원별 수학 점수

단원	1단원	2단원	3단원	4단원	5단원
점수(점)	80	76	88	92	84

(   )

3 평균을 이용하여 모르는 자료의 값 구하기

응용 학습

● 정답 42쪽

성민이의 오래 매달리기 기록을 나타낸 표입니다. 4회 기록은 2회 기록보다 4초 더 깁니다. 4회 기록은 몇 초인지 구하세요.

성민이의 오래 매달리기 기록

회	1회	2회	3회	4회	5회	평균
기록(초)	18		21		22	21

1단계 1회부터 5회까지 기록의 합 구하기

( )

2단계 2회 기록 구하기

( )

3단계 4회 기록 구하기

( )

문제해결 tip 2회 기록을 □초, 4회 기록을 (□+4)초라 하여 1회부터 5회까지 기록의 합을 식으로 나타냅니다.

3·1 서우네 모둠의 100 m 달리기 기록을 나타낸 표입니다. 동호의 기록은 준영이의 기록보다 5초 느립니다. 동호의 100 m 달리기 기록은 몇 초인지 구하세요.

서우네 모둠의 100 m 달리기 기록

이름	서우	동호	준영	희연	지석	평균
기록(초)	18			20	23	20

( )

3·2 매장별 지난달 노트북 판매량을 나타낸 표입니다. 다 매장의 노트북 판매량은 가 매장의 노트북 판매량의 2배입니다. 다 매장의 노트북 판매량은 몇 대인지 구하세요.

매장별 노트북 판매량

매장	가	나	다	라	마	평균
판매량(대)		38		42	45	40

( )

● 정답 43쪽

4 전체 평균이 주어졌을 때 일부분의 평균 구하기

유미네 반 학생 30명이 하루 동안 컴퓨터를 사용한 시간의 평균은 20분이고, 이 중에서 남학생 18명이 하루 동안 컴퓨터를 사용한 시간의 평균은 22분입니다. 여학생 12명이 하루 동안 컴퓨터를 사용한 시간의 평균은 몇 분인지 구하세요.

1단계 유미네 반 학생이 하루 동안 컴퓨터를 사용한 시간의 합 구하기

( )

2단계 남학생 18명이 하루 동안 컴퓨터를 사용한 시간의 합 구하기

( )

3단계 여학생 12명이 하루 동안 컴퓨터를 사용한 시간의 평균 구하기

( )

문제해결 tip (여학생의 컴퓨터 사용 시간의 합)
=(전체 학생의 컴퓨터 사용 시간의 합)−(남학생의 컴퓨터 사용 시간의 합)

4·1 지혜네 반 학생 24명의 영어 시험 점수의 평균은 76점이고, 이 중에서 여학생 12명의 영어 시험 점수의 평균은 78점입니다. 남학생 12명의 영어 시험 점수의 평균은 몇 점인지 구하세요.

( )

4·2 현지네 반 여학생과 남학생이 하루 동안 스마트폰을 사용한 시간의 평균은 다음과 같습니다. 현지네 반 전체 학생이 하루 동안 스마트폰을 사용한 시간의 평균은 몇 분인지 구하세요.

여학생 15명	68분
남학생 10명	73분

( )

6 평균과 가능성

● 정답 43쪽

평균은 자료의 값을 고르게 하여 구하거나 자료 값의 합을 자료의 수로 나누어 구합니다.

1 평균 구하기

은서네 가족이 캔 고구마의 양

가족	아버지	어머니	은서	동생
캔 고구마의 양(kg)	15	13	7	5

• 평균을 10 kg으로 예상하고 수를 짝 지으면 (15, ☐), (13, ☐)입니다.

➡ 은서네 가족이 캔 고구마 양의 평균은 ☐ kg입니다.

• (은서네 가족이 캔 고구마 양의 합)＝15＋13＋7＋5＝☐ (kg)

➡ (은서네 가족이 캔 고구마 양의 평균)＝☐ ÷4＝☐ (kg)

(자료 값의 합)
＝(평균)×(자료의 수)를 이용하여 모르는 자료의 값을 구할 수 있습니다.

2 평균 이용하기

22　16　29　31　㉠　　　평균: 25

(자료 값의 합)＝☐ ×5＝☐

➡ ㉠＝☐ －(22＋16＋29＋31)＝☐

일이 일어날 가능성은 '불가능하다', '~아닐 것 같다', '반반이다', '~일 것 같다', '확실하다' 등으로 표현할 수 있습니다.

3 일이 일어날 가능성을 말로 표현하기

어미 사자가 새끼 코알라를 낳을 가능성 ➡ ☐

계산기로 '3×4＝'을 누르면 12가 나올 가능성 ➡ ☐

일이 일어날 가능성이 '불가능하다'이면 0, '반반이다'이면 $\frac{1}{2}$, '확실하다'이면 1로 표현합니다.

4 일이 일어날 가능성을 수로 표현하기

민서: 나는 내일 하늘을 날아서 등교할 거야.
소현: 새로 오는 전학생은 남학생일 거야.
준혁: 오늘이 10월 31일이니까 내일은 11월이야.

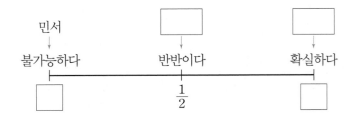

	민서		
	불가능하다	반반이다	확실하다
	☐	$\frac{1}{2}$	☐

1

자전거 동호회 회원의 나이를 나타낸 표입니다. 자전거 동호회 회원 나이의 평균은 몇 살일까요?

자전거 동호회 회원의 나이

회원	재호	은미	민석	유나
나이(살)	17	14	13	16

(   )

2

정현이는 4달 동안 한 달에 평균 7000원을 저금했습니다. 정현이가 4달 동안 저금한 돈은 모두 얼마인지 구하세요.

(   )

3

일이 일어날 가능성을 찾아 이으세요.

양 한 마리가 태어날 때 암컷일 것입니다. •   • 확실하다

내일 아침에 서쪽에서 해가 뜰 것입니다. •   • 반반이다

대한민국에는 봄 다음에 여름이 올 것입니다. •   • 불가능하다

4

보기 에서 일이 일어날 가능성을 찾아 쓰세요.

보기
확실하다   반반이다   불가능하다

고양이가 자라면서 날개가 생길 것입니다.

(   )

5

1부터 6까지의 눈이 그려진 주사위를 한 번 던졌을 때 나온 눈의 수가 1 이상 6 이하일 가능성을 말로 표현하세요.

(   )

6

노란색 구슬이 6개 들어 있는 주머니에서 구슬 1개를 꺼냈습니다. 꺼낸 구슬이 보라색일 가능성을 수로 표현하세요.

(   )

7 서술형

현석이가 6월부터 10월까지 쓴 독서 감상문 수를 나타낸 표입니다. 6월부터 10월까지 쓴 독서 감상문 수의 평균이 5편일 때, 현석이가 8월에 쓴 독서 감상문은 몇 편인지 해결 과정을 쓰고, 답을 구하세요.

월별 쓴 독서 감상문 수

월	6월	7월	8월	9월	10월
독서 감상문 수(편)	2	5		6	8

_____

_____

_____

(   )

8

현정이가 5일 동안 읽은 과학책의 쪽수를 나타낸 표입니다. 현정이가 평균보다 과학책을 더 많이 읽은 날을 모두 쓰세요.

읽은 과학책의 쪽수

날짜	1일	2일	3일	4일	5일
쪽수(쪽)	28	45	37	50	35

( )

9

지수의 9월 말 단원 평가 점수를 나타낸 표입니다. 지수가 10월 말 단원 평가에서 평균을 2점 올리려면 단원 평가의 총점은 몇 점 올려야 할까요?

9월 말 단원 평가 점수

과목	국어	수학	사회	과학	영어
점수(점)	85	90	75	95	80

( )

10 서술형

성주네 모둠과 승혜네 모둠의 몸무게를 나타낸 표입니다. 어느 모둠의 몸무게의 평균이 몇 kg 더 무거운지 해결 과정을 쓰고, 답을 구하세요.

성주네 모둠의 몸무게

이름	성주	지윤	승기	예주
몸무게(kg)	46	40	45	41

승혜네 모둠의 몸무게

이름	승혜	준열	윤지	민호	재준
몸무게(kg)	45	48	40	45	47

_____

_____

( ), ( )

11

바둑돌 20개가 들어 있는 상자에서 바둑돌을 한 움큼 꺼냈습니다. 꺼낸 바둑돌의 개수가 짝수일 가능성을 말과 수로 표현하세요.

말 ( )

수 ( )

12

일이 일어날 가능성이 '확실하다'인 경우를 말한 사람의 이름을 쓰세요.

> 희수: 500원짜리 동전을 던졌을 때 숫자 면이 나올 거야.
>
> 새봄: 자석 2개를 붙이면 N극과 S극이 만날 거야.

( )

13

회전판을 돌릴 때 화살이 빨간색에 멈출 가능성이 높은 것부터 차례대로 기호를 쓰세요.

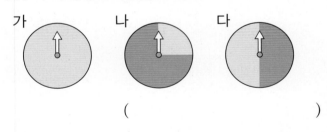

( )

14

1부터 6까지의 눈이 그려진 주사위를 한 번 던질 때 일이 일어날 가능성이 가장 낮은 것을 찾아 기호를 쓰세요.

> ㉠ 주사위의 눈의 수가 3의 배수일 가능성
> ㉡ 주사위의 눈의 수가 4 미만일 가능성
> ㉢ 주사위의 눈의 수가 6 초과일 가능성

( )

15

조건 을 모두 만족하도록 회전판을 색칠하세요.

> 조건 ●
> • 화살이 노란색에 멈출 가능성이 가장 높습니다.
> • 화살이 파란색에 멈출 가능성은 빨간색에 멈출 가능성의 3배입니다.

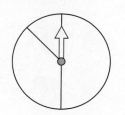

16

서진이는 3일 동안 하루 평균 30분씩 피아노 연습을 하기로 했습니다. 피아노 연습 시간을 나타낸 표를 보고 내일 오후 몇 시 몇 분까지 피아노 연습을 해야 하는지 구하세요.

피아노 연습 시간

	시작 시각	종료 시각
어제	오후 4:20	오후 4:40
오늘	오후 3:40	오후 4:10
내일	오후 4:10	

(   )

17

어느 배구 팀이 네 경기 동안 얻은 점수를 나타낸 표입니다. 이 배구 팀이 다섯 경기 동안 얻은 점수의 평균이 네 경기 동안 얻은 점수의 평균보다 높으려면 다섯 번째 경기에서는 적어도 몇 점을 얻어야 하는지 구하세요.

경기별 얻은 점수

경기	첫 번째	두 번째	세 번째	네 번째
점수(점)	28	22	14	20

(   )

18 서술형

경서, 미소, 지훈이의 안타 개수의 평균은 18개이고, 현주의 안타 개수는 14개입니다. 네 사람의 안타 개수의 평균은 몇 개인지 해결 과정을 쓰고, 답을 구하세요.

_____

_____

_____

(   )

19

승진이네 모둠의 과녁 맞히기 기록을 나타낸 표입니다. 승진이네 모둠에 준수가 새로 들어와서 평균이 1점 늘었습니다. 준수의 기록은 몇 점일까요?

승진이네 모둠의 과녁 맞히기 기록

이름	승진	민식	경준	현기
기록(점)	19	9	23	17

(   )

20

빨간색, 파란색, 노란색으로 이루어진 회전판과 회전판을 50회 돌려 화살이 멈춘 횟수를 나타낸 표입니다. 일이 일어날 가능성이 비슷한 것끼리 이으세요.

가 •

ㄱ •

색	빨강	파랑	노랑
횟수(회)	12	24	14

나 •

ㄴ •

색	빨강	파랑	노랑
횟수(회)	17	16	17

다 •

ㄷ •

색	빨강	파랑	노랑
횟수(회)	37	7	6

숨은 그림을 찾아보세요.

● 정답 45쪽

동아출판 초등 무료 스마트러닝

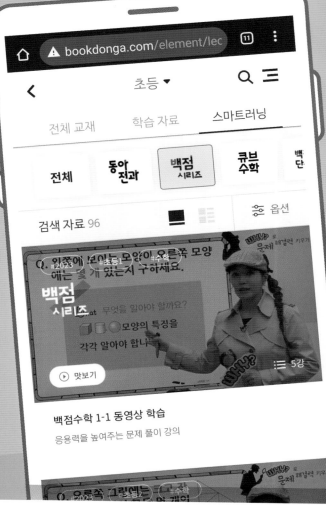

동아출판 초등 **무료 스마트러닝**으로
초등 전 과목 · 전 영역을 쉽고 재미있게!

과목별 · 영역별 특화 강의

전 과목 개념 강의

국어 독해 지문 분석 강의

구구단 송

그림으로 이해하는 비주얼씽킹 강의

과학 실험 동영상 강의

과목별 문제 풀이 강의

서비스 제공 교재　동아전과 | 백점 시리즈 | 큐브수학 | 빠작 초등 국어 | 초능력 | 초고필 | 하이탑 초등 과학

강의가 더해진, **교과서 맞춤 학습**

백점

수학 5·2

평가북

● 학교 시험 대비 수준별 **단원 평가**
● 출제율이 높은 차시별 **수행 평가**

동아출판

평가북 구성과 특징

1 **수준별 단원 평가**가 있습니다.
- 기본형, 심화형 두 가지 형태의 **단원 평가**를 제공

2 **차시별 수행 평가**가 있습니다.
- 수시로 치러지는 수행 평가를 대비할 수 있도록 차시별 **수행 평가**를 제공

3 **2학기 총정리**가 있습니다.
- 한 학기의 학습을 마무리할 수 있도록 **총정리**를 제공

백점

BOOK 2 평가북

차례

수학 **5·2**

1

20 이하인 수에 모두 ○표 하세요.

| 8 | 35 | 20 | 21 | 17 |

[2-3] 서현이네 모둠 학생들의 수학 단원 평가 점수를 조사하여 나타낸 표입니다. 물음에 답하세요.

서현이네 모둠 학생들의 수학 단원 평가 점수

이름	점수(점)	이름	점수(점)	이름	점수(점)
서현	85	은성	90	미나	88
다은	100	하윤	78	진우	65

2

점수가 90점 이상인 학생을 모두 찾아 이름을 쓰세요.

(   )

3

점수가 85점 미만인 학생을 모두 찾아 이름을 쓰세요.

(   )

4

수직선에 나타낸 수의 범위를 알아보려고 합니다. □ 안에 알맞은 말을 써넣으세요.

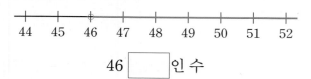

46 [   ]인 수

5

올림하여 백의 자리까지 나타내면 4700이 되는 수는 모두 몇 개일까요?

| 4594 | 4603 | 4721 | 4650 |

(   )

6

8.934를 버림하여 소수 첫째 자리까지 나타내세요.

(   )

7

반올림하여 천의 자리까지 나타낸 수가 나머지와 다른 하나는 어느 것일까요? (   )

① 16253   ② 15877   ③ 16099
④ 15540   ⑤ 15444

[8-10] 민성이네 학교 남학생 씨름 선수들의 몸무게와 체급별 몸무게를 나타낸 표입니다. 물음에 답하세요.

민성이네 학교 남학생 씨름 선수들의 몸무게

이름	민성	주원	예준	도윤
몸무게(kg)	50.9	47.5	44.2	53.5

체급별 몸무게(초등학교 남학생용)

체급	몸무게(kg)
소장급	40 초과 45 이하
청장급	45 초과 50 이하
용장급	50 초과 55 이하

8

청장급에 속한 학생의 이름을 쓰세요.

( )

9

예준이가 속한 체급을 쓰세요.

( )

10

도윤이가 속한 체급의 몸무게 범위를 수직선에 나타내세요.

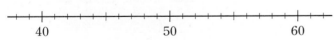

11

학생 364명에게 한 권씩 나누어 줄 공책을 사려고 합니다. 공책을 100권씩 묶음으로 판다면 적어도 몇 권을 사야 하는지 구하세요.

( )

12

다음 수를 반올림하여 백의 자리까지 나타내면 3400이 됩니다. □ 안에 들어갈 수 있는 수를 모두 쓰세요.

33□3

( )

13 서술형

지웅이네 반 학생들이 이웃 돕기를 하려고 167850원을 모았습니다. 이 돈을 1000원짜리 지폐로 바꾸려고 합니다. 최대 얼마까지 바꿀 수 있는지 해결 과정을 쓰고, 답을 구하세요.

_____

_____

_____

( )

14

가 도시와 나 도시의 인구수를 반올림하여 만의 자리까지 나타내세요.

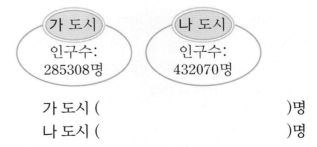

가 도시 ( )명
나 도시 ( )명

15 서술형

수직선에 나타낸 수의 범위에 공통으로 포함되는 자연수를 구하려고 합니다. 해결 과정을 쓰고, 답을 구하세요.

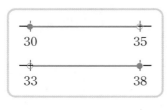

_____

_____

_____

(   )

16

올림하여 백의 자리까지 나타내면 4600이 되는 자연수 중에서 가장 큰 수와 가장 작은 수를 구하세요.

가장 큰 수 (   )

가장 작은 수 (   )

17

어느 공장에서 30분 동안 만든 빵을 상자에 모두 담으려면 빵을 45개씩 담을 수 있는 상자가 적어도 8개 필요합니다. 이 공장에서 30분 동안 만든 빵은 몇 개 이상 몇 개 이하인지 쓰세요.

(   )

18 서술형

수 카드 3장 중 2장을 사용하여 두 자리 수를 만들려고 합니다. 만들 수 있는 수 중에서 27 이상 72 미만인 수는 모두 몇 개인지 해결 과정을 쓰고, 답을 구하세요.

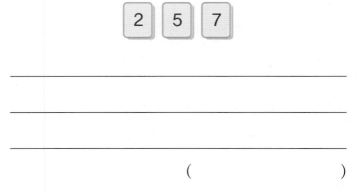

_____

_____

_____

(   )

19

딸기를 민우는 276개, 어머니는 182개 땄습니다. 두 사람이 딴 딸기를 한 상자에 10개씩 담아서 7000원에 팔았습니다. 상자에 담은 딸기를 판 금액은 모두 얼마일까요?

(   )

20

어떤 수를 반올림하여 십의 자리까지 나타내면 250이고, 버림하여 십의 자리까지 나타내면 240입니다. 어떤 수가 될 수 있는 자연수는 모두 몇 개일까요?

(   )

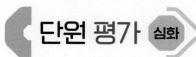
1

30 이상인 수에 ○표, 30 미만인 수에 △표 하세요.

30	29.5	25	33.7
17	44	26.99	31

2

수의 범위를 수직선에 나타내세요.

13 이상인 수

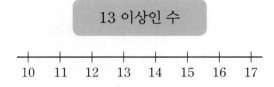

3

수를 올림하여 소수 첫째 자리까지 나타내세요.

8.83

(   )

4

어떤 수의 범위에 포함되는 자연수를 작은 수부터 차례대로 쓴 것입니다. 보기 에서 알맞은 말을 골라 □ 안에 써넣으세요.

보기

이상   이하   초과   미만

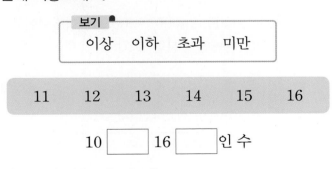

10 [   ] 16 [   ]인 수

5

수를 올림, 버림, 반올림하여 천의 자리까지 나타내세요.

수	올림	버림	반올림
31746			

6

지연이네 모둠 학생들의 50 m 달리기 기록을 조사하여 나타낸 표입니다. 기록이 9초 미만인 학생은 모두 몇 명일까요?

지연이네 모둠 학생들의 50 m 달리기 기록

이름	기록(초)	이름	기록(초)
지연	9.0	채원	11.0
은희	8.6	성주	7.9
동원	10.7	지환	9.8

(   )

7

45 초과 49 이하인 수의 범위에 포함되지 않는 수는 어느 것일까요? (   )

① 45   ② 45.6   ③ 47.1
④ 48.5   ⑤ 49

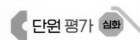
8 서술형

지윤이네 모둠 학생들의 윗몸 말아 올리기 기록입니다. 2등급인 학생은 누구인지 해결 과정을 쓰고, 답을 구하세요.

지윤이네 모둠 학생들의 윗몸 말아 올리기 기록

이름	지윤	민서	다연	민지
횟수(회)	81	25	43	39

등급별 횟수(초등학생용)

등급	횟수(회)
1등급	80 이상
2등급	40 이상 79 이하
3등급	22 이상 39 이하

_____

_____

(   )

9

우리나라 여러 도시의 9월 최저 기온을 조사하여 나타낸 표입니다. 아래 표를 완성하세요.

도시별 9월 최저 기온

도시	서울	부산	광주	강릉
최저 기온(℃)	12.3	15.7	13.9	11.9

(출처: 기상청, 2022)

최저 기온별 도시

최저 기온(℃)	도시
13 이하	
13 초과 15 이하	
15 초과	

10

수직선에 나타낸 수의 범위에 포함되는 수가 아닌 것은 모두 몇 개일까요?

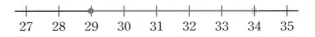

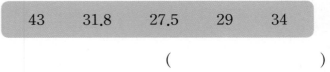

| 43 | 31.8 | 27.5 | 29 | 34 |

(   )

11

반올림하여 나타낸 수의 크기를 비교하여 더 작은 것의 기호를 쓰세요.

⊙ 31984를 반올림하여 만의 자리까지 나타낸 수
ⓒ 30521을 반올림하여 천의 자리까지 나타낸 수

(   )

12 서술형

가격이 각각 9800원, 13400원, 8200원인 세 가지 물건을 사는 데 필요한 금액을 어림했습니다. 세 사람 중 금액이 부족하지 않게 어림한 사람을 찾아 이름을 쓰고, 그 이유를 쓰세요.

민호: 나는 10000, 13000, 8000으로 어림했어. 31000원이면 살 수 있지 않을까?
경진: 나는 9000, 13000, 8000으로 어림했어. 30000원으로 사 봐야지.
선우: 나는 10000, 14000, 9000으로 어림했어. 33000원이면 충분할 것 같아.

(   )

이유

_____

_____

13

등산객 1159명이 케이블카를 타고 전망대에 오르려고 합니다. 케이블카 한 대에 탈 수 있는 정원이 10명일 때 케이블카는 적어도 몇 번 올라가야 할까요?

(   )

14

수직선에 나타낸 수의 범위에 포함되는 자연수는 모두 6개입니다. □ 안에 알맞은 자연수를 구하세요.

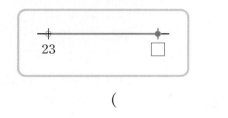

(   )

15

어느 동영상의 조회 수를 반올림하여 만의 자리까지 나타냈더니 840000이었습니다. 이 동영상의 실제 조회 수가 될 수 없는 것을 찾아 기호를 쓰세요.

| ㉠ 839540 | ㉡ 845000 |
| ㉢ 840050 | ㉣ 836500 |

(   )

16

민경이의 사물함 자물쇠의 비밀번호를 올림하여 백의 자리까지 나타내면 2800입니다. 사물함 자물쇠의 비밀번호가 □□76일 때 비밀번호를 구하세요.

(   )

17 서술형

수 카드 5장을 한 번씩 모두 사용하여 가장 큰 다섯 자리 수를 만들려고 합니다. 만든 수를 버림하여 만의 자리까지 나타내면 얼마인지 해결 과정을 쓰고, 답을 구하세요.

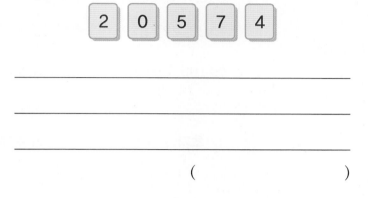

_____

_____

_____

(   )

18

학생 245명에게 한 자루씩 나누어 줄 연필을 사려고 합니다. 문구점에서 연필을 10자루씩 묶어 한 묶음에 2000원에 판다면 연필을 사는 데 적어도 얼마가 필요할까요?

(   )

19

현우네 아파트 세대수를 반올림하여 백의 자리까지 나타내면 2900세대입니다. 현우네 아파트 세대수의 범위를 이상과 미만을 사용하여 나타내세요.

(   )

20

어떤 자연수에 7을 곱해서 나온 수를 버림하여 십의 자리까지 나타냈더니 280이 되었습니다. 어떤 수가 될 수 있는 수를 모두 쓰세요.

(   )

평가 주제	이상과 이하 / 초과와 미만
평가 목표	이상, 이하, 초과, 미만의 의미를 알고 수의 범위를 수직선에 나타낼 수 있습니다.

1 □ 안에 알맞은 말을 써넣으세요.

(1) 22, 22.5, 29 등과 같이 22와 같거나 큰 수를 22 [ ] 인 수라고 합니다.

(2) 108.5, 107, 106.4 등과 같이 109보다 작은 수를 109 [ ] 인 수라고 합니다.

2 47 초과인 수에 ○표, 47 미만인 수에 △표 하세요.

36	50	55	47	42	53	49

3 38이 포함되는 수의 범위를 모두 찾아 기호를 쓰세요.

> ㉠ 39 이상인 수   ㉡ 37 초과인 수
> ㉢ 38 이하인 수   ㉣ 38 미만인 수

(   )

4 어느 주차장은 주차 시간이 30분 초과일 때 요금을 더 내야 합니다. 요금을 더 내야 하는 자동차를 모두 찾아 기호를 쓰세요.

자동차별 주차 시간

자동차	㉠	㉡	㉢	㉣	㉤
주차 시간(분)	22	30	36	41	28

(   )

5 어느 날 지역별 예상 강수량을 나타낸 표입니다. 예상 강수량이 5 mm 이하인 지역을 모두 찾아 기호를 쓰세요.

지역별 예상 강수량

지역	가	나	다	라	마
강수량(mm)	5.2	4.6	6.4	5.8	5.0

(   )

평가 주제	수의 범위 활용
평가 목표	• 생활에서 수의 범위를 활용하여 문제를 해결할 수 있습니다. • 두 가지 수의 범위를 수직선에 동시에 나타낼 수 있습니다.

1 수직선에 나타낸 수의 범위를 알아보려고 합니다. □ 안에 알맞은 말을 써넣으세요.

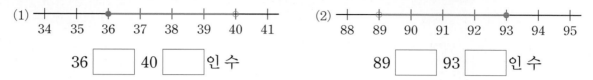

(1) 34 35 36 37 38 39 40 41

36 □ 40 □ 인 수

(2) 88 89 90 91 92 93 94 95

89 □ 93 □ 인 수

[2-4] 은희네 모둠 학생들의 키와 놀이 기구별 탑승 가능한 키를 나타낸 표입니다. 물음에 답하세요.

은희네 모둠 학생들의 키

이름	은희	재성	희진	민석	은찬
키(cm)	162.3	150.0	135.0	140.0	145.2

놀이 기구별 탑승 가능한 키

붕붕 비행기	120 cm 이상 145 cm 미만
씽씽 자동차	140 cm 이상 160 cm 이하
회전 접시	135 cm 초과 145 cm 미만

2 붕붕 비행기를 탈 수 있는 학생을 모두 찾아 이름을 쓰세요.

( )

3 씽씽 자동차를 탈 수 있는 학생을 모두 찾아 이름을 쓰세요.

( )

4 회전 접시를 탈 수 있는 학생을 찾아 이름을 쓰세요.

( )

5 68 이상 73 이하인 자연수는 모두 몇 개일까요?

( )

평가 주제	올림 / 버림
평가 목표	올림, 버림의 의미를 알고 올림, 버림으로 수를 어림하여 나타낼 수 있습니다.

1 수를 어림하여 나타내세요.

(1) 올림하여 백의 자리까지

723 ➡ (　　　　　　　　)

(2) 버림하여 십의 자리까지

481 ➡ (　　　　　　　　)

2 소수를 어림하여 나타내세요.

수	올림하여 소수 첫째 자리까지	버림하여 소수 둘째 자리까지
8.251		

3 69613을 버림하여 천의 자리까지 나타내세요.

(　　　　　　　　)

4 □ 안에 어림한 수를 쓰고, 어림한 수의 크기를 비교하여 ○ 안에 >, =, <를 알맞게 써넣으세요.

(1)
6372를 올림하여 천의 자리까지
나타낸 수 ➡ ☐

○

6803을 올림하여 백의 자리까지
나타낸 수 ➡ ☐

(2)
1528을 버림하여 백의 자리까지
나타낸 수 ➡ ☐

○

1509를 버림하여 십의 자리까지
나타낸 수 ➡ ☐

5 야구공 764상자를 트럭에 모두 실으려고 합니다. 트럭 한 대에 100상자씩 실을 수 있을 때 트럭은 적어도 몇 대 필요할까요?

(　　　　　　　　)

평가 주제	반올림
평가 목표	반올림의 의미를 알고 반올림으로 수를 어림하여 나타낼 수 있습니다.

1 반올림하여 주어진 자리까지 나타내세요.

수	십의 자리	백의 자리	천의 자리
5945			

2 수를 반올림하여 나타내세요.

(1) 반올림하여 소수 첫째 자리까지

1.32 ➡ (   )

(2) 반올림하여 소수 둘째 자리까지

6.019 ➡ (   )

3 반올림하여 천의 자리까지 나타낸 수가 나머지와 <u>다른</u> 하나는 어느 것일까요? (   )

① 4650   ② 5172   ③ 5483

④ 4309   ⑤ 4723

4 반올림하여 만의 자리까지 나타내면 80000이 되는 수를 모두 찾아 ○표 하세요.

75120   73980   84305   86050

5 길이가 3.4 cm인 지우개가 있습니다. 이 지우개의 길이를 반올림하여 일의 자리까지 나타내면 몇 cm일까요?

(   )

1

그림을 보고 □ 안에 알맞은 수를 써넣으세요.

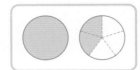 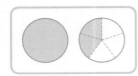

$$1\frac{2}{5} \times \square = (1 \times \square) + \left(\frac{\square}{\square} \times \square\right)$$

$$= \square + \frac{\square}{\square} = \square$$

2

□ 안에 알맞은 수를 써넣으세요.

$$\frac{\square}{\cancel{24}} \times \frac{11}{16} = \frac{\square}{2} = \square$$

3

보기 와 같은 방법으로 계산하세요.

보기

$$1\frac{1}{6} \times 1\frac{2}{5} = \frac{7}{6} \times \frac{7}{5} = \frac{49}{30} = 1\frac{19}{30}$$

$$2\frac{3}{4} \times 1\frac{2}{7}$$

4

계산을 하세요.

$$\frac{4}{15} \times \frac{6}{7} \times \frac{3}{10}$$

5

두 수의 곱을 구하세요.

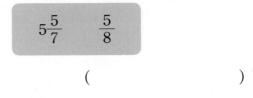

(   )

6

계산 결과를 찾아 이으세요.

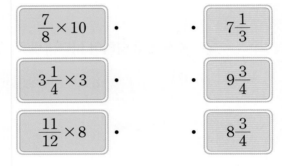

7

빈 곳에 알맞은 수를 써넣으세요.

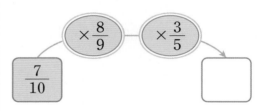

8

평행사변형의 넓이는 몇 cm^2일까요?

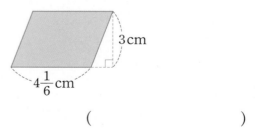

(   )

9 서술형

$6 \times 1\frac{2}{5}$ 를 두 가지 방법으로 계산하세요.

방법 1

방법 2

10

한 변의 길이가 $\frac{11}{24}$ cm인 정삼각형의 둘레는 몇 cm 인지 구하세요.

(   )

11

가장 큰 수와 가장 작은 수의 곱을 구하세요.

$$4\frac{1}{5} \qquad 1\frac{2}{9} \qquad 3\frac{3}{4}$$

(   )

12

계산 결과가 다른 하나를 찾아 기호를 쓰세요.

$$\bigcirc\ \frac{2}{5} \times \frac{5}{6} \qquad \bigcirc\ \frac{3}{4} \times \frac{5}{9} \times \frac{4}{5} \qquad \bigcirc\ \frac{5}{6} \times \frac{3}{7}$$

(   )

13 서술형

어떤 단위분수에 $\frac{1}{5}$ 을 곱했더니 $\frac{1}{35}$ 이 되었습니다.

어떤 단위분수에 $\frac{1}{9}$ 을 곱하면 얼마인지 해결 과정을 쓰고, 답을 구하세요.

_____

_____

_____

_____

(   )

14

□ 안에 알맞은 수를 써넣으세요.

$$\boxed{} \div \frac{3}{5} = 2\frac{3}{4}$$

15

은성이의 몸무게는 $42\frac{2}{5}$ kg입니다. 현욱이의 몸무게는 은성이의 몸무게의 $1\frac{1}{4}$배라면 현욱이의 몸무게는 몇 kg일까요?

(   )

16

□ 안에 들어갈 수 있는 자연수를 모두 구하세요.

$$2\frac{2}{5} \times 2\frac{1}{3} > \square\frac{4}{5}$$

(   )

17 서술형

정현이는 어제 만화책 한 권의 $\frac{2}{9}$를 읽었습니다. 오늘은 어제 읽은 양의 $\frac{3}{5}$을 읽었습니다. 만화책 한 권이 180쪽일 때, 어제와 오늘 읽은 만화책은 모두 몇 쪽인지 해결 과정을 쓰고, 답을 구하세요.

_____

_____

_____

(   )

18

$4\frac{1}{6}$ kg의 밀가루 중에서 전체의 $\frac{3}{7}$은 식빵을 만드는 데 사용하고, 남은 밀가루의 $\frac{4}{5}$는 과자를 만드는 데 사용했습니다. 과자를 만드는 데 사용한 밀가루는 몇 kg일까요?

(   )

19

건우는 줄넘기를 1시간의 $\frac{1}{5}$ 동안 했고, 철봉 매달리기를 1분의 $\frac{3}{4}$ 동안 했습니다. 건우가 줄넘기와 철봉 매달리기를 한 시간은 모두 몇 분 몇 초인지 구하세요.

(   )

20

냉장고에 주스가 $\frac{5}{6}$ L 있었습니다. 그중에서 서연이가 전체의 $\frac{3}{5}$을 마시고, 동현이가 전체의 $\frac{3}{8}$을 마셨습니다. 누가 주스를 몇 L 더 많이 마셨는지 구하세요.

(   ), (   )

1

□ 안에 알맞은 수를 써넣으세요.

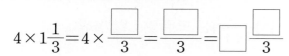

$$4 \times 1\frac{1}{3} = 4 \times \frac{\boxed{}}{3} = \frac{\boxed{}}{3} = \boxed{}\frac{\boxed{}}{3}$$

2

$1\frac{5}{7} \times 6$과 계산 결과가 같은 것을 모두 고르세요.

( )

① $1 + \frac{5 \times 6}{7}$ ② $\frac{12}{7} \times 6$

③ $\left(1 - \frac{5}{7}\right) \times 6$ ④ $\frac{12 \times 6}{7 \times 6}$

⑤ $(1 \times 6) + \left(\frac{5}{7} \times 6\right)$

3

계산을 하세요.

$15 \times \frac{3}{8}$

4

빈 곳에 알맞은 수를 써넣으세요.

$$\times$$
$$\boxed{\frac{4}{7} \mid 4\frac{2}{3} \mid }$$

5

설탕이 한 봉지에 $\frac{4}{9}$ kg씩 들어 있습니다. 12봉지에 들어 있는 설탕은 모두 몇 kg일까요?

( )

6 서술형

주어진 식은 잘못 계산한 것입니다. 계산이 잘못된 이유를 쓰고, 바르게 계산하세요.

$$1\frac{1}{9} \times 1\frac{3}{4} = \overset{1}{\cancel{\frac{4}{3}}} \times \overset{1}{\cancel{\frac{5}{4}}} = \frac{5}{3} = 1\frac{2}{3}$$

이유

_____

_____

바른 계산

_____

_____

7

계산 결과를 비교하여 ○ 안에 >, =, <를 알맞게 써넣으세요.

$$1\frac{2}{3} \times 15 \quad \bigcirc \quad 6 \times 3\frac{3}{4}$$

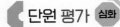

8

빈 곳에 세 수의 곱을 써넣으세요.

$\dfrac{1}{6}$	$\dfrac{5}{9}$	$\dfrac{2}{3}$

9

계산을 잘못한 사람의 이름을 쓰고, 바르게 계산한 값을 구하세요.

> 재선: $15 \times 1\dfrac{1}{5} = 18$
>
> 수민: $\dfrac{1}{7} \times 1\dfrac{4}{5} \times 2\dfrac{1}{3} = 1\dfrac{2}{5}$

(   ), (   )

10

계산 결과가 큰 것부터 차례대로 기호를 쓰세요.

> ㉠ $\dfrac{1}{8} \times \dfrac{1}{3}$ ㉡ $\dfrac{1}{4} \times \dfrac{1}{7}$ ㉢ $\dfrac{1}{6} \times \dfrac{1}{5}$

(   )

11

규민이네 반 전체 학생의 $\dfrac{3}{5}$은 여학생이고, 여학생의 $\dfrac{3}{4}$은 야구를 좋아합니다. 규민이네 반에서 야구를 좋아하는 여학생은 반 전체 학생의 얼마일까요?

(   )

12

민아는 매일 우유를 $\dfrac{13}{21}$ L씩 마십니다. 민아가 2주일 동안 마시는 우유는 모두 몇 L일까요?

(   )

13 서술형

한 변의 길이가 1 m인 정사각형 모양의 종이를 다음과 같이 똑같이 나누었습니다. 나누어진 한 칸의 넓이는 몇 m²인지 해결 과정을 쓰고, 답을 구하세요.

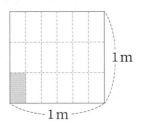

(   )

14

연주는 미술 시간에 길이가 30 cm인 철사의 $\dfrac{2}{5}$를 사용했습니다. 사용하고 남은 철사의 길이는 몇 cm일까요?

(   )

15

□ 안에 들어갈 수 있는 가장 큰 자연수를 구하세요.

$$2\frac{5}{6} \times 8 > □$$

(   )

16

96 cm 높이에서 공을 떨어뜨렸습니다. 공은 땅에 닿으면 떨어진 높이의 $\frac{3}{4}$ 만큼 튀어 오릅니다. 공이 땅에 두 번 닿았다가 튀어 올랐을 때의 높이는 몇 cm일까요?

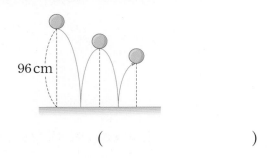

(   )

17

도형의 넓이는 몇 cm²일까요?

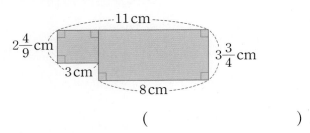

(   )

18

㉮ 장난감 자동차는 1분에 $\frac{7}{10}$ km를 가고, ㉯ 장난감 자동차는 1초에 $\frac{1}{90}$ km를 갑니다. 두 자동차가 시작점에서 동시에 출발하여 15초 동안 간다면 ㉮와 ㉯ 중에서 어느 것이 더 멀리 갈 수 있을까요?

(   )

19 서술형

어떤 수에 $\frac{2}{3}$ 를 곱해야 할 것을 잘못하여 더했더니 $2\frac{3}{4}$ 이 되었습니다. 바르게 계산하면 얼마인지 해결 과정을 쓰고, 답을 구하세요.

_____

_____

_____

_____

(   )

20

수 카드 3장을 한 번씩만 사용하여 만들 수 있는 가장 큰 대분수와 가장 작은 대분수의 곱을 구하세요.

(   )

평가 주제	(진분수)×(자연수) / (대분수)×(자연수)
평가 목표	(진분수)×(자연수), (대분수)×(자연수)의 계산 원리를 이해하고 계산할 수 있습니다.

1 □ 안에 알맞은 수를 써넣으세요.

(1) $\dfrac{7}{8} \times 5 = \dfrac{7 \times \square}{8} = \dfrac{\square}{\square} = \square\dfrac{\square}{\square}$

(2) $3\dfrac{1}{4} \times 2 = \dfrac{\square}{4} \times 2 = \dfrac{\square}{2} = \square\dfrac{\square}{\square}$

2 계산을 하세요.

(1) $\dfrac{3}{5} \times 8$

(2) $1\dfrac{1}{12} \times 9$

3 빈 곳에 알맞은 수를 써넣으세요.

(1)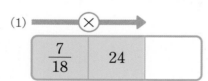

(2)

4 계산 결과가 자연수인 것을 찾아 기호를 쓰세요.

㉠ $\dfrac{5}{6} \times 3$ ㉡ $\dfrac{6}{7} \times 21$ ㉢ $\dfrac{3}{4} \times 10$

(   )

5 운동장의 둘레는 $\dfrac{7}{10}$ km입니다. 지수가 운동장 둘레를 따라 3바퀴 달렸다면 지수가 달린 거리는 몇 km일까요?

(   )

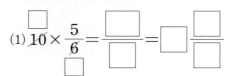

평가 주제	(자연수)×(진분수) / (자연수)×(대분수)
평가 목표	(자연수)×(진분수), (자연수)×(대분수)의 계산 원리를 이해하고 계산할 수 있습니다.

2
단원

1 □ 안에 알맞은 수를 써넣으세요.

(1) $10 \times \dfrac{5}{6} = \dfrac{\boxed{}}{\boxed{}} = \boxed{}\dfrac{\boxed{}}{\boxed{}}$

(2) $4 \times 1\dfrac{1}{3} = 4 \times \dfrac{\boxed{}}{3} = \dfrac{\boxed{}}{3} = \boxed{}\dfrac{\boxed{}}{\boxed{}}$

2 계산 결과가 같은 것끼리 이으세요.

$7 \times 3\dfrac{4}{9}$ ·

$9 \times 4\dfrac{5}{7}$ ·

· $9 \times \dfrac{33}{7}$

· $7 \times \dfrac{31}{9}$

3 바르게 계산한 사람의 이름을 쓰세요.

진아 $6 \times \dfrac{7}{8} = 4\dfrac{3}{4}$

수현 $15 \times 1\dfrac{2}{9} = 18\dfrac{1}{3}$

(   )

4 계산 결과가 6보다 큰 식에 ○표, 6보다 작은 식에 △표 하세요.

$6 \times 1\dfrac{1}{2}$ 6×1 $6 \times \dfrac{9}{10}$ $6 \times 3\dfrac{4}{5}$ $6 \times \dfrac{1}{7}$

5 가게에 포도주스가 14 L 있었습니다. 그중에서 $\dfrac{3}{5}$을 판매했다면 판매한 포도주스는 몇 L일까요?

(   )

평가 주제	(진분수)×(진분수)
평가 목표	(진분수)×(진분수)의 계산 원리를 이해하고 계산할 수 있습니다.

1 □ 안에 알맞은 수를 써넣으세요.

(1) $\dfrac{2}{3} \times \dfrac{5}{7} = \dfrac{2 \times \square}{3 \times \square} = \dfrac{\square}{\square}$

(2) $\dfrac{3}{10} \times \dfrac{5}{8} = \dfrac{3 \times 5}{10 \times 8} = \dfrac{\square}{\square}$

2 계산 결과를 찾아 ○표 하세요.

(1) $\dfrac{1}{5} \times \dfrac{1}{9}$ $\dfrac{1}{45}$ $\dfrac{5}{9}$

(2) $\dfrac{7}{12} \times \dfrac{11}{14}$ $\dfrac{11}{12}$ $\dfrac{11}{24}$

3 계산 결과를 비교하여 ○ 안에 >, =, <를 알맞게 써넣으세요.

(1) $\dfrac{7}{8} \times \dfrac{1}{10}$ ◯ $\dfrac{7}{8} \times \dfrac{1}{9}$

(2) $\dfrac{1}{6} \times \dfrac{9}{11}$ ◯ $\dfrac{9}{11} \times \dfrac{1}{6}$

4 □ 안에 들어갈 수 있는 가장 작은 자연수를 구하세요.

$$\dfrac{3}{4} \times \dfrac{7}{15} < \dfrac{\square}{20}$$

(   )

5 끈 $\dfrac{4}{9}$ m의 $\dfrac{12}{13}$ 를 사용하여 리본을 만들었습니다. 리본을 만드는 데 사용한 끈의 길이는 몇 m일까요?

(   )

평가 주제	(대분수)×(대분수)
평가 목표	(대분수)×(대분수)의 계산 원리를 이해하고 계산할 수 있습니다.

2
단원

1 □ 안에 알맞은 수를 써넣으세요.

(1) $2\dfrac{1}{2} \times 1\dfrac{2}{3} = \dfrac{\square}{2} \times \dfrac{\square}{3} = \dfrac{\square}{\square} = \square\dfrac{\square}{\square}$

(2) $1\dfrac{5}{9} \times 3\dfrac{2}{7} = \dfrac{14}{9} \times \dfrac{\square}{7\underset{\square}{}} = \dfrac{\square}{\square} = \square\dfrac{\square}{\square}$

2 계산을 하세요.

(1) $1\dfrac{3}{8} \times 1\dfrac{2}{5}$

(2) $3\dfrac{1}{5} \times \dfrac{7}{12} \times \dfrac{1}{2}$

3 빈 곳에 알맞은 수를 써넣으세요.

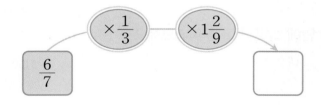

4 가장 큰 수와 가장 작은 수의 곱을 구하세요.

$$2\dfrac{8}{9} \qquad 1\dfrac{3}{5} \qquad 3\dfrac{3}{4}$$

(   )

5 가로가 $2\dfrac{4}{5}$ m, 세로가 $3\dfrac{1}{8}$ m인 직사각형 모양의 텃밭이 있습니다. 이 텃밭의 넓이는 몇 m²일까요?

(   )

1

오른쪽 도형과 모양과 크기가 같아서 포개었을 때 완전히 겹치는 도형을 찾아 기호를 쓰세요.

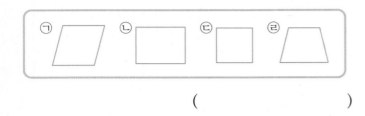

(   )

2

원 모양의 종이를 잘라서 합동인 도형을 4개 만들려고 합니다. 자르는 선을 나타내세요.

3

선대칭도형을 보고 □ 안에 알맞은 말을 써넣으세요.

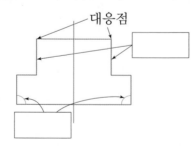

4

다음 도형은 선대칭도형입니다. 대칭축을 그리세요.

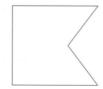

5

점 ㅇ을 중심으로 180° 돌렸을 때 처음 도형과 완전히 겹치는 도형을 모두 찾아 기호를 쓰세요.

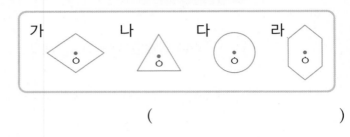

(   )

6

두 삼각형은 서로 합동입니다. 대응점, 대응변, 대응각이 각각 몇 쌍 있는지 쓰세요.

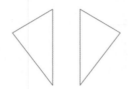

대응점	
대응변	
대응각	

[7-8] 두 삼각형은 서로 합동입니다. 물음에 답하세요.

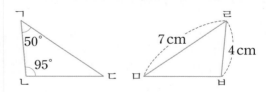

7

변 ㄱㄴ은 몇 cm일까요?

(   )

8

각 ㄹㅁㅂ은 몇 도일까요?

(   )

9

직선 ㄱㅂ을 대칭축으로 하는 선대칭도형입니다. 변 ㄷㄹ은 몇 cm일까요?

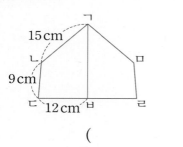

(　　　　　)

10

직선 ㄱㄴ을 대칭축으로 하는 선대칭도형을 완성하세요.

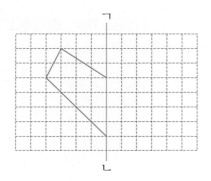

11 서술형

직선 ㅅㅇ을 대칭축으로 하는 선대칭도형입니다. 각 ㄹㄷㅂ과 각 ㅁㅂㄷ의 크기의 합은 몇 도인지 해결 과정을 쓰고, 답을 구하세요.

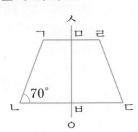

_____

_____

(　　　　　)

12 서술형

잘못 말한 사람의 이름을 쓰고, 잘못된 이유를 쓰세요.

> 서후: 직사각형은 선대칭도형이기도 하고 점대칭도형이기도 해.
>
> 민경: 어떤 점을 중심으로 360° 돌렸을 때 처음 도형과 완전히 겹치는 도형을 점대칭도형이라고 해.

(　　　　　)

이유 _____

_____

13

점 ㅇ을 대칭의 중심으로 하는 점대칭도형입니다. 각 ㄷㄹㅁ은 몇 도일까요?

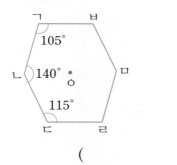

(　　　　　)

14

점 ㅇ을 대칭의 중심으로 하는 점대칭도형을 완성하세요.

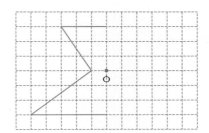

15

점 ㅇ을 대칭의 중심으로 하는 점대칭도형입니다. 이 도형의 두 대각선의 길이의 합은 몇 cm일까요?

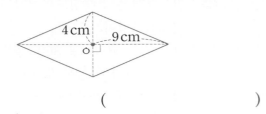

(   )

16 서술형

두 사각형은 서로 합동입니다. 사각형 ㄱㄴㄷㄹ의 둘레는 몇 cm인지 해결 과정을 쓰고, 답을 구하세요.

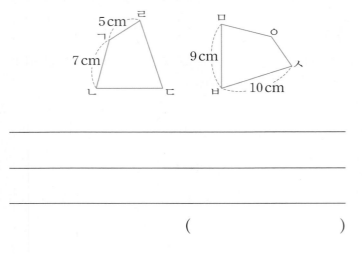

_____

_____

_____

(   )

17

삼각형 ㄱㄴㄷ과 삼각형 ㄹㄷㄴ은 서로 합동입니다. 각 ㄱㄴㄷ은 몇 도일까요?

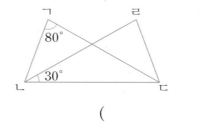

(   )

18

직선 ㄱㄹ을 대칭축으로 하는 선대칭도형입니다. 각 ㄴㄱㄷ이 60°일 때, 변 ㄴㄷ은 몇 cm일까요?

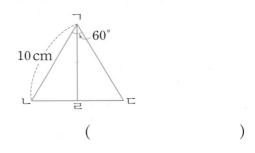

(   )

19

점 ㅇ을 대칭의 중심으로 하는 점대칭도형입니다. 각 ㄱㄴㄷ은 몇 도일까요?

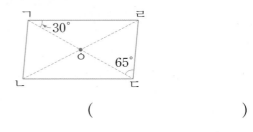

(   )

20

점 ㅇ을 대칭의 중심으로 하는 점대칭도형입니다. 이 도형의 둘레는 몇 cm일까요?

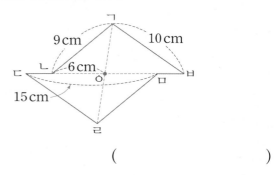

(   )

1

점선을 따라 잘랐을 때 만들어지는 두 도형이 서로 합동인 것을 모두 고르세요. (   )

①
② ③

④ ⑤

2

두 사각형은 서로 합동입니다. 대응점, 대응각을 각각 찾아 쓰세요.

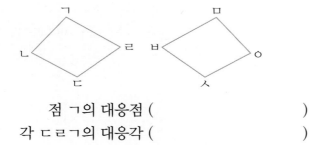

점 ㄱ의 대응점 (   )

각 ㄷㄹㄱ의 대응각 (   )

3

선대칭도형이 아닌 것을 찾아 기호를 쓰세요.

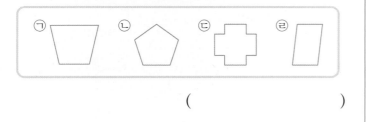

(   )

4

다음 도형은 점대칭도형입니다. 대칭의 중심을 찾아 표시하세요.

5 서술형

두 정사각형은 서로 합동이 아닙니다. 그 이유를 쓰세요.

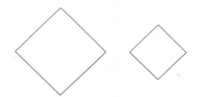

이유 _____

_____

6

다음 도형은 선대칭도형입니다. 대칭축은 모두 몇 개일까요?

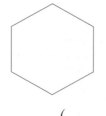

(   )

7

직선 ㄱㄴ을 대칭축으로 하는 선대칭도형을 완성하세요.

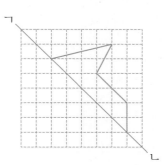

8

점 ㅇ을 대칭의 중심으로 하는 점대칭도형입니다. □ 안에 알맞은 수를 써넣으세요.

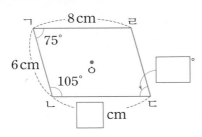

9

잘못 설명한 것을 찾아 기호를 쓰세요.

> ㉠ 서로 합동인 두 사각형은 대응변이 4쌍 있습니다.
> ㉡ 정삼각형은 선대칭도형이고 대칭축이 3개 있습니다.
> ㉢ 원은 점대칭도형이고 대칭의 중심이 되는 점이 여러 개 있습니다.

( )

10 서술형

직선 ㄹㅁ을 대칭축으로 하는 선대칭도형입니다. 각 ㄴㄱㄷ은 몇 도인지 해결 과정을 쓰고, 답을 구하세요.

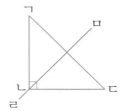

_____

_____

_____

( )

11

직사각형 모양의 종이를 그림과 같이 접었습니다. 각 ㄹㅁㅇ은 몇 도일까요?

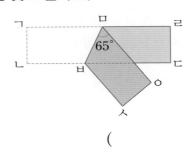

( )

12

선대칭도형도 되고 점대칭도형도 되는 것을 모두 찾아 기호를 쓰세요.

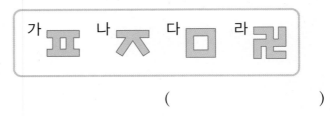

( )

13

삼각형 ㄱㄴㄷ과 삼각형 ㄷㄹㅁ은 서로 합동입니다. 사각형 ㄱㄴㄹㅁ의 둘레는 몇 cm일까요?

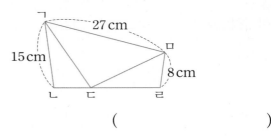

( )

14

점 ㅇ을 대칭의 중심으로 하는 점대칭도형을 완성하고, 완성된 도형의 넓이는 몇 cm²인지 구하세요.

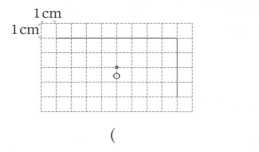

( )

15

정삼각형 ㄱㄴㄷ을 합동인 4개의 삼각형으로 나누었습니다. 삼각형 ㄹㅁㅂ의 둘레가 15 cm일 때, 삼각형 ㄱㄴㄷ의 둘레는 몇 cm일까요?

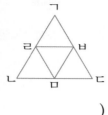

(　　　　　　　　)

16 서술형

점 ㅇ을 대칭의 중심으로 하는 점대칭도형입니다. 선분 ㄴㅁ은 선분 ㄷㅂ보다 몇 cm 더 긴지 해결 과정을 쓰고, 답을 구하세요.

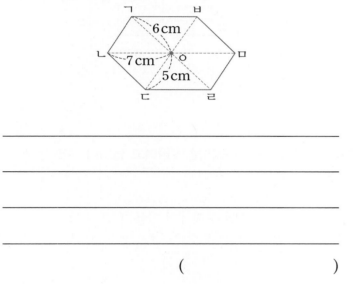

_____

_____

_____

_____

(　　　　　　　)

17

삼각형 ㄱㄴㄷ과 삼각형 ㄹㄷㄴ은 서로 합동입니다. 각 ㄴㅁㄷ은 몇 도일까요?

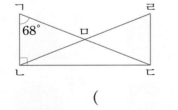

(　　　　　　　)

18

직선 ㅅㅇ을 대칭축으로 하는 선대칭도형입니다. 각 ㄱㄴㄷ은 몇 도일까요?

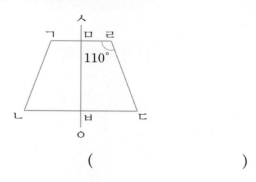

(　　　　　　　　)

19

직선 ㄹㄴ을 대칭축으로 하는 선대칭도형입니다. 삼각형 ㄱㄴㄷ의 넓이는 몇 cm^2일까요?

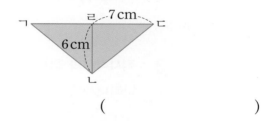

(　　　　　　　　)

20

점 ㅇ을 대칭의 중심으로 하는 점대칭도형입니다. 도형의 둘레가 50 cm일 때, 선분 ㄷㅅ은 몇 cm일까요?

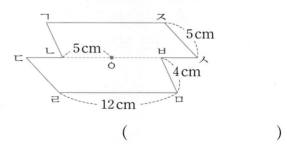

(　　　　　　　　)

평가 주제	합동
평가 목표	합동인 도형의 개념을 알고 서로 합동인 도형을 찾을 수 있습니다.

1 ☐ 안에 알맞은 말을 써넣으세요.

> 모양과 크기가 같아서 포개었을 때 완전히 겹치는 두 도형을 서로 ☐이라고 합니다.

2 주어진 도형과 합동인 도형을 찾아 ○표 하세요.

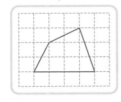 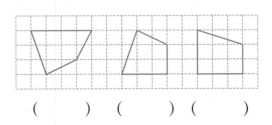

(   )   (   )   (   )

3 직사각형과 정사각형 모양의 색종이를 잘라서 서로 합동인 도형을 만들려고 합니다. 자르는 선을 나타내세요.

(1) 합동인 도형 3개 만들기

(2) 합동인 도형 4개 만들기

4 우리나라에서 사용하는 표지판입니다. 모양이 서로 합동인 표지판을 모두 찾아 기호를 쓰세요.
(단, 표지판의 색깔과 표지판 안의 그림은 생각하지 않습니다.)

가   나   다   라

마   바   사   아

☐와 ☐, ☐와 ☐, ☐와 ☐

평가 주제	합동인 도형의 성질
평가 목표	서로 합동인 두 도형에서 대응점, 대응변, 대응각을 찾고 그 성질을 알 수 있습니다.

1 □ 안에 알맞은 말을 써넣으세요.

서로 합동인 두 도형을 포개었을 때 완전히 겹치는 점을 [ ],
겹치는 변을 [ ], 겹치는 각을 [ ]이라고 합니다.

2 두 사각형은 서로 합동입니다. 빈칸에 알맞게 써넣으세요.

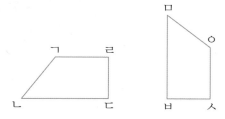

점 ㄱ의 대응점	
변 ㄱㄹ의 대응변	
각 ㄴㄷㄹ의 대응각	

3 두 삼각형은 서로 합동입니다. 물음에 답하세요.

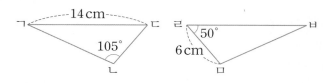

(1) 각 ㄹㅂㅁ은 몇 도일까요?

( )

(2) 삼각형 ㄱㄴㄷ의 둘레가 31 cm일 때, 변 ㄱㄴ은 몇 cm일까요?

( )

4 두 사각형은 서로 합동입니다. 각 ㅇㅁㅂ은 몇 도일까요?

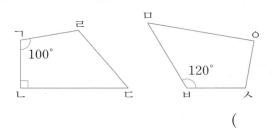

( )

평가 주제	선대칭도형, 선대칭도형의 성질, 선대칭도형 그리기
평가 목표	선대칭도형의 개념과 성질을 알고 선대칭도형을 그릴 수 있습니다.

1 선대칭도형을 모두 찾아 ○표 하세요.

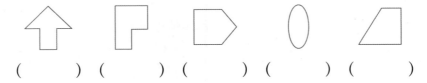

(   ) (   ) (   ) (   ) (   )

2 대칭축이 더 많은 선대칭도형의 기호를 쓰세요.

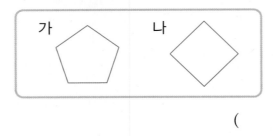

(   )

3 직선 ㄱㄴ을 대칭축으로 하는 선대칭도형을 완성하세요.

(1)
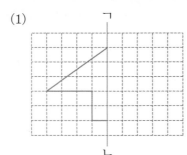

(2)
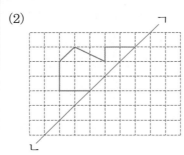

4 직선 ㅁㅂ을 대칭축으로 하는 선대칭도형입니다. 물음에 답하세요.

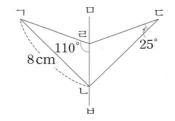

(1) 변 ㄴㄷ은 몇 cm일까요?

(   )

(2) 각 ㄱㄴㄹ은 몇 도일까요?

(   )

평가 주제	점대칭도형, 점대칭도형의 성질, 점대칭도형 그리기
평가 목표	점대칭도형의 개념과 성질을 알고 점대칭도형을 그릴 수 있습니다.

1 점대칭도형을 모두 찾아 기호를 쓰세요.

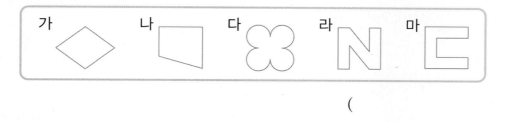

(   )

2 점 ㅇ을 대칭의 중심으로 하는 점대칭도형을 완성하세요.

(1)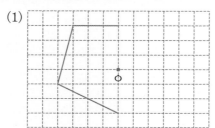

(2)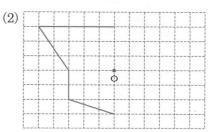

3 점 ㅇ을 대칭의 중심으로 하는 점대칭도형입니다. 도형의 둘레는 몇 cm일까요?

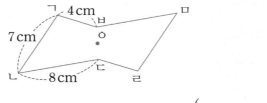

(   )

4 점 ㅇ을 대칭의 중심으로 하는 점대칭도형입니다. 각 ㄱㄹㄷ이 40°일 때, 각 ㄹㄷㄴ은 몇 도일까요?

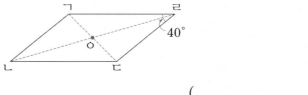

(   )

1

그림을 보고 ☐ 안에 알맞은 수를 써넣으세요.

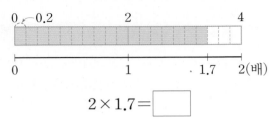

$$2 \times 1.7 = \boxed{}$$

2

☐ 안에 알맞은 수를 써넣으세요.

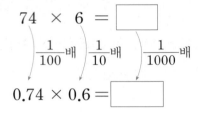

3

보기 와 같이 분수의 곱셈으로 계산하세요.

보기

$$2.7 \times 3 = \frac{27}{10} \times 3 = \frac{27 \times 3}{10} = \frac{81}{10} = 8.1$$

1.5×5

4

계산을 하세요.

4×0.27

5

빈 곳에 알맞은 수를 써넣으세요.

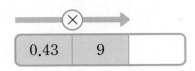

6

어림하여 0.45×0.52의 계산 결과로 알맞은 것을 찾아 기호를 쓰세요.

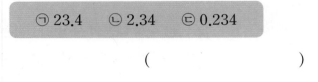

(   )

7

계산 결과가 <u>다른</u> 하나는 어느 것일까요? (   )

① 1.25×10 ② 1.25×100

③ 1250×0.1 ④ 12500×0.01

⑤ 0.125×1000

8

계산 결과가 같은 것끼리 이으세요.

| 5.8×2.4 | • | | • | 5.8×0.24 |
| 0.58×2.4 | • | | • | 0.058×240 |

9

인형 한 개의 무게는 0.85 kg입니다. 무게가 똑같은 인형 3개의 무게는 몇 kg일까요?

(   )

10

벽을 칠하는 데 페인트를 3 L의 0.55만큼 사용하였습니다. 사용한 페인트는 몇 L인지 식을 쓰고, 답을 구하세요.

식

답

11 서술형

168×79는 13272입니다. 1.68×7.9의 값을 어림하여 결괏값에 소수점을 찍고, 그 이유를 쓰세요.

$$1.68 \times 7.9 = 1\ 3\ 2\ 7\ 2$$

이유

12

보기 를 이용하여 □ 안에 알맞은 수를 써넣으세요.

보기
$$54 \times 116 = 6264$$

$$540 \times \boxed{} = 62.64$$

13 서술형

서우가 키우는 식물은 키가 0.309 m까지 자랐고, 진희가 키우는 식물은 키가 31.4 cm까지 자랐습니다. 누가 키우는 식물의 키가 더 큰지 해결 과정을 쓰고, 답을 구하세요.

_____

_____

_____

(   )

14

예빈이가 계산기로 0.26×0.5를 계산하려고 두 수를 눌렀는데 수 하나의 소수점 위치를 잘못 눌렀습니다. 결과로 1.3이 나왔다면 예빈이가 계산기에 누른 두 수가 될 수 있는 경우를 모두 구하세요.

$$\boxed{} \times \boxed{}$$

$$\boxed{} \times \boxed{}$$

15 서술형

지호가 5000원으로 젤리를 한 봉지 사려고 합니다. 사려는 젤리 한 봉지의 가격표가 오른쪽과 같이 찢어져 있을 때, 가진 돈으로 젤리 한 봉지를 살 수 있을지 없을지 쓰고, 그 이유를 쓰세요.

원
1g당 17.5원
젤리 한 봉지 250 g

젤리를 살 수 (   )

이유

16

직사각형의 세로는 2.6 m이고, 가로는 세로의 2.3배입니다. 이 직사각형의 넓이는 몇 m²일까요?

2.6 m

(   )

17

희연이는 지난주 월요일부터 토요일까지 하루에 1시간 30분씩 영어 공부를 했습니다. 지난주에 희연이가 영어 공부를 한 시간은 몇 시간인지 구하세요.

(   )

18

비커 한 개에 식초를 0.24 L씩 3번 부으려고 합니다. 비커 4개에 식초를 부으려면 한 병에 1 L씩 들어 있는 식초를 적어도 몇 병 준비해야 하는지 구하세요.

(   )

19

●는 ▲의 몇 배일까요?

$$45.2 \times ● = 4520$$
$$45.2 \times ▲ = 4.52$$

(   )

20

길이가 6.3 cm인 색 테이프 19장을 0.8 cm씩 겹치게 한 줄로 이어 붙였습니다. 이어 붙인 색 테이프의 전체 길이는 몇 cm일까요?

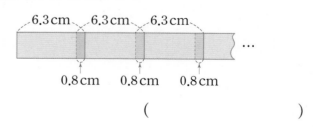

6.3 cm   6.3 cm   6.3 cm

0.8 cm   0.8 cm   0.8 cm

(   )

1

0.8×3을 0.1의 개수로 계산하려고 합니다. □ 안에 알맞은 수를 써넣으세요.

0.8은 0.1이 □ 개입니다.

0.8×3은 0.1이 □ 개씩 □ 묶음입니다.

0.1이 모두 □ 개이므로 0.8×3= □ 입니다.

2

□ 안에 알맞은 수를 써넣으세요.

$$13 \times 0.9 = 13 \times \frac{\square}{10} = \frac{13 \times \square}{10}$$

$$= \frac{\square}{10} = \square$$

3

계산이 맞도록 결괏값에 소수점을 찍어야 할 곳을 찾아 기호를 쓰세요.

$$3417 \times 0.001 = 3\ 4\ 1\ 7$$
ㄱ ㄴ ㄷ ㄹ ㅁ

( )

4

계산을 하세요.

$$\begin{array}{r} 6.3 \\ \times\ 1.5 \\ \hline \end{array}$$

5

빈 곳에 알맞은 수를 써넣으세요.

×9

4.03 □

6

어림하여 계산 결과가 7보다 작은 것을 찾아 기호를 쓰세요.

㉠ 3.8×1.7   ㉡ 8.1의 0.9   ㉢ 1.4의 5.2배

( )

7

민호는 매일 우유를 0.5 L씩 마십니다. 민호가 일주일 동안 마신 우유는 몇 L일까요?

( )

8

계산 결과를 비교하여 ○ 안에 >, =, <를 알맞게 써넣으세요.

$$5 \times 0.43 \bigcirc 4 \times 0.51$$

9

가장 큰 수와 가장 작은 수의 곱을 구하세요.

| 9.5 | 40.1 | 12.04 | 0.6 |

( )

10

찹쌀가루 600 g 한 봉지의 0.82만큼이 탄수화물 성분입니다. 이 찹쌀가루 한 봉지에 들어 있는 탄수화물 성분은 몇 g일까요?

( )

11 서술형

계산 결과를 잘못 말한 사람을 찾아 이름을 쓰고, 잘못 말한 부분을 바르게 고치세요.

0.62 × 5의 계산 결과는 0.6과 5의 곱으로 어림할 수 있으니까 결과는 3 정도가 돼.

지혜

49와 6의 곱이 약 300이니까 0.49와 6의 곱은 30 정도가 돼.

수민

잘못 말한 사람

_____

바르게 고치기

_____

_____

12

종이 1묶음의 무게는 0.618 kg입니다. 똑같은 종이 10묶음, 100묶음, 1000묶음의 무게는 각각 몇 kg인지 구하세요.

종이 10묶음 ( )
종이 100묶음 ( )
종이 1000묶음 ( )

13

$35 \times 27 = 945$를 이용하여 ☐ 안에 알맞은 수를 써넣으세요.

$$3.5 \times \boxed{} = 9.45$$

$$\boxed{} \times 2.7 = 0.945$$

14 서술형

어느 날 우리나라 돈 1000원이 브라질 돈 3.64헤알[*]입니다. 우리나라 돈 50000원을 브라질 돈으로 바꾸면 몇 헤알인지 해결 과정을 쓰고, 답을 구하세요.

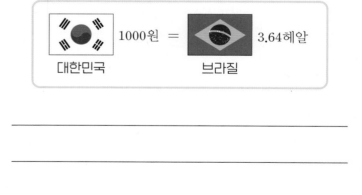
1000원 = 3.64헤알
대한민국 · 브라질

_____

_____

( )

[*]헤알: 브라질의 화폐 단위

15 서술형

카드를 한 번씩 모두 사용하여 가장 큰 소수 두 자리 수를 만들었습니다. 만든 수와 0.5의 곱은 얼마인지 해결 과정을 쓰고, 답을 구하세요.

4 2 8 .

_____

_____

(   )

16

어떤 수에 10을 곱해야 할 것을 잘못하여 0.1을 곱했더니 3.47이 되었습니다. 바르게 계산하면 얼마일까요?

(   )

17

□ 안에 들어갈 수 있는 자연수는 모두 몇 개인지 구하세요.

$$5.62 \times 2.4 < \square < 6.7 \times 3.8$$

(   )

18

희수네 집 수족관에 있는 금붕어의 길이는 열대어 길이의 3.5배이고, 수초의 길이는 열대어 길이의 7배입니다. 열대어의 길이가 2.4 cm일 때, 수초는 금붕어보다 몇 cm 더 긴지 구하세요.

(   )

19

난로를 한 시간 동안 사용하려면 등유가 0.7 L 필요합니다. 이 난로를 3시간 15분 동안 사용하기 위해 필요한 등유의 양은 몇 L일까요?

(   )

20

지혜네 학교에서 오른쪽과 같은 직사각형 모양 화단의 가로와 세로를 각각 1.5배씩 늘려 새로운 화단을 만들려고 합니다. 새로운 화단의 넓이는 몇 m²일까요?

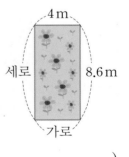

(   )

평가 주제	(소수)×(자연수)
평가 목표	소수와 자연수의 곱셈 결과를 어림하고 계산 원리를 이해하여 계산할 수 있습니다.

1 ☐ 안에 알맞은 수를 써넣으세요.

(1)
$$0.9 \times 4 = \frac{\boxed{}}{10} \times 4 = \frac{\boxed{} \times 4}{10}$$
$$= \frac{\boxed{}}{10} = \boxed{}$$

(2) $5.3 \times 3 = 5.3 + \boxed{} + \boxed{}$
$$= \boxed{}$$

2 빈 곳에 알맞은 수를 써넣으세요.

(1) | 0.26 | ×7 | |
(2) | 4.84 | ×2 | |

3 계산 결과를 찾아 이으세요.

0.4×23 •   • 10.4

1.3×8 •   • 4.5

0.75×6 •   • 9.2

4 계산 결과를 비교하여 ◯ 안에 >, =, <를 알맞게 써넣으세요.

(1) 0.64×5 ◯ 0.7×5

(2) 4.7×8 ◯ 6.08×5

5 탁구공 한 개의 무게는 $2.7\,\mathrm{g}$입니다. 탁구공 9개의 무게는 몇 g일까요?

(   )

평가 주제	(자연수)×(소수)
평가 목표	자연수와 소수의 곱셈 결과를 어림하고 계산 원리를 이해하여 계산할 수 있습니다.

1 □ 안에 알맞은 수를 써넣으세요.

(1)
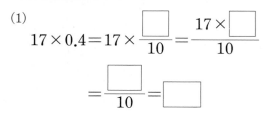

$$17 \times 0.4 = 17 \times \frac{\square}{10} = \frac{17 \times \square}{10}$$
$$= \frac{\square}{10} = \square$$

(2)
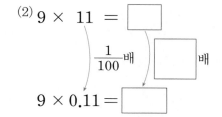

$$9 \times 11 = \square$$
$$\frac{1}{100}배 \qquad \square배$$
$$9 \times 0.11 = \square$$

2 계산 결과를 찾아 ○표 하세요.

(1) 8×0.8 [0.64]   [6.4]

(2) 4×0.92 [3.68]   [36.8]

3 어림하여 계산 결과가 6보다 큰 것에 ○표 하세요.

2×2.86 3×2.4 4의 1.39배

(   )   (   )   (   )

4 □ 안에 들어갈 수 있는 가장 큰 자연수를 구하세요.

(1) $6 \times 0.83 > \square$

(   )

(2) $16 \times 3.7 > \square$

(   )

5 윤우의 몸무게는 시원이 몸무게의 1.2배입니다. 시원이의 몸무게가 $33\,\mathrm{kg}$이라면 윤우의 몸무게는 몇 kg일까요?

(   )

평가 주제	(소수)×(소수)
평가 목표	소수끼리의 곱셈 결과를 어림하고 계산 원리를 이해하여 계산할 수 있습니다.

1 □ 안에 알맞은 수를 써넣으세요.

(1)
$$0.7 \times 0.9 = \frac{\boxed{}}{10} \times \frac{\boxed{}}{10}$$
$$= \frac{\boxed{}}{100} = \boxed{}$$

(2)
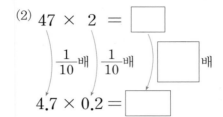

$$47 \times 2 = \boxed{}$$

$\frac{1}{10}$배 $\frac{1}{10}$배 $\boxed{}$ 배

$$4.7 \times 0.2 = \boxed{}$$

2 빈 곳에 알맞은 수를 써넣으세요.

(1)
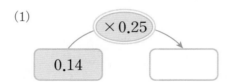

(2)
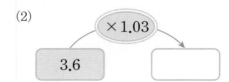

3 잘못 계산한 것을 찾아 기호를 쓰세요.

㉠	㉡	㉢
4.4	1.1 7	6.4
× 3.2	× 0.4	× 0.5
1 4.0 8	0.4 6 8	0.3 2

(   )

4 설명하는 두 수의 곱을 구하세요.

0.1이 6개인 수	0.1이 8개인 수

(   )

5 가로가 7.6 m, 세로가 2.3 m인 직사각형 모양의 벽면이 있습니다. 이 벽면의 넓이는 몇 m²일까요?

(   )

평가 주제	곱의 소수점 위치
평가 목표	소수의 곱셈에서 곱의 소수점 위치 변화를 이해하여 계산할 수 있습니다.

1 □ 안에 알맞은 수를 써넣으세요.

(1) $0.172 \times 10 =$ ☐

    $0.172 \times 100 =$ ☐

    $0.172 \times 1000 =$ ☐

(2) $218 \times 0.1 =$ ☐

    $218 \times 0.01 =$ ☐

    $218 \times 0.001 =$ ☐

2 보기 를 이용하여 □ 안에 알맞은 수를 써넣으세요.

(1) 보기

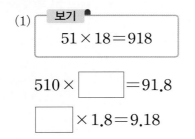

$51 \times 18 = 918$

$510 \times$ ☐ $= 91.8$

☐ $\times 1.8 = 9.18$

(2) 보기

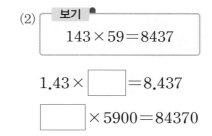

$143 \times 59 = 8437$

$1.43 \times$ ☐ $= 8.437$

☐ $\times 5900 = 84370$

3 □ 안에 알맞은 수가 100인 것에 ○표 하세요.

$9.56 \times$ ☐ $= 9560$ ◯   ☐ $\times 0.814 = 81.4$ ◯

4 계산 결과가 다른 것을 찾아 기호를 쓰세요.

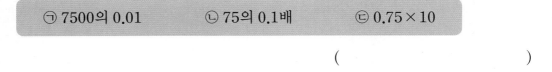

㉠ 7500의 0.01   ㉡ 75의 0.1배   ㉢ 0.75×10

(   )

5 경유 1 L의 가격은 1420원입니다. 경유 0.1 L, 0.01 L, 0.001 L의 가격은 각각 얼마인지 구하세요.

경유 0.1 L (   ), 경유 0.01 L (   ), 경유 0.001 L (   )

1

그림과 같이 직사각형 6개로 둘러싸인 도형의 이름을 쓰세요.

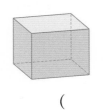

(   )

2

정육면체는 어느 것일까요? (   )

①   ②   ③

④   ⑤

3

오른쪽 정육면체를 보고 면, 모서리, 꼭짓점의 수를 각각 구하세요.

면의 수(개)	모서리의 수(개)	꼭짓점의 수(개)

4

오른쪽 직육면체에서 색칠한 면과 수직인 면을 잘못 색칠한 것을 찾아 기호를 쓰세요.

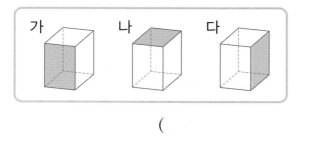

가   나   다

(   )

5

직육면체를 보고 ☐ 안에 알맞은 수를 써넣으세요.

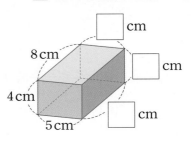

☐ cm
8 cm
☐ cm
4 cm
5 cm
☐ cm

6

직육면체에서 면 ㄱㅁㅂㄴ과 평행한 면을 찾아 쓰세요.

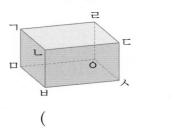

(   )

7 서술형

다음 도형이 직육면체가 아닌 이유를 쓰세요.

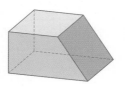

이유 _____

_____

8
직육면체의 겨냥도를 완성하세요.

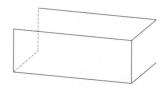

[12-13] 전개도를 접어서 직육면체를 만들었습니다. 물음에 답하세요.

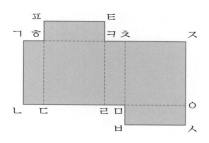

9
전개도를 접어서 정육면체를 만들었을 때 면 가와 마주 보는 면을 찾아 쓰세요.

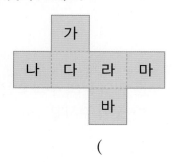

( )

12
선분 ㄷㄹ과 겹치는 선분을 찾아 쓰세요.

( )

13
점 ㄱ과 만나는 점을 모두 찾아 쓰세요.

( )

[10-11] 정육면체를 보고 물음에 답하세요.

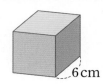

6 cm

10
보이는 꼭짓점의 수와 보이는 면의 수의 합은 몇 개일까요?

( )

14 서술형
직육면체의 성질에 대해 잘못 설명한 사람을 찾아 이름을 쓰고, 잘못 설명한 부분을 바르게 고치세요.

동현: 서로 평행한 면은 모두 3쌍이야.
지민: 한 모서리에서 만나는 두 면은 서로 수직이야.
시윤: 한 면과 수직으로 만나는 면은 모두 4개야.
예은: 한 꼭짓점에서 만나는 면은 모두 2개야.

잘못 설명한 사람 _____

바르게 고치기 _____

_____

11
보이는 모서리의 길이의 합은 몇 cm일까요?

( )

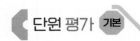

15

다음은 잘못 그려진 직육면체의 전개도입니다. 면 1개를 옮겨 전개도를 바르게 그리세요.

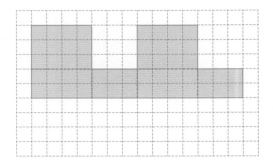

16

직육면체 모양의 휴지 상자가 있습니다. 이 휴지 상자의 모든 모서리의 길이의 합은 몇 cm일까요?

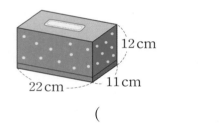

(   )

17

한 모서리의 길이가 3 cm인 정육면체의 전개도를 그리세요.

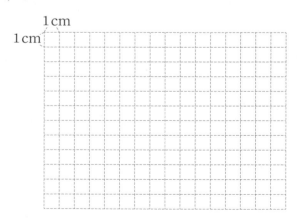

18

직육면체의 전개도에서 직사각형 ㄱㄴㅇㅈ의 넓이는 몇 cm²일까요?

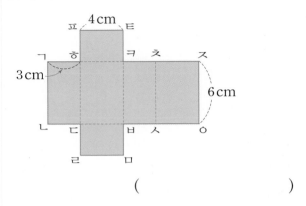

(   )

19

주사위의 마주 보는 면의 눈의 수의 합은 7입니다. 정육면체 전개도의 빈 곳에 주사위의 눈을 알맞게 그리세요.

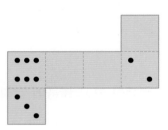

20 서술형

정육면체 모양의 상자를 오른쪽과 같이 빨간색 끈으로 둘렀습니다. 상자를 두르는 데 사용한 빨간색 끈의 길이는 몇 cm인지 해결 과정을 쓰고, 답을 구하세요. (단, 매듭의 길이는 생각하지 않습니다.)

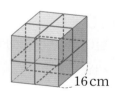

(   )

[1-2] 그림을 보고 물음에 답하세요.

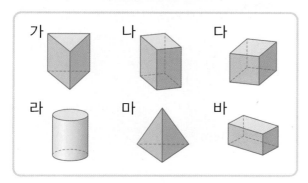

1

직육면체를 모두 찾아 기호를 쓰세요.

(   )

2

정육면체를 찾아 기호를 쓰세요.

(   )

3

오른쪽 직육면체에서 보이지 않는 면은 모두 몇 개일까요?

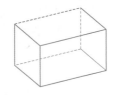

(   )

4

직육면체의 겨냥도를 잘못 그린 것입니다. 잘못 그린 부분을 모두 찾아 ×표 하세요.

5

오른쪽 정육면체에서 색칠한 면과 수직인 면이 <u>아닌</u> 것은 어느 것일까요?

(   )

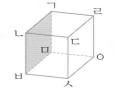

① 면 ㄱㄴㄷㄹ   ② 면 ㄴㅂㅅㄷ
③ 면 ㅁㅂㅅㅇ   ④ 면 ㄱㅁㅇㄹ
⑤ 면 ㄷㅅㅇㄹ

6

정육면체의 전개도를 모두 찾아 기호를 쓰세요.

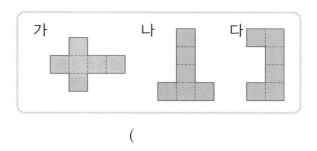

(   )

7

오른쪽 직육면체의 겨냥도를 보고 전개도를 완성하세요.

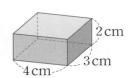

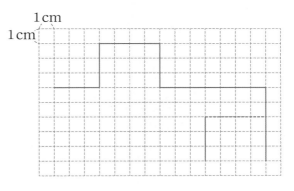

8

전개도를 접어서 정육면체를 만들었을 때 선분 ㄱㅎ과 겹치는 선분을 찾아 쓰세요.

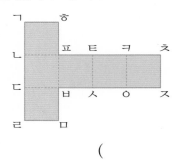

( )

9

직육면체에 대해 바르게 설명한 것은 어느 것일까요?

( )

① 모서리는 모두 8개입니다.
② 꼭짓점은 모두 12개입니다.
③ 면이 6개로 크기가 모두 같습니다.
④ 정육면체는 직육면체라고 할 수 있습니다.
⑤ 직육면체는 정육면체라고 할 수 있습니다.

10

직육면체와 정육면체의 공통점이 아닌 것을 찾아 ○ 표 하세요.

면의 수	꼭짓점의 수	모서리의 길이
( )	( )	( )

11

오른쪽 직육면체의 겨냥도에서 보이지 않는 모서리의 길이의 합은 몇 cm일까요?

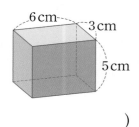

( )

12

직육면체에서 면 ㄹㅇㅅㄷ과 평행한 면의 둘레는 몇 cm일까요?

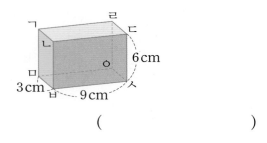

( )

13 서술형

직육면체의 전개도에서 선분 ㅁㅂ의 길이는 몇 cm인지 해결 과정을 쓰고, 답을 구하세요.

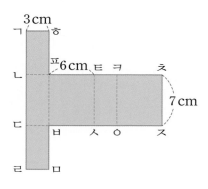

_____

_____

_____

( )

14

직육면체의 겨냥도에서 보이는 모서리의 수와 보이지 않는 꼭짓점의 수의 차는 몇 개일까요?

( )

15

전개도를 접어서 직육면체를 만들었을 때 면 가와 수직이면서 면 다와 수직인 면을 모두 찾아 쓰세요.

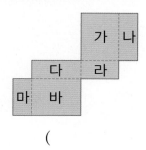

(   )

16

그림과 같은 직육면체 모양의 나무토막을 잘라 정육면체 모양을 만들려고 합니다. 만들 수 있는 가장 큰 정육면체의 모서리의 길이를 모두 더하면 몇 cm일까요?

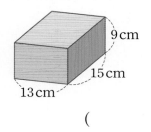

(   )

17 서술형

정육면체의 전개도를 접었을 때 마주 보는 면에 적힌 두 수의 합은 모두 같습니다. 색칠한 면에 적힌 수는 얼마인지 해결 과정을 쓰고, 답을 구하세요.

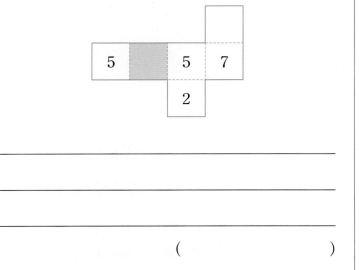

_____

_____

_____

(   )

18 서술형

오른쪽 직육면체의 모든 모서리의 길이의 합은 72 cm입니다. □ 안에 알맞은 수는 얼마인지 해결 과정을 쓰고, 답을 구하세요.

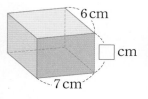

_____

_____

_____

(   )

19

정육면체의 전개도에 왼쪽과 같이 선을 그었습니다. 이 전개도를 접어서 정육면체를 만들었을 때 정육면체에 나타나는 선을 바르게 그리세요. (단, 보이지 않는 선은 점선으로 그리세요.)

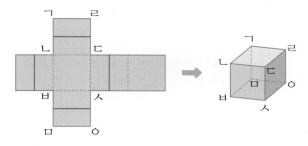

20

직육면체의 전개도에서 색칠한 면의 넓이가 $60 \, cm^2$일 때, 선분 ㄱㅈ의 길이는 몇 cm인지 구하세요.

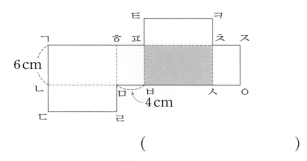

(   )

평가 주제	직육면체, 정육면체
평가 목표	직육면체와 정육면체의 의미와 구성 요소를 알 수 있습니다.

[1-2] 그림을 보고 물음에 답하세요.

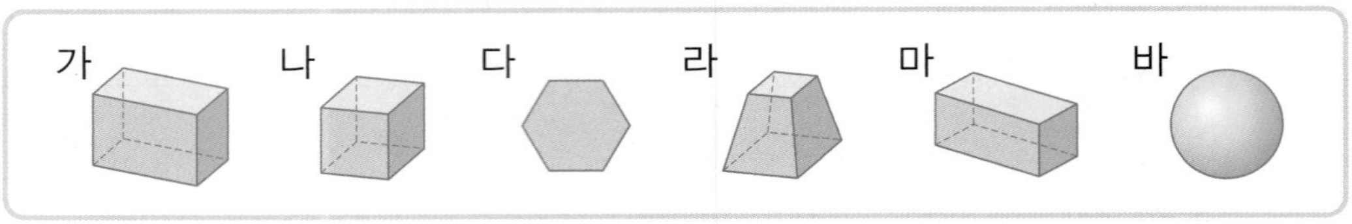

가   나   다   라   마   바

1 직육면체를 모두 찾아 기호를 쓰세요.

(   )

2 정육면체를 찾아 기호를 쓰세요.

(   )

3 직육면체의 각 부분의 이름을 ☐ 안에 써넣으세요.

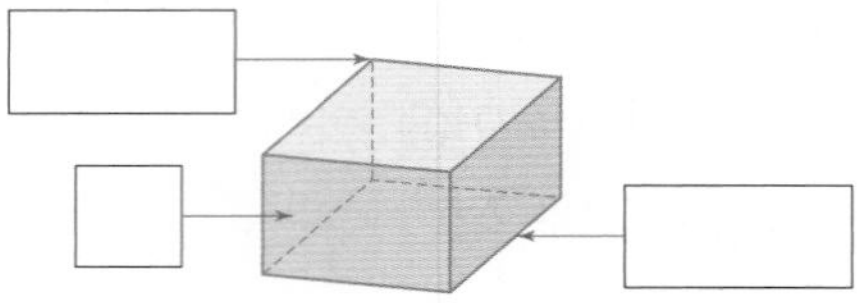

4 바르게 설명했으면 ○표, 잘못 설명했으면 ×표 하세요.

(1) 직육면체에서 모서리와 모서리가 만나는 점을 면이라고 합니다.   (   )

(2) 정육면체의 면의 모양은 모두 정사각형입니다.   (   )

(3) 직육면체는 꼭짓점의 수가 면의 수보다 많습니다.   (   )

5 한 모서리의 길이가 5 cm인 정육면체의 모든 모서리의 길이의 합은 몇 cm일까요?

(   )

평가 주제	직육면체의 성질
평가 목표	직육면체의 성질을 이용하여 서로 평행한 면과 수직인 면을 찾을 수 있습니다.

5
단원

1 보기 에서 알맞은 말을 골라 ☐ 안에 써넣으세요.

 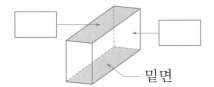

보기

밑면

옆면

밑면

2 정육면체에서 색칠한 면과 평행한 면을 찾아 색칠하세요.

(1)   (2)

3 직육면체에서 색칠한 면과 수직인 면은 모두 몇 개일까요?

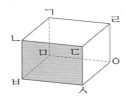

(   )

4 직육면체에서 색칠한 두 면의 관계가 다른 하나를 찾아 기호를 쓰세요.

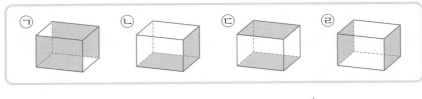

(   )

5 주사위의 마주 보는 면의 눈의 수의 합은 7입니다. 눈의 수가 3인 면과 수직인 면의
눈의 수를 모두 쓰세요.

(   )

평가 주제	직육면체의 겨냥도
평가 목표	직육면체의 겨냥도의 의미를 알고 겨냥도를 그릴 수 있습니다.

1 직육면체의 겨냥도를 바르게 그린 것을 찾아 기호를 쓰세요.

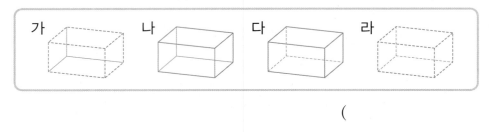

(   )

2 직육면체의 겨냥도를 보고 빈칸에 알맞은 수를 써넣으세요.

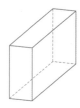

보이지 않는 면의 수(개)	
보이지 않는 꼭짓점의 수(개)	
보이지 않는 모서리의 수(개)	

3 직육면체의 겨냥도를 완성하세요.

(1)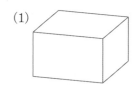

(2)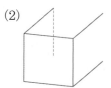

4 직육면체의 겨냥도에서 보이는 모서리의 길이의 합은 몇 cm일까요?

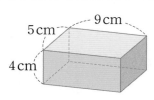

5 cm   9 cm   4 cm

(   )

평가 주제	직육면체의 전개도
평가 목표	정육면체와 직육면체의 전개도를 찾고 다양한 방법으로 그릴 수 있습니다.

5
단원

1 ☐ 안에 알맞은 말을 써넣으세요.

> 직육면체의 모서리를 잘라서 펼친 그림을 직육면체의 ☐ 라고 합니다.

2 직육면체의 전개도가 될 수 없는 것을 찾아 기호를 쓰세요.

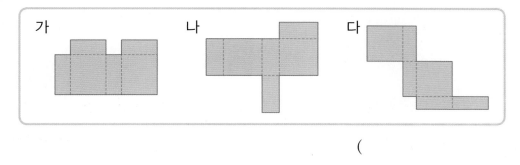

(   )

[3-4] 전개도를 접어서 정육면체를 만들었습니다. 물음에 답하세요.

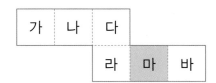

3 색칠한 면과 평행한 면을 찾아 쓰세요.

(   )

4 색칠한 면과 수직인 면을 모두 찾아 쓰세요.

(   )

5 직육면체의 전개도를 그린 것입니다. ☐ 안에 알맞은 수를 써넣으세요.

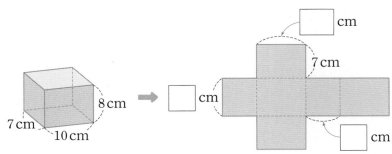

[1-2] 지원이네 모둠의 50 m 달리기 기록을 나타낸 표입니다. 물음에 답하세요.

지원이네 모둠의 50 m 달리기 기록

이름	지원	예성	시영	동휘
기록(초)	11	8	12	9

1

지원이네 모둠의 50 m 달리기 기록의 합은 몇 초인지 □ 안에 알맞은 수를 써넣으세요.

$$\boxed{}+\boxed{}+\boxed{}+\boxed{}=\boxed{}\,(초)$$

2

지원이네 모둠의 50 m 달리기 기록의 평균은 몇 초인지 □ 안에 알맞은 수를 써넣으세요.

$$(평균)=\boxed{}÷\boxed{}=\boxed{}\,(초)$$

3

일이 일어날 가능성을 찾아 이으세요.

동전을 던지면 숫자 면이 나올 것입니다.	3과 2를 곱하면 9가 될 것입니다.	내일 해가 서쪽으로 질 것입니다.

불가능하다	반반이다	확실하다

4

일이 일어날 가능성을 수로 표현하세요.

불가능하다   반반이다   확실하다

[5-6] 시경이네 모둠 학생 6명이 받은 칭찬 도장 수를 나타낸 표입니다. 물음에 답하세요.

시경이네 모둠이 받은 칭찬 도장 수

이름	시경	윤정	지훈
칭찬 도장 수(개)	16	22	30
이름	혜림	진우	보라
칭찬 도장 수(개)	26	18	20

5

시경이네 모둠이 받은 칭찬 도장은 모두 몇 개일까요?

(   )

6

시경이네 모둠이 받은 칭찬 도장 수의 평균은 몇 개일까요?

(   )

7

1부터 6까지의 눈이 그려진 주사위를 한 번 던질 때 나오는 눈의 수가 6보다 클 가능성을 말로 표현하세요.

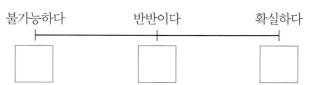

(   )

8

농장에서 20일 동안 배를 하루에 평균 90개 땄습니다. 농장에서 20일 동안 딴 배는 모두 몇 개일까요?

(   )

9

회전판을 돌릴 때 화살이 노란색에 멈출 가능성이 더 높은 것을 찾아 기호를 쓰세요.

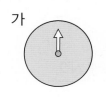 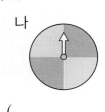

가　　　　　나

(　　　　　　　　　)

10

연주의 국어, 사회, 과학 점수의 합은 250점이고, 수학 점수는 90점입니다. 연주의 국어, 사회, 과학, 수학 네 과목 점수의 평균은 몇 점일까요?

(　　　　　　　　　)

11

구슬 8개가 들어 있는 상자에서 1개 이상의 구슬을 꺼냈습니다. 꺼낸 구슬의 개수가 홀수일 가능성을 수로 표현하세요.

(　　　　　　　　　)

[12-13] 주은이네 학교 5학년 반별 학생 수를 나타낸 표입니다. 반별 학생 수의 평균이 31명일 때 물음에 답하세요.

반별 학생 수

반	1반	2반	3반	4반	5반
학생 수(명)	28	31		34	30

12

5학년 3반 학생은 몇 명일까요?

(　　　　　　　　　)

13

5학년 중에서 학생 수가 가장 많은 반은 몇 반일까요?

(　　　　　　　　　)

14 서술형

일이 일어날 가능성이 낮은 것부터 차례대로 기호를 쓰려고 합니다. 해결 과정을 쓰고, 답을 구하세요.

㉠ 은행에서 뽑은 대기표의 번호가 짝수일 것입니다.
㉡ 지금이 오후 2시이면 1시간 후에는 오후 4시가 될 것입니다.
㉢ 공깃돌 100개 중 3개가 빨간색일 때, 공깃돌 1개를 꺼내면 빨간색일 것입니다.

_____

_____

_____

(　　　　　　　　　)

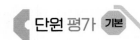

[15-16] 재경이네 모둠의 키를 나타낸 표입니다. 재경이네 모둠의 키의 평균이 146 cm일 때, 물음에 답하세요.

재경이네 모둠의 키

이름	재경	수진	가람	은수
키(cm)	149		142	146

15

재경이네 모둠 중에서 키가 가장 작은 사람은 누구일까요?

( )

16 서술형

재경이네 모둠으로 전학생 1명이 와서 재경이네 모둠의 키의 평균이 1 cm 늘었다면 전학생의 키는 몇 cm인지 해결 과정을 쓰고, 답을 구하세요.

_____

_____

( )

17

1부터 6까지의 눈이 그려진 주사위를 한 번 던질 때 나오는 눈의 수가 홀수일 가능성과 회전판을 돌릴 때 화살이 파란색에 멈출 가능성이 같도록 회전판을 색칠하세요. (단, 빨간색과 파란색으로 회전판을 색칠하세요.)

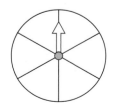

18

태현이는 3일 동안 하루 평균 50분씩 공부를 하기로 했습니다. 공부 시간을 나타낸 표를 보고, 내일 오후 5시 20분에 공부를 시작한다면 오후 몇 시 몇 분에 끝내야 하는지 구하세요.

태현이의 공부 시간

일	어제	오늘	내일
공부 시간(분)	55	45	

( )

19 서술형

재아와 한나의 훌라후프 기록을 나타낸 표입니다. 두 사람의 훌라후프 기록의 평균이 같을 때, 한나는 3회에 훌라후프를 몇 번 돌렸는지 해결 과정을 쓰고, 답을 구하세요.

재아의 훌라후프 기록

회	1회	2회	3회
기록(번)	23	31	27

한나의 훌라후프 기록

회	1회	2회	3회	4회
기록(번)	26	27		24

_____

_____

( )

20

수아네 모둠 남학생 5명의 몸무게의 평균은 45.5 kg이고, 여학생 3명의 몸무게의 평균은 41.5 kg입니다. 수아네 모둠 8명의 몸무게의 평균은 몇 kg인지 구하세요.

( )

1

규현이네 아파트의 동별 자전거 수를 나타낸 표입니다. 동별 자전거 수의 평균을 구하세요.

규현이네 아파트의 동별 자전거 수

동	가	나	다	라
자전거 수(대)	18	20	15	7

$$(평균) = (18 + \boxed{} + \boxed{} + \boxed{}) \div \boxed{}$$

$$= \boxed{} \div \boxed{} = \boxed{} (대)$$

2

내년에 5월 32일이 있을 가능성으로 알맞은 말은 어느 것일까요? ( )

① 확실하다   ② 불가능하다
③ ~일 것 같다   ④ ~아닐 것 같다
⑤ 반반이다

3

5장의 카드 중에서 한 장을 뽑을 때 ♥ 가 나올 가능성을 말로 표현하세요.

(   )

[4-6] 동민이네 농장에서 6일 동안 닭이 낳은 달걀 수를 나타낸 표입니다. 물음에 답하세요.

동민이네 농장에서 닭이 낳은 달걀 수

요일	월	화	수	목	금	토
달걀 수(개)	46	34	56	23	60	51

4

6일 동안 닭이 낳은 달걀은 모두 몇 개일까요?

(   )

5

6일 동안 닭이 낳은 달걀 수의 평균은 몇 개일까요?

(   )

6

6일 동안 닭이 낳은 달걀 수의 평균과 달걀을 가장 적게 낳은 날의 달걀 수의 차는 몇 개일까요?

(   )

7

회전판을 돌릴 때 화살이 파란색에 멈출 가능성을 수직선에 ↓로 나타내세요.

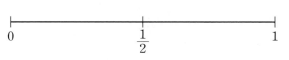

8

빨간색 공깃돌만 7개 들어 있는 주머니에서 공깃돌 1개를 꺼냈습니다. 꺼낸 공깃돌이 빨간색이 아닐 가능성을 수로 표현하세요.

( )

9

회전판을 돌릴 때 화살이 2의 배수에 멈출 가능성을 수로 표현하세요.

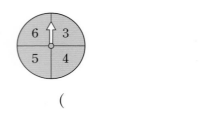

( )

10

과학관에 5일 동안 다녀간 방문자 수를 나타낸 표입니다. 지난 5일 동안 방문자 수의 평균보다 방문자가 많았던 요일을 모두 쓰세요.

요일별 방문자 수

요일	월	화	수	목	금
방문자 수(명)	50	65	48	53	69

( )

11

은지와 지혜의 공 던지기 기록을 나타낸 표입니다. 누구의 공 던지기 기록의 평균이 몇 m 더 긴지 구하세요.

공 던지기 기록
(단위: m)

이름＼회	1회	2회	3회	4회	5회
은지	28	33	10	22	17
지혜	20	35	23	10	12

( ), ( )

12

일이 일어날 가능성이 가장 낮은 것은 어느 것일까요?

( )

① 3과 5를 곱하면 15가 될 것입니다.
② 수요일의 다음 날은 화요일이 될 것입니다.
③ 바닷가 모래사장에서 단추를 찾을 것입니다.
④ 6달 후에 태어날 연두의 동생은 남동생일 것입니다.
⑤ 주사위를 3번 던질 때 주사위 눈의 수가 모두 1 이상 5 이하로 나올 것입니다.

13

조건 을 모두 만족하도록 회전판을 색칠하세요.

조건
• 화살이 초록색에 멈출 가능성이 가장 낮습니다.
• 화살이 파란색에 멈출 가능성은 노란색에 멈출 가능성의 3배입니다.

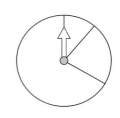

14 서술형

재희네 모둠이 하루 동안 마신 우유의 양을 나타낸 표입니다. 재희네 모둠이 우유를 하루 평균 250 mL 마셨다면 민서가 마신 우유의 양은 몇 mL인지 해결 과정을 쓰고, 답을 구하세요.

재희네 모둠이 마신 우유의 양

이름	재희	예준	민서	하은	지우
우유의 양 (mL)	300	270		250	230

( )

15 서술형

혜리네 학교와 진우네 학교 운동장의 넓이와 각 학교의 학생 수를 나타낸 표입니다. 학생 한 명당 운동장 넓이가 더 넓은 곳은 누구네 학교인지 해결 과정을 쓰고, 답을 구하세요.

운동장의 넓이와 학생 수

학교	혜리네 학교	진우네 학교
운동장의 넓이(m^2)	4140	4240
학생 수(명)	460	530

_____

_____

_____

(　　　　　　　　　　　)

16

경호와 우림이가 주사위 놀이를 하고 있습니다. 1부터 6까지의 눈이 그려진 주사위를 한 번 던질 때 일이 일어날 가능성이 큰 것부터 차례대로 기호를 쓰세요.

> ㉠ 주사위 눈의 수가 5의 배수일 가능성
> ㉡ 주사위 눈의 수가 4 이상 6 이하일 가능성
> ㉢ 주사위 눈의 수가 6의 약수일 가능성

(　　　　　　　　　　　)

17

어느 해 지역별 6월 강수량을 나타낸 표입니다. 평균 강수량이 145 mm이고, 나 지역과 라 지역의 강수량이 같습니다. 나 지역의 강수량은 몇 mm일까요?

지역별 6월 강수량

지역	가	나	다	라	마
강수량(mm)	184		149		132

(　　　　　　　　　　　)

18

유미네 반 남학생과 여학생이 한 학기 동안 읽은 책 수의 평균입니다. 유미네 반 학생이 한 학기 동안 읽은 책 수의 평균은 몇 권일까요?

남학생 15명	10권
여학생 10명	15권

(　　　　　　　　　　　)

19 서술형

수지의 어제까지 4일 동안 하루 평균 줄넘기 기록은 40번입니다. 오늘도 줄넘기를 하여 5일 동안 하루 평균 줄넘기 기록이 41번이 되었습니다. 오늘 줄넘기 기록은 몇 번인지 해결 과정을 쓰고, 답을 구하세요.

_____

_____

_____

(　　　　　　　　　　　)

20

지혜의 멀리뛰기 기록을 나타낸 표입니다. 1회부터 5회까지 뛴 멀리뛰기 기록의 평균보다 전체 평균을 3 cm 이상 늘리려면 지혜는 6회에 적어도 몇 cm를 뛰어야 할까요?

지혜의 멀리뛰기 기록

회	1회	2회	3회	4회	5회
기록(cm)	140	152	165	150	143

(　　　　　　　　　　　)

평가 주제	평균 구하기
평가 목표	평균의 의미를 알고 여러 가지 방법으로 평균을 구할 수 있습니다.

1 승호네 모둠이 미술 시간에 사용한 수수깡의 수를 나타낸 표입니다. 승호네 모둠이 사용한 수수깡 수의 평균을 구하세요.

승호네 모둠이 사용한 수수깡 수

이름	승호	민규	리안	수지
수수깡 수(개)	29	32	31	28

(평균)=(29+32+□+□)÷□=□÷□=□(개)

[2-3] 지은이네 모둠과 남준이네 모둠의 오래 매달리기 기록을 나타낸 표입니다. 물음에 답하세요.

지은이네 모둠의 오래 매달리기 기록

이름	지은	태영	서아	형준
기록(초)	14	12	11	15

남준이네 모둠의 오래 매달리기 기록

이름	남준	태미	승수	예림	민국
기록(초)	13	20	16	11	15

2 지은이네 모둠과 남준이네 모둠의 오래 매달리기 기록의 평균은 각각 몇 초일까요?

지은이네 모둠 (   ), 남준이네 모둠 (   )

3 어느 모둠이 오래 매달리기를 더 잘했다고 할 수 있나요?

(   )

4 가와 나 초등학교의 학급 수와 학생 수를 나타낸 표입니다. 학급별 학생 수의 평균이 더 적은 초등학교를 쓰세요.

학급 수와 학생 수

초등학교	가	나
학급 수(반)	13	15
학생 수의 합(명)	299	315

(   )

평가 주제	평균 이용하기
평가 목표	평균을 이용하여 문제를 해결할 수 있습니다.

[1-2] 1분 동안 효재의 맥박 수를 측정하여 나타낸 표입니다. 평균 맥박 수가 80회일 때, 3회 맥박 수는 몇 회인지 구하려고 합니다. 물음에 답하세요.

효재의 맥박 수

회	1회	2회	3회	4회
맥박 수(회)	76	80		82

1 1회부터 4회까지 맥박 수의 합은 몇 회일까요?

(   )

2 3회 맥박 수는 몇 회일까요?

(   )

[3-4] 진수와 은주의 윗몸 말아 올리기 기록을 나타낸 표입니다. 두 사람의 기록의 평균이 같을 때, 은주의 윗몸 말아 올리기 2회 기록은 몇 회인지 구하려고 합니다. 물음에 답하세요.

진수의 윗몸 말아 올리기 기록

회	기록(회)
1회	38
2회	40
3회	29
4회	37

은주의 윗몸 말아 올리기 기록

회	기록(회)
1회	28
2회	
3회	43

3 진수의 윗몸 말아 올리기 기록의 평균은 몇 회일까요?

(   )

4 은주의 윗몸 말아 올리기 2회 기록은 몇 회일까요?

(   )

5 윤주의 수학 점수입니다. 수학 점수의 평균이 85점 이상이려면 마지막 수학 점수는 몇 점 이상이어야 할까요?

90점	75점	85점	☐점

(   )

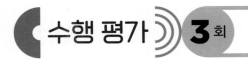
평가 주제	일이 일어날 가능성을 말로 표현하기
평가 목표	일이 일어날 가능성을 '불가능하다', '~아닐 것 같다', '반반이다', '~일 것 같다', '확실하다' 등으로 표현할 수 있습니다.

[1-3] 일이 일어날 가능성을 생각해 보고, 알맞게 표현한 말에 ○표 하세요.

1
> 3과 5를 곱하면 14가 될 것입니다.

(불가능하다 , ~아닐 것 같다 , 반반이다 , ~일 것 같다 , 확실하다)

2
> 동전 4개를 동시에 던지면 4개 모두 그림 면이 나올 것입니다.

(불가능하다 , ~아닐 것 같다 , 반반이다 , ~일 것 같다 , 확실하다)

3
> 1부터 6까지의 눈이 그려진 주사위를 한 번 던질 때 4 이하인 눈이 나올 것입니다.

(불가능하다 , ~아닐 것 같다 , 반반이다 , ~일 것 같다 , 확실하다)

4 희영이와 진호가 수 카드를 4장씩 가지고 있습니다. 수 카드 4장 중 1장을 뽑았을 때, 뽑은 카드의 수가 짝수일 가능성이 '확실하다'인 사람은 누구일까요?

희영 [2] [8] [6] [4]   진호 [1] [3] [6] [7]

(   )

5 일이 일어날 가능성이 높은 것부터 차례대로 기호를 쓰세요.

> ㉠ 오늘이 월요일일 때 내일이 수요일일 가능성
> ㉡ 367명의 학생 중에서 생일이 같은 학생이 있을 가능성
> ㉢ 흰색 바둑돌 2개, 검은색 바둑돌 2개가 들어 있는 상자에서 바둑돌 1개를 꺼낼 때 흰색 바둑돌이 나올 가능성

(   )

평가 주제	일이 일어날 가능성을 수로 표현하기
평가 목표	일이 일어날 가능성을 0, $\frac{1}{2}$, 1 등으로 표현할 수 있습니다.

1 회전판을 돌릴 때 화살이 파란색에 멈출 가능성을 표현하려고 합니다. 일이 일어날 가능성이 '불가능하다'이면 0, '반반이다'이면 $\frac{1}{2}$, '확실하다'이면 1로 나타내세요.

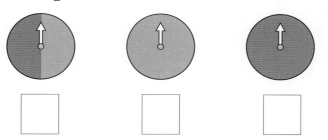

2 일이 일어날 가능성을 수직선에 ↓로 나타내세요.

(1) 한 명의 아이가 태어났을 때 여자 아이일 가능성

(2) 살아 있는 용이 우리집에 놀러 올 가능성

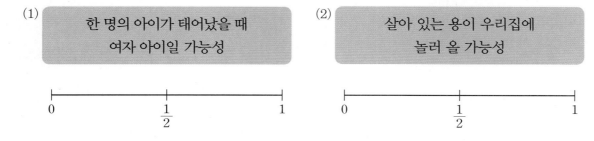

3 일이 일어날 가능성을 수로 표현하면 1이 되는 것을 찾아 기호를 쓰세요.

　　㉠ ○, × 문제에서 ×라고 답했을 때 정답일 가능성
　　㉡ 포도 맛 젤리가 5개 들어 있는 상자에서 젤리 1개를 꺼낼 때
　　　 포도 맛 젤리일 가능성

(　　　　　　　　　　)

4 당첨 제비만 3개 들어 있는 제비뽑기 상자에서 제비 1개를 뽑았습니다. 뽑은 제비가 당첨 제비가 아닐 가능성을 수로 표현하세요.

(　　　　　　　　　　)

1

42 미만인 수에 모두 ○표 하세요.

| 40 | 42 | 37 | 45 | 49 |

2

상진이네 모둠 학생들의 키를 조사하여 나타낸 표입니다. 다음 중 4명의 키를 모두 포함하는 키의 범위는 어느 것일까요? (   )

상진이네 모둠 학생들의 키

이름	키(cm)	이름	키(cm)
상진	146.2	소연	138
은하	135.7	도현	140.5

① 146.2 cm 이상
② 135 cm 초과 146.2 cm 이하
③ 135.7 cm 이상 146.2 cm 미만
④ 135 cm 이상 140.5 cm 이하
⑤ 135.7 cm 미만

3

주어진 수를 버림, 반올림하여 백의 자리까지 나타내세요.

수	버림	반올림
3167		

4

학생 58명에게 장미를 한 송이씩 나누어 주려고 합니다. 꽃집에서 장미를 10송이씩 묶음으로만 팔 때 장미를 적어도 몇 묶음 사야 하는지 구하세요.

(   )

5

□ 안에 알맞은 수를 써넣으세요.

$$1\frac{5}{9} \times 3\frac{3}{7} = \frac{\boxed{}}{9} \times \frac{\boxed{}}{7}$$

$$= \frac{\boxed{}}{3} = \boxed{}\frac{\boxed{}}{3}$$

6

계산 결과를 비교하여 ○ 안에 >, =, <를 알맞게 써넣으세요.

$$\frac{1}{2} \times \frac{1}{8} \bigcirc \frac{1}{5} \times \frac{1}{3}$$

7

재우네 집에 귤이 190개 있었습니다. 어제 전체의 $\frac{3}{5}$ 을 먹었고, 오늘은 어제 먹고 남은 귤의 $\frac{1}{4}$ 을 먹었습니다. 어제와 오늘 먹고 남은 귤은 몇 개일까요?

(   )

8

선대칭도형이 <u>아닌</u> 것은 어느 것일까요? (   )

①   ②   ③

④   ⑤

9

점 ㅇ을 대칭의 중심으로 하는 점대칭도형입니다. 변 ㄱㅂ의 대응변을 쓰세요.

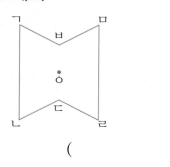

(   )

10 서술형

두 사각형은 서로 합동입니다. 사각형 ㄱㄴㄷㄹ의 둘레가 31 cm일 때, 변 ㅁㅂ은 몇 cm인지 해결 과정을 쓰고, 답을 구하세요.

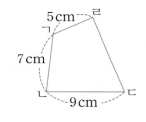   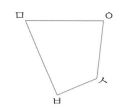

_____

_____

_____

(   )

11

빈 곳에 알맞은 수를 써넣으세요.

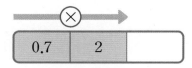

12

계산 결과를 찾아 이으세요.

| 9×4.12 · | | · 370.8 |
| 61.8×6 · | | · 37.08 |

13

보기 를 이용하여 식을 완성하려고 합니다. □ 안에 알맞은 수를 써넣으세요.

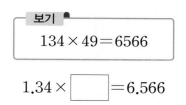

보기
$$134 \times 49 = 6566$$

$$1.34 \times \boxed{} = 6.566$$

14

다음과 같은 직사각형 모양 텃밭의 가로를 1.5배, 세로를 2배로 늘려 새로운 텃밭을 만들려고 합니다. 새로운 텃밭의 넓이는 몇 m^2일까요?

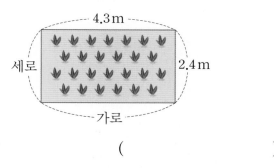

(   )

15

전개도를 접어서 정육면체를 만들었을 때, 색칠한 면과 평행한 면을 찾아 쓰세요.

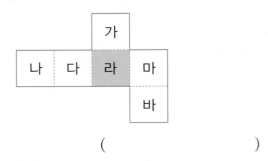

(   )

16 서술형

직육면체의 성질에 대해 잘못 설명한 것을 찾아 기호를 쓰고, 잘못 설명한 부분을 바르게 고치세요.

> ㉠ 서로 평행한 면은 모두 3쌍입니다.
> ㉡ 서로 마주 보고 있는 면은 평행합니다.
> ㉢ 한 면과 수직인 면은 모두 4개입니다.
> ㉣ 한 꼭짓점에서 만나는 면은 모두 4개입니다.

기호
_____

바르게 고치기
_____

17

직육면체의 모든 모서리의 길이의 합은 몇 cm일까요?

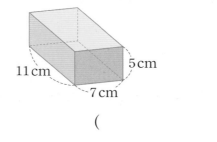

11 cm   5 cm
7 cm

(   )

18

하연이네 모둠의 제기차기 기록을 나타낸 표입니다. 제기차기 기록의 평균은 몇 개일까요?

하연이네 모둠의 제기차기 기록

이름	하연	동원	은지	지원	현수
기록(개)	17	15	14	16	18

(   )

19

봉지 속에 딸기 맛 사탕이 4개, 포도 맛 사탕이 4개 들어 있습니다. 사탕을 1개 꺼냈을 때, 꺼낸 사탕이 딸기 맛일 가능성을 말과 수로 표현하세요.

말 (   )
수 (   )

20 서술형

정훈이가 3월부터 6월까지 도서관에서 대출한 책 수를 나타낸 표입니다. 도서 대출 책 수의 평균이 6권일 때, 책을 가장 많이 대출한 달은 몇 월인지 해결 과정을 쓰고, 답을 구하세요.

정훈이의 도서 대출 책 수

월	3월	4월	5월	6월
도서 대출 책 수(권)	4	5	8	

_____

_____

_____

(   )

초등 고학년을 위한 중학교 **필수 영역 초고필**

국어

비문학 독해 1·2 / 문학 독해 1·2 / 국어 어휘 / 국어 문법

수학

유리수의 사칙연산 / 방정식 / 도형의 각도

한국사

한국사 1권 / 한국사 2권

초등학교   학년   반   번   이름

평가북

백점

수학 5·2

모바일
빠른 정답

친절한 해설북

- 한눈에 보이는 **정확한 답**
- 한번에 이해되는 **자세한 풀이**

동아출판

차례

백점 수학 빠른 정답

QR코드를 찍으면 **정답과 해설**을
쉽고 빠르게 확인할 수 있습니다.

모바일
빠른 정답

1 수의 범위와 어림하기

6쪽 개념 학습 ❶

1 (1) ⟨33.4 36 37.9 ㉘ ㉚.㈀ ㉚⟩
33.4 36 37.9 ⟨38⟩ ⟨38.1⟩ ⟨39⟩

(2) ⟨13⟩ ⟨14.8⟩ ⟨16⟩ 16.3 17 18.2

(3) ⟨77.4⟩ 50 49.1 ⟨70⟩ 69.8 ⟨83⟩

(4) 60.3 ⟨53⟩ ⟨52.9⟩ 58.1 ⟨40⟩ 54

2 (1) 15   (2) 26   (3) 이상   (4) 이하

1 (1) 38과 같거나 큰 수는 38, 38.1, 39입니다.
(2) 16과 같거나 작은 수는 13, 14.8, 16입니다.

2 (1) 15를 점 ●으로 나타내고 오른쪽으로 선을 그었으므로 15와 같거나 큰 수입니다.
(2) 26을 점 ●으로 나타내고 왼쪽으로 선을 그었으므로 26과 같거나 작은 수입니다.

7쪽 개념 학습 ❷

1 (1) 9.9 11 12.4 13 ⟨13.1⟩ ⟨14⟩

(2) ⟨18⟩ ⟨19.5⟩ 22 22.7 23 25.1

(3) 30 ⟨38.2⟩ 36 ⟨37⟩ 29.6 ⟨40.3⟩

(4) ⟨39⟩ 50 61 ⟨49.8⟩ ⟨47⟩ 52.6

2 (1) 17   (2) 22   (3) 초과   (4) 미만

1 (1) 13보다 큰 수는 13.1, 14입니다.
(2) 22보다 작은 수는 18, 19.5입니다.

2 (1) 17을 점 ○으로 나타내고 오른쪽으로 선을 그었으므로 17보다 큰 수입니다.
(2) 22를 점 ○으로 나타내고 왼쪽으로 선을 그었으므로 22보다 작은 수입니다.

8쪽 개념 학습 ❸

1 (1) 18 ⟨19⟩ ⟨20⟩ ⟨21⟩ ⟨22⟩ 23 24

(2) 46 ⟨47⟩ ⟨48⟩ ⟨49⟩ 50 51 52

(3) 26 27 ⟨28⟩ ⟨29⟩ ⟨30⟩ 31 32

(4) 55 ⟨56⟩ ⟨57⟩ ⟨58⟩ ⟨59⟩ 60 61

2 (1) 이상, 이하   (2) 초과, 미만   (3) 이상, 미만
(4) 초과, 이하

1 (3) 28과 같거나 크고 31보다 작은 수는 28, 29, 30입니다.

중요 28 이상 31 미만인 수에 28은 포함되고 31은 포함되지 않습니다.

(4) 55보다 크고 59와 같거나 작은 수는 56, 57, 58, 59입니다.

중요 55 초과 59 이하인 수에 55는 포함되지 않고 59는 포함됩니다.

9쪽 개념 학습 ❹

1 (1) 200, 3880   (2) 400, 6300   (3) 2000, 5000
2 (1) 630, 2460   (2) 600, 4300   (3) 4000, 9000

1 (1) • 192: 2를 10으로 보고 올림하면 200입니다.
• 3871: 1을 10으로 보고 올림하면 3880입니다.
(2) • 304: 4를 100으로 보고 올림하면 400입니다.
• 6215: 15를 100으로 보고 올림하면 6300입니다.
(3) • 1453: 453을 1000으로 보고 올림하면 2000입니다.
• 4021: 21을 1000으로 보고 올림하면 5000입니다.

2 (1) • 621: 1을 10으로 보고 올림하면 630입니다.
• 2456: 6을 10으로 보고 올림하면 2460입니다.
(2) • 572: 72를 100으로 보고 올림하면 600입니다.
• 4238: 38을 100으로 보고 올림하면 4300입니다.
(3) • 3109: 109를 1000으로 보고 올림하면 4000입니다.
• 8100: 100을 1000으로 보고 올림하면 9000입니다.

10쪽 개념 학습 ❺

1 (1) 380, 2090   (2) 700, 1500   (3) 4000, 7000
2 (1) 820, 7600   (2) 400, 1000   (3) 6000, 8000

1 (1) • 389: 9를 0으로 보고 버림하면 380입니다.
　　 • 2094: 4를 0으로 보고 버림하면 2090입니다.
　(2) • 717: 17을 0으로 보고 버림하면 700입니다.
　　 • 1588: 88을 0으로 보고 버림하면 1500입니다.
　(3) • 4628: 628을 0으로 보고 버림하면 4000입니다.
　　 • 7495: 495를 0으로 보고 버림하면 7000입니다.

2 (1) • 829: 9를 0으로 보고 버림하면 820입니다.
　　 • 7602: 2를 0으로 보고 버림하면 7600입니다.
　(2) • 496: 96을 0으로 보고 버림하면 400입니다.
　　 • 1029: 29를 0으로 보고 버림하면 1000입니다.
　(3) • 6974: 974를 0으로 보고 버림하면 6000입니다.
　　 • 8989: 989를 0으로 보고 버림하면 8000입니다.

11쪽 　개념 학습 ❻

1 (1) 540, 4270　(2) 800, 1500　(3) 2000, 3000
2 (1) 830, 6280　(2) 200, 2300　(3) 5000, 7000

---

1 (1) • 536: 일의 자리 숫자가 6이므로 올림 → 540
　　 • 4273: 일의 자리 숫자가 3이므로 버림 → 4270
　(2) • 782: 십의 자리 숫자가 8이므로 올림 → 800
　　 • 1498: 십의 자리 숫자가 9이므로 올림 → 1500
　(3) • 1597: 백의 자리 숫자가 5이므로 올림 → 2000
　　 • 3019: 백의 자리 숫자가 0이므로 버림 → 3000

2 (1) • 825: 일의 자리 숫자가 5이므로 올림 → 830
　　 • 6281: 일의 자리 숫자가 1이므로 버림 → 6280
　(2) • 167: 십의 자리 숫자가 6이므로 올림 → 200
　　 • 2308: 십의 자리 숫자가 0이므로 버림 → 2300
　(3) • 4900: 백의 자리 숫자가 9이므로 올림 → 5000
　　 • 7304: 백의 자리 숫자가 3이므로 버림 → 7000

12쪽~13쪽 　문제 학습 ❶

1 (1) 하은, 경민　(2) 2명
2 △③ ㉓ △⑲ ㉓ ㉕ △⑯ ㊱
3 35 이하인 수　　**4** 46, 60, 56.2
5 7 8 9 10 11 12 13 14 15
6 ㉡, ㉢
7 (1) 은우, 지후, 민재　(2) 2명
8 태우　　**9** 100

---

10 3명　　　　　　　**11** 60
12 40

1 (1) 읽은 책 수가 5권과 같거나 많은 학생은
　　하은(5권), 경민(6권)입니다.
　(2) 5권 이상은 5권과 같거나 많은 수입니다.

2 • 20 이상인 수: 23, 20, 25, 36
　• 20 이하인 수: 3, 19, 20, 16

3 35를 점 ●으로 나타내고 왼쪽으로 선을 그었으므로 35와 같거나 작은 수입니다.

4 46 이상인 수이므로 46과 같거나 큰 수를 찾습니다.

5 12를 점 ●으로 나타내고 왼쪽으로 선을 긋습니다.

6 만 18세 이상은 만 18세이거나 만 18세보다 많은 나이입니다.

7 (1) 국어 점수가 88점과 같거나 높은 학생은
　　은우(96점), 지후(92점), 민재(88점)입니다.
　(2) 국어 점수가 80점과 같거나 낮은 학생은
　　우진(80점), 현지(76점)로 모두 2명입니다.

8 태우: 58, 59, 60, 61 중에서 60 이상인 수는 60, 61입니다.

　참고 ▲ 이상인 수나 ▲ 이하인 수에는 ▲가 포함됩니다.

9 세 자리 수는 100부터 999까지의 수이고, 100 이하인 수는 100과 같거나 작은 수입니다. 따라서 세 자리 수 중에서 100 이하인 자연수는 100입니다.

10 130 cm와 같거나 큰 학생은 현욱(143.6 cm), 민아(134.6 cm), 주희(130.0 cm)이므로 놀이 기구를 탈 수 있는 학생은 모두 3명입니다.

11 • 25 이상인 자연수는 25, 26, 27, ...입니다.
　　이 중에서 가장 작은 수는 25입니다. → ㉠=25
　• 35 이하인 자연수는 35, 34, 33, ...입니다.
　　이 중에서 가장 큰 수는 35입니다. → ㉡=35
　➡ ㉠+㉡=25+35=60

12 주어진 수는 40과 같거나 작은 수입니다.
　따라서 ♣가 될 수 있는 가장 작은 자연수는 40입니다.

14쪽~15쪽 　문제 학습 ❷

1 (1) 영준, 혜나, 준기　(2) 3명
2 ㉞ △㉙ ㊵ ㉗ 31 △㉚ ㉜ △㉑

3 ㉢   **4** 3개
5 태우
6 (1) 서윤, 민주   (2) 3명
7 가, 다, 마   **8** ㉢
9 10개   **10** 2
11 ㉠, ㉡, ㉤

1 (1) 줄넘기 기록이 120번보다 적은 학생은
영준(102번), 혜나(97번), 준기(117번)입니다.
(2) 120번 미만은 120번보다 적은 수이므로 줄넘기
기록이 120번 미만인 학생은 영준, 혜나, 준기로
모두 3명입니다.

2 • 31 초과인 수는 31보다 큰 수로 34, 40, 32입니다.
• 31 미만인 수는 31보다 작은 수로 29, 27, 30, 21
입니다.

3 60 초과인 수에 60은 포함되지 않으므로 점 ○으로
나타내고 초과이므로 오른쪽으로 선을 그은 것을 찾
으면 ㉢입니다.

4 38 미만인 수이므로 38보다 작은 수를 찾습니다.
➡ 29.6, 37.9, 32로 모두 3개

5 46 이상인 수는 46을 포함하고, 46 초과인 수는 46
을 포함하지 않습니다.
주어진 수직선은 46을 점 ○으로 나타내고 오른쪽으
로 선을 그었으므로 46보다 큰 수인 46 초과인 수를
나타냅니다.

6 (1) 기록이 8.0초보다 빠른 학생은 서윤(7.5초), 민주
(7.8초)입니다.
(2) 기록이 8.0초보다 느린 학생은 하영(8.7초), 건영
(8.5초), 은채(9.1초)로 모두 3명입니다.

7 25 kg보다 무거운 수하물은 가(25.7 kg),
다(27.1 kg), 마(26.3 kg)입니다.

8 ㉠ 22와 같거나 큰 수   ㉡ 20과 같거나 작은 수
㉢ 20보다 큰 수   ㉣ 21보다 작은 수

9 1부터 50까지의 자연수 중 40 초과인 수는 40보다
큰 수이므로 41, 42, 43, 44, 45, 46, 47, 48, 49,
50입니다. ➡ 10개

10 • 지혜: 50 초과인 자연수는 50보다 큰 수이므로 51,
52, 53, …입니다. 따라서 50 초과인 수 중에서 가
장 작은 자연수는 51입니다.

• 수지: 50 미만인 자연수는 50보다 작은 수이므로
49, 48, 47, …입니다. 따라서 50 미만인 수 중에
서 가장 큰 자연수는 49입니다.
➡ 51 − 49 = 2

11 3.3 m = 330 cm이므로 330 cm보다 높이가 낮은
자동차를 찾습니다.
➡ ㉠ 290 cm, ㉡ 300 cm, ㉤ 303 cm

16쪽~17쪽   문제 학습 ❸

1 40, 65, 70
2 16 이상 19 미만인 수
3 ├──┼──┼──┼──┼──┼──┼──┼──┤
   24 25 26 27 28 29 30 31 32
4 페더급   **5** 2개
6 ├──┼──┼──┼──┼──┼──┼──┼──┼──┼──┤ / 9개
  20 21 22 23 24 25 26 27 28 29 30
7 바 / 나, 다 / 가, 라 / 마
8 ㉠, ㉣   **9** 81
10 만 6세 이상 만 65세 미만
11 2명   **12** 4개

1 40과 같거나 크고 70과 같거나 작은 수는 40, 65,
70입니다.

2 16을 점 ●으로 나타내고, 19를 점 ○으로 나타낸 뒤
두 수 사이에 선을 그었으므로 16과 같거나 크고 19
보다 작은 수입니다.

3 26은 포함되지 않고 30은 포함되므로 26을 점 ○으
로 나타내고, 30을 점 ●으로 나타낸 뒤 두 수 사이
에 선을 긋습니다.

4 39 kg은 36 kg 초과 39 kg 이하에 포함되므로 페
더급에 속합니다.

5 37과 같거나 크고 42보다 작은 수는 38.2, 37로 모
두 2개입니다.

6 21과 같거나 크고 30보다 작은 자연수는 21, 22,
23, 24, 25, 26, 27, 28, 29로 모두 9개입니다.

7 • 15 ℃ 이하 ➡ 바(15 ℃)
• 15 ℃ 초과 20 ℃ 이하 ➡ 나(17.6 ℃), 다(20 ℃)
• 20 ℃ 초과 25 ℃ 이하 ➡ 가(21.3 ℃), 라(23.8 ℃)
• 25 ℃ 초과 ➡ 마(26 ℃)

8 ㉠ 67과 같거나 크고 72와 같거나 작은 수
㉡ 67보다 크고 70과 같거나 작은 수
㉢ 56과 같거나 크고 67보다 작은 수
㉣ 65보다 크고 68보다 작은 수

9 30 초과 50 이하인 자연수는 31부터 50까지의 수입니다.
이 중 가장 큰 수는 50이고, 가장 작은 수는 31이므로 합은 50+31=81입니다.

10 만 6세부터 만 65세가 되기 전까지의 사람은 요금을 내야 합니다.
요금을 내야 하는 사람의 나이에 만 6세는 포함되고, 만 65세는 포함되지 않아야 하므로 만 6세 이상 만 65세 미만입니다.

11 은상을 받으려면 90점 이상 95점 미만이어야 합니다.
90점과 같거나 높고 95점보다 낮은 점수인 학생은 영우(90점), 효준(92점)으로 모두 2명입니다.

12 • 자연수 부분이 될 수 있는 수는 4 이상 6 미만인 수이므로 4, 5입니다.
• 소수 첫째 자리 수가 될 수 있는 수는 2 초과 4 이하이므로 3, 4입니다.
➡ 만들 수 있는 소수 한 자리 수는 4.3, 4.4, 5.3, 5.4로 모두 4개입니다.

18쪽~19쪽	문제 학습 ❹

1 (1) 320, 400　(2) 1700, 2000
2 (1) 4.1　(2) 2.4　(3) 7.6
3 <　　**4** 지혜
5 ③　　**6** 164 / 149 / 121
7 ㉢　　**8** 251
9 10개　　**10** 5000원
11 7204　　**12** 33번
13 7대

---

1 (1) • 십의 자리: 31<u>8</u>(8을 10으로) → 320
　　• 백의 자리: 3<u>18</u>(18을 100으로) → 400
(2) • 백의 자리: 16<u>52</u>(52를 100으로) → 1700
　　• 천의 자리: 1<u>652</u>(652를 1000으로) → 2000

2 (1) 소수 첫째 자리 아래 수인 0.027을 0.1로 보고 올림하면 4.1입니다.
(2) 소수 첫째 자리 아래 수인 0.041을 0.1로 보고 올림하면 2.4입니다.

---

(3) 소수 첫째 자리 아래 수인 0.001을 0.1로 보고 올림하면 7.6입니다.

3 651을 올림하여 십의 자리까지 나타내면 660이고, 615를 올림하여 백의 자리까지 나타내면 700입니다.

4 지혜: 3612 → 4000　　　태우: 4100 → 5000
　　　　　↓　　　　　　　　　　　↓
　　　　1000　　　　　　　　　1000
수민: 2974 → 3000
　　　　　↓
　　　　1000

5 • ①, ②, ④, ⑤ 올림하여 백의 자리까지 나타내면 6400입니다.
• ③ 6300의 백의 자리 아래 수가 0이므로 그대로 6300입니다.

6 • 163.2 → 164　　• 148.5 → 149　　• 120.3 → 121
　　　↓　　　　　　　　↓　　　　　　　↓
　　　1　　　　　　　　1　　　　　　　1

7 ㉠ 346<u>1</u> → 3470　　㉡ 347<u>0</u> → 3470
㉢ 346<u>0</u> → 3460　　㉣ 346<u>8</u> → 3470

8 올림하여 십의 자리까지 나타내면 260이 되는 자연수는 251부터 260까지의 수이므로 이 중 가장 작은 수는 251입니다.

9 올림하여 십의 자리까지 나타내면 30이 되는 자연수는 21부터 30까지의 수이므로 모두 10개입니다.

10 4250원을 1000원짜리로만 사야 하므로 4250원을 올림하여 천의 자리까지 나타내면 5000원입니다.
따라서 적어도 5000원을 내야 합니다.

11 준서의 휴대 전화 비밀번호는 □□04입니다.
올림하여 백의 자리까지 나타내면 7300이므로
□□04 → 7300입니다.
　　↓
　100
따라서 준서의 휴대 전화 비밀번호는 7204입니다.

12 324명을 올림하여 십의 자리까지 나타내면 330명이므로 적어도 33번에 나누어 타야 모두 탈 수 있습니다.

13 632상자를 올림하여 백의 자리까지 나타내면 700상자이므로 트럭은 적어도 7대 필요합니다.

20쪽~21쪽	문제 학습 ❺

1 (1) 520, 500　(2) 3500, 3000
2 (1) 1.7　(2) 3.9　(3) 6.2

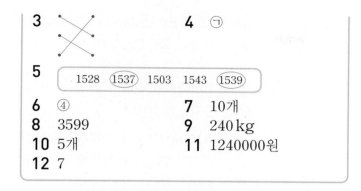

3

4 ㉠

5 1528 ⟨1537⟩ 1503 1543 ⟨1539⟩

6 ④　　　　　　　**7** 10개
8 3599　　　　　　**9** 240 kg
10 5개　　　　　　　**11** 1240000원
12 7

1 단원

1 ⑴ • 십의 자리: 527(7을 0으로) → 520
　　• 백의 자리: 527(27을 0으로) → 500
　⑵ • 백의 자리: 3513(13을 0으로) → 3500
　　• 천의 자리: 3513(513을 0으로) → 3000

2 ⑴ 소수 첫째 자리 아래 수인 0.065를 0으로 보고 버림하면 1.7입니다.
　⑵ 소수 첫째 자리 아래 수인 0.098을 0으로 보고 버림하면 3.9입니다.
　⑶ 소수 첫째 자리 아래 수인 0.049를 0으로 보고 버림하면 6.2입니다.

3 1085 → 1000　　1203 → 1200　　1191 → 1100

4 ㉠ 4096 → 4090
　㉡ 4098 → 4000 ⟹ 4090 > 4000

5 1528 → 1520　　1537 → 1530　　1503 → 1500
　1543 → 1540　　1539 → 1530

6 ① 8.284 → 8.28　　② 8.281 → 8.28
　③ 8.286 → 8.28　　④ 8.268 → 8.26
　⑤ 8.289 → 8.28

7 버림하여 십의 자리까지 나타낸 수가 920이 되는 수는 920부터 929까지의 수입니다.
　따라서 □ 안에 들어갈 수 있는 수는 0부터 9까지의 수로 모두 10개입니다.

8 버림하여 백의 자리까지 나타내면 3500이 되는 자연수는 3500부터 3599까지의 수이고, 이 중에서 가장 큰 수는 3599입니다.

9 248 kg을 버림하여 십의 자리까지 나타내면 240 kg이므로 상자에 담은 고구마는 모두 240 kg입니다.

10 583 cm를 버림하여 백의 자리까지 나타내면 500 cm이므로 선물 상자를 최대 5개까지 포장할 수 있습니다.

11 623 kg을 버림하여 십의 자리까지 나타내면 620 kg이고, 10 kg씩 담아서 팔았으므로 모두 62상자를 팔았습니다. 따라서 귤을 판매한 금액은 모두 20000 × 62 = 1240000(원)입니다.

12 버림하여 십의 자리까지 나타내면 50이므로 버림하기 전의 자연수는 50부터 59까지의 수 중 하나입니다.
강우가 처음에 생각한 자연수에 8을 곱하고 버림한 것이므로 50부터 59까지의 수 중에서 8의 배수를 찾으면 56입니다.
강우가 처음에 생각한 자연수에 8을 곱했으므로 56을 8로 나누면 7입니다.
따라서 강우가 처음에 생각한 자연수는 7입니다.

22쪽~23쪽	문제 학습 ❻

1 ⑴ 8410, 8400　　⑵ 60600, 61000
2 148 cm, 43 kg
3 강우
4 ⟨2835⟩ 3791 2435 ⟨3272⟩
5 ㉠　　　　　　　　**6** 620000
7 37000, 54000, 41000
8 5, 6, 7, 8, 9
9 480　490　500
10 4499, 3500　　　**11** 524병
12 14 m　　　　　　**13** 5개

1 ⑴ • 십의 자리: 8407(올림) → 8410
　　• 백의 자리: 8407(버림) → 8400
　⑵ • 백의 자리: 60625(버림) → 60600
　　• 천의 자리: 60625(올림) → 61000

2 • 키의 소수 첫째 자리 숫자가 3이므로 버림하면 148 cm입니다.
　• 몸무게의 소수 첫째 자리 숫자가 6이므로 올림하면 43 kg입니다.

3 • 수지: 2318(버림) → 2000
　• 강우: 2276(올림) → 2300
　⟹ 2000 < 2300

4 • 2835(올림) → 3000
　• 3791(올림) → 4000
　• 2435(버림) → 2000
　• 3272(버림) → 3000

5

수	1904	5039	2705
백의 자리까지	1900	5000	2700
십의 자리까지	1900	5040	2710

6 617350(올림) → 620000

7 • 37429(버림) → 37000
  • 53841(올림) → 54000
  • 40632(올림) → 41000

8 십의 자리 수가 1 커졌으므로 올림한 것을 알 수 있습니다. 따라서 □ 안에 들어갈 수 있는 수는 5, 6, 7, 8, 9입니다.

9 반올림하여 십의 자리까지 나타낸 수가 490인 수는 485 이상 495 미만인 수입니다.
  [주의] • 485, 485.1, 485.26 등의 수도 포함해야 하므로 485 이상입니다.
  • 494.1, 494.57 등의 수도 포함해야 하므로 495 미만입니다.

10 • 백의 자리 숫자가 0, 1, 2, 3, 4이면 버림합니다.
  → 가장 큰 수: 4499
  • 백의 자리 숫자가 5, 6, 7, 8, 9이면 올림합니다.
  → 가장 작은 수: 3500

11 전교생 수를 반올림하여 십의 자리까지 나타내면 520명이므로 학생 수는 515명부터 524명까지입니다. 따라서 모든 학생들에게 음료수를 한 병씩 나누어 주려면 적어도 524병을 준비해야 합니다.

12 1382 cm=13.82 m입니다.
  13.82를 반올림하여 일의 자리까지 나타내면 14이므로 나무의 높이는 14 m에 가장 가깝습니다.

13 반올림하여 십의 자리까지 나타낸 수가 100이 되는 두 자리 수는 십의 자리 숫자가 9이고 일의 자리 숫자가 5, 6, 7, 8, 9이어야 합니다.
  → 95, 96, 97, 98, 99이므로 모두 5개입니다.

24쪽	응용 학습 ❶

1단계	6개		**1·1** ㉡
2단계	5개		**1·2** 5개
3단계	㉠		

1단계 37 이상 42 이하인 자연수는 37과 같거나 크고 42와 같거나 작은 수이므로 37, 38, 39, 40, 41, 42로 모두 6개입니다.

2단계 25 초과 31 미만인 자연수는 25보다 크고 31보다 작은 수이므로 26, 27, 28, 29, 30으로 모두 5개입니다.

3단계 ㉠은 6개, ㉡은 5개이므로 수의 범위에 포함되는 자연수가 더 많은 것은 ㉠입니다.

1·1 ㉠ 52와 같거나 크고 60보다 작은 수이므로 52, 53, 54, 55, 56, 57, 58, 59로 모두 8개입니다.
  ㉡ 74보다 크고 83과 같거나 작은 수이므로 75, 76, 77, 78, 79, 80, 81, 82, 83으로 모두 9개입니다.
  → 8<9이므로 ㉡입니다.

1·2 • ㉠이 나타내는 수의 범위는 30 초과 45 이하인 수입니다. 30보다 크고 45와 같거나 작은 자연수는 31부터 45까지의 수이므로 15개입니다.
  • ㉡이 나타내는 수의 범위는 65 이상 75 미만인 수입니다. 65와 같거나 크고 75보다 작은 자연수는 65부터 74까지의 수이므로 10개입니다.
  → 15−10=5(개)

25쪽	응용 학습 ❷

1단계	7531		**2·1** 6440
2단계	8000		**2·2** 5600

1단계 가장 큰 네 자리 수를 만들려면 큰 수부터 차례대로 쓰면 되므로 가장 큰 네 자리 수는 7531입니다.

2단계 7531(올림) → 8000

2·1 가장 큰 네 자리 수는 6432입니다.
  → 6432(2를 10으로) → 6440

2·2 가장 작은 네 자리 수는 5689입니다.
  → 5689(89를 0으로) → 5600

26쪽	응용 학습 ❸

1단계	7200		**3·1** 30
2단계	7100		**3·2** 지혜
3단계	100		

1단계 7109(9를 100으로) → 7200

2단계 7109(9를 0으로) → 7100

3단계 7200−7100=100

3·1 • 3826(올림) → 3830
• 38<u>26</u>(26을 0으로) → 3800
➡ 3830−3800=30

3·2 • 지혜: 53<u>71</u>(371을 1000으로) → 6000
5371(버림) → 5000
➡ 6000−5000=1000
• 태우: 53<u>71</u>(올림) → 5400
53<u>71</u>(71을 0으로) → 5300
➡ 5400−5300=100
따라서 구한 수가 더 큰 사람은 지혜입니다.

27쪽 응용 학습 ④

1단계 ㉮ 이상 52 미만인 수
2단계 51, 50, 49, 48, 47, 46
3단계 46
4·1 41   **4·2** 63

2단계 수의 범위에 포함되는 자연수를 큰 수부터 차례대로 6개 쓰면 51, 50, 49, 48, 47, 46입니다.

3단계 ㉮는 수의 범위에 포함되므로 ㉮에 알맞은 수는 46입니다.

4·1 수직선에 나타낸 수의 범위는 34 초과 ㉮ 이하인 수입니다.
수의 범위에 포함되는 자연수를 작은 수부터 차례대로 7개 쓰면 35, 36, 37, 38, 39, 40, 41입니다.
㉮는 수의 범위에 포함되므로 ㉮에 알맞은 수는 41입니다.

4·2 ㉮보다 크고 74보다 작은 자연수가 10개이고, ㉮와 74는 수의 범위에 포함되지 않습니다.
수의 범위에 포함되는 자연수를 큰 수부터 차례대로 10개 쓰면 73, 72, 71, 70, 69, 68, 67, 66, 65, 64입니다.
따라서 ㉮에 알맞은 자연수는 63입니다.

28쪽 응용 학습 ⑤

1단계  48 49 50 51 52 53 54 55 56
2단계 4개
5·1 6개   **5·2** 78, 79, 80

1단계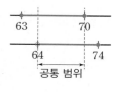
30   54
50   59
공통 범위

2단계 공통인 범위는 50 이상 54 미만이므로 공통으로 포함되는 자연수는 50, 51, 52, 53으로 모두 4개입니다.

5·1 공통 범위는 64 초과 70 이하입니다.
따라서 공통으로 포함되는 자연수는 65, 66, 67, 68, 69, 70으로 모두 6개입니다.

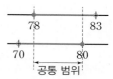
63   70
64   74
공통 범위

5·2 공통 범위는 78 이상 80 이하입니다.
따라서 공통으로 포함되는 자연수는 78, 79, 80입니다.

78   83
70   80
공통 범위

29쪽 응용 학습 ⑥

1단계 570, 579	**6·1** 4개
2단계 575, 584	**6·2** 50개
3단계 5개	

1단계 버림하여 십의 자리까지 나타내면 570이 되는 자연수는 570부터 579까지이므로 570 이상 579 이하입니다.

2단계 반올림하여 십의 자리까지 나타내면 580이 되는 자연수는 575부터 584까지이므로 575 이상 584 이하입니다.

3단계 두 조건을 모두 만족하는 자연수는 575 이상 579 이하인 수입니다.
➡ 575, 576, 577, 578, 579로 모두 5개입니다.

6·1 • 올림하여 십의 자리까지 나타내면 360이 되는 자연수: 351 이상 360 이하인 자연수
• 반올림하여 십의 자리까지 나타내면 350이 되는 자연수: 345 이상 354 이하인 자연수
➡ 어떤 수가 될 수 있는 자연수는 351 이상 354 이하이므로 351, 352, 353, 354로 모두 4개입니다.

6·2 • 올림하여 백의 자리까지 나타내면 300이 되는 자연수: 201 이상 300 이하인 자연수

• 버림하여 백의 자리까지 나타내면 200이 되는 자연수: 200 이상 299 이하인 자연수
• 반올림하여 백의 자리까지 나타내면 300이 되는 자연수: 250 이상 349 이하인 자연수
따라서 조건을 모두 만족하는 수는 250 이상 299 이하인 자연수이므로 모두 50개입니다.

30쪽 교과서 통합 핵심 개념

1 (위에서부터) 이상, 이하, 초과, 미만
2 이하, 이상
3

어림 방법	십의 자리	백의 자리	천의 자리
올림	3460	3500	4000
버림	3450	3400	3000
반올림	3460	3500	3000

4 올림, 7

31쪽~33쪽 단원 평가

1 4개   2 윤빈, 현우
3

```
  +--+--+--+--+--+--+--+--+
 56 57 58 59 60 61 62 63 64
```

4 4.24   5 5100, 5000, 5000
6 3개
7 ❶ 10 초과인 수는 10보다 큰 수이므로 10 kg보다 무거운 수하물은 가 10.5 kg, 마 11 kg입니다.
❷ 따라서 기내에 들고 탈 수 없는 수하물은 가, 마로 모두 2개입니다.   **답** 2개
8 6000원   9 29000원
10 ⑤   11 소은
12 100개   13 3490
14 999   15 수지
16 ❶ 41□6의 백의 자리 아래 수인 □6을 0으로 보고 버림하면 4100입니다.
❷ 41□6을 반올림하여 백의 자리까지 나타낸 수가 4100이려면 십의 자리 숫자가 버림이 되는 0, 1, 2, 3, 4여야 합니다.   **답** 0, 1, 2, 3, 4
17 39상자   18 400자루
19 ❶ 10원짜리 동전 3564개는 35640원입니다.
❷ 35640원을 버림하여 천의 자리까지 나타내면 35000원이므로 최대 35000원까지 바꿀 수 있고, 남는 돈은 640원입니다.   **답** 35000원, 640원
20 6096

---

4 $4.237(0.007을 0.01로) \rightarrow 4.24$

7

채점 기준	❶ 10 kg 초과인 무게를 모두 찾은 경우	3점	
	❷ 기내에 들고 탈 수 없는 수하물의 개수를 구한 경우	2점	5점

---

8 택배는 5 kg이고, 5 kg은 2 kg 초과 5 kg 이하 무게에 해당되므로 택배 요금은 6000원입니다.

9 서경이는 어린이 요금으로 3000원, 오빠는 청소년 요금으로 6000원, 아버지와 어머니는 성인 요금으로 10000원씩이고, 할머니와 동생은 무료입니다.
➡ $3000+6000+10000+10000=29000$(원)

10 ① $2033 \rightarrow 3000$ ② $6325 \rightarrow 7000$
③ $7000 \rightarrow 7000$ ④ $3006 \rightarrow 4000$
⑤ $8690 \rightarrow 9000$

11 9.045(버림) $\rightarrow 9.0=9$

12 버림하여 백의 자리까지 나타냈을 때 3400이 되는 자연수는 3400부터 3499까지로 모두 $3499-3400+1=100$(개)입니다.

13 $3600 \rightarrow 3600$ $3599 \rightarrow 3600$ $3601 \rightarrow 3600$
$3490 \rightarrow 3500$ $3647 \rightarrow 3600$

14 • 백의 자리 숫자가 5, 6, 7, 8, 9인 경우:
1500, 1501, ..., 1998, 1999
• 백의 자리 숫자가 0, 1, 2, 3, 4인 경우:
2000, 2001, ..., 2498, 2499
➡ $2499-1500=999$

15 지혜, 수민이는 버림으로 어림하는 경우이고, 수지는 반올림으로 어림하는 경우입니다.

16

채점 기준	❶ 41□6을 버림하여 백의 자리까지 나타낸 수를 구한 경우	2점	
	❷ □ 안에 들어갈 수 있는 수를 모두 구한 경우	3점	5점

17 물건 100개 미만은 상자에 담아 판매할 수 없으므로 버림을 이용합니다.
3994를 버림하여 백의 자리까지 나타내면 3900이므로 한 상자에 100개씩 담아 판매할 수 있는 물건은 최대 39상자입니다.

18 상자 20개에 들어 있는 연필은 모두 $19 \times 20 = 380$(자루)입니다. ➡ 380(올림) $\rightarrow 400$

19

채점 기준	❶ 10원짜리 동전 3564개가 얼마인지 구한 경우	2점	
	❷ 버림을 이용하여 어림하고 답을 구한 경우	3점	5점

20 ①에서 천의 자리 숫자는 6 또는 7입니다.
②에서 6000 초과 7000 이하인 수입니다.
③에서 일의 자리 숫자는 6입니다. → 6□□6
④에서 백의 자리 숫자는 0입니다. → 60□6
➡ 60□6에서 가장 큰 수는 6096입니다.

② 분수의 곱셈

36쪽 개념 학습 ❶

1 (1) 3, 15, 1, 7 (2) 4, 12, 2, 2

2 (1) $\dfrac{1}{6} \times 5 = \dfrac{1 \times 5}{6} = \dfrac{5}{6}$

(2) $\dfrac{2}{7} \times 5 = \dfrac{2 \times 5}{7} = \dfrac{10}{7} = 1\dfrac{3}{7}$

(3) $\dfrac{3}{4} \times 3 = \dfrac{3 \times 3}{4} = \dfrac{9}{4} = 2\dfrac{1}{4}$

(4) $\dfrac{4}{\overset{3}{\cancel{9}}} \times \overset{2}{\cancel{6}} = \dfrac{4 \times 2}{3} = \dfrac{8}{3} = 2\dfrac{2}{3}$

(5) $\dfrac{5}{\underset{7}{\cancel{14}}} \times \overset{4}{\cancel{8}} = \dfrac{5 \times 4}{7} = \dfrac{20}{7} = 2\dfrac{6}{7}$

37쪽 개념 학습 ❷

1 (1) 4, 8, 2, 2 (2) 3 / 2, 3, 2, 1, 1 / 3, 1

2 (1) $1\dfrac{1}{4} \times 5 = \dfrac{5}{4} \times 5 = \dfrac{25}{4} = 6\dfrac{1}{4}$

(2) $2\dfrac{3}{5} \times 4 = \dfrac{13}{5} \times 4 = \dfrac{52}{5} = 10\dfrac{2}{5}$

(3) $3\dfrac{2}{9} \times 4 = (3 \times 4) + \left(\dfrac{2}{9} \times 4\right)$

$= 12 + \dfrac{8}{9} = 12\dfrac{8}{9}$

(4) $2\dfrac{5}{6} \times 4 = (2 \times 4) + \left(\dfrac{5}{\underset{3}{\cancel{6}}} \times \overset{2}{\cancel{4}}\right) = 8 + \dfrac{10}{3}$

$= 8 + 3\dfrac{1}{3} = 11\dfrac{1}{3}$

38쪽 개념 학습 ❸

1 (1) 3, 9, 2, 1 (2) 2, 6, 1, 1

2 (1) $4 \times \dfrac{2}{5} = \dfrac{4 \times 2}{5} = \dfrac{8}{5} = 1\dfrac{3}{5}$

(2) $7 \times \dfrac{6}{11} = \dfrac{7 \times 6}{11} = \dfrac{42}{11} = 3\dfrac{9}{11}$

(3) $\overset{2}{\cancel{8}} \times \dfrac{7}{\underset{3}{\cancel{12}}} = \dfrac{2 \times 7}{3} = \dfrac{14}{3} = 4\dfrac{2}{3}$

(4) $\overset{4}{\cancel{12}} \times \dfrac{5}{\underset{3}{\cancel{9}}} = \dfrac{4 \times 5}{3} = \dfrac{20}{3} = 6\dfrac{2}{3}$

39쪽 개념 학습 ❹

1 (1) 6, 18, 3, 3 (2) 5, 20, 6, 2
(3) 11, 77, 12, 5

2 (1) $2 \times 1\dfrac{1}{7} = 2 \times \dfrac{8}{7} = \dfrac{16}{7} = 2\dfrac{2}{7}$

(2) $3 \times 2\dfrac{1}{6} = \overset{1}{\cancel{3}} \times \dfrac{13}{\underset{2}{\cancel{6}}} = \dfrac{13}{2} = 6\dfrac{1}{2}$

(3) $4 \times 2\dfrac{3}{14} = (4 \times 2) + \left(\overset{2}{\cancel{4}} \times \dfrac{3}{\underset{7}{\cancel{14}}}\right)$

$= 8 + \dfrac{6}{7} = 8\dfrac{6}{7}$

(4) $5 \times 1\dfrac{2}{3} = (5 \times 1) + \left(5 \times \dfrac{2}{3}\right) = 5 + \dfrac{10}{3}$

$= 5 + 3\dfrac{1}{3} = 8\dfrac{1}{3}$

40쪽 개념 학습 ❺

1 (1) $\dfrac{1}{3} \times \dfrac{1}{5} = \dfrac{1}{3 \times 5} = \dfrac{1}{15}$

(2) $\dfrac{4}{5} \times \dfrac{2}{3} = \dfrac{4 \times 2}{5 \times 3} = \dfrac{8}{15}$

(3) $\dfrac{2}{5} \times \dfrac{3}{4} = \dfrac{2 \times 3}{5 \times 4} = \dfrac{6}{20} = \dfrac{3}{10}$

2 (1) $\dfrac{2}{7} \times \dfrac{4}{5} = \dfrac{2 \times 4}{7 \times 5} = \dfrac{8}{35}$

(2) $\dfrac{5}{9} \times \dfrac{2}{3} = \dfrac{5 \times 2}{9 \times 3} = \dfrac{10}{27}$

(3) $\dfrac{4}{9} \times \dfrac{3}{5} = \dfrac{4 \times \overset{1}{\cancel{3}}}{\underset{3}{\cancel{9}} \times 5} = \dfrac{4}{15}$

(4) $\dfrac{3}{4} \times \dfrac{5}{12} = \dfrac{\overset{1}{\cancel{3}} \times 5}{4 \times \underset{4}{\cancel{12}}} = \dfrac{5}{16}$

(5) $\dfrac{\overset{3}{\cancel{9}}}{11} \times \dfrac{1}{\underset{1}{\cancel{3}}} = \dfrac{3 \times 1}{11 \times 1} = \dfrac{3}{11}$

41쪽 개념 학습 ❻

1 (1) $3\dfrac{3}{4} \times 1\dfrac{1}{2} = \dfrac{15}{4} \times \dfrac{3}{2} = \dfrac{45}{8} = 5\dfrac{5}{8}$

(2) $2\dfrac{1}{2} \times 1\dfrac{1}{3} = \dfrac{5}{\underset{1}{\cancel{2}}} \times \dfrac{\overset{2}{\cancel{4}}}{3} = \dfrac{10}{3} = 3\dfrac{1}{3}$

2 (1) $2\dfrac{1}{3} \times 1\dfrac{3}{4} = \dfrac{7}{3} \times \dfrac{7}{4} = \dfrac{49}{12} = 4\dfrac{1}{12}$

(2) $3\dfrac{2}{3} \times 1\dfrac{3}{5} = \dfrac{11}{3} \times \dfrac{8}{5} = \dfrac{88}{15} = 5\dfrac{13}{15}$

(3) $1\dfrac{5}{7} \times 2\dfrac{4}{5} = \dfrac{12}{\underset{1}{\cancel{7}}} \times \dfrac{\overset{2}{\cancel{14}}}{5} = \dfrac{24}{5} = 4\dfrac{4}{5}$

BOOK ❶ 개념북

2 단원

(4) $3\frac{7}{11} \times 1\frac{1}{8} = \frac{\overset{5}{40}}{11} \times \frac{9}{\underset{1}{8}} = \frac{45}{11} = 4\frac{1}{11}$

42쪽~43쪽 문제 학습 ❶

1 $5, 15, 3\frac{3}{4}$

2 (1) $\frac{4}{\underset{5}{15}} \times \overset{3}{9} = \frac{4 \times 3}{5} = \frac{12}{5} = 2\frac{2}{5}$

(2) $\frac{7}{\underset{5}{10}} \times \overset{4}{8} = \frac{7 \times 4}{5} = \frac{28}{5} = 5\frac{3}{5}$

3 $2\frac{1}{4}$ **4** $2\frac{1}{2}$

5 $4\frac{2}{7}$ **6** 수지

7 $\frac{5}{12} \times 5 = 2\frac{1}{12} / 2\frac{1}{12}$ kg

8 $6\frac{2}{3}$ kg   **9** $\frac{8}{9}$ m

10 9 L   **11** (○) (   )

12 $\frac{8}{9}$ **13** 5

3 $\frac{3}{\underset{4}{20}} \times \overset{3}{15} = \frac{9}{4} = 2\frac{1}{4}$

4 $\frac{5}{\underset{2}{14}} \times \overset{1}{7} = \frac{5}{2} = 2\frac{1}{2}$

6 지혜: $\frac{2}{9} \times 8 = \frac{16}{9} = 1\frac{7}{9}$

8 (나무 막대 8개의 무게)$= \frac{5}{\underset{3}{6}} \times \overset{4}{8} = \frac{20}{3} = 6\frac{2}{3}$ (kg)

9 (정삼각형의 둘레)$= \frac{8}{\underset{9}{27}} \times \overset{1}{3} = \frac{8}{9}$ (m)

10 (음료수 24병의 양)$= \frac{3}{\underset{1}{8}} \times \overset{3}{24} = 9$ (L)

11 • $\frac{4}{7} \times 3 = \frac{12}{7} = 1\frac{5}{7}$ ⎫
• $\frac{3}{5} \times 4 = \frac{12}{5} = 2\frac{2}{5}$ ⎭ ➡ $1\frac{5}{7} < 2\frac{2}{5}$

12 ㉠ $\frac{2}{9} \times 2 = \frac{4}{9}$, ㉡ $\frac{1}{\underset{1}{3}} \times \overset{2}{6} = 2$ ➡ $\frac{4}{9} \times 2 = \frac{8}{9}$

13 $\frac{2}{9} \times 20 = \frac{40}{9} = 4\frac{4}{9}$이므로 $4\frac{4}{9} < \square$입니다.
➡ 5, 6, 7, ...

44쪽~45쪽 문제 학습 ❷

1 $2, 2, 2\frac{2}{3}$ **2** (1) 12 (2) $11\frac{1}{4}$

3 $3\frac{3}{4} \times 5 = (3 \times 5) + \left(\frac{3}{4} \times 5\right)$
$= 15 + 3\frac{3}{4} = 18\frac{3}{4}$

4 (위에서부터) $5\frac{1}{2}, 8\frac{1}{4}$

5 (교차 연결선)   **6** <

7 ㉡ / (예) $3\frac{3}{4} \times 4 = \frac{15}{4} \times 4 = \frac{15 \times \overset{1}{4}}{\underset{1}{4}} = 15$

8 강우   **9** ㉢, ㉠, ㉡

10 $8\frac{1}{2}$ L   **11** $37\frac{1}{5}$ km

12 $30\frac{2}{3}$

2 (1) $1\frac{1}{3} \times 9 = \frac{4}{\underset{1}{3}} \times \overset{3}{9} = 12$

(2) $1\frac{1}{8} \times 10 = \frac{9}{\underset{4}{8}} \times \overset{5}{10} = \frac{45}{4} = 11\frac{1}{4}$

[주의] 대분수를 가분수로 나타낸 다음 약분해야 합니다.

3 대분수를 자연수와 진분수의 합으로 생각합니다.

4 • $1\frac{3}{8} \times 4 = \frac{11}{\underset{2}{8}} \times \overset{1}{4} = \frac{11}{2} = 5\frac{1}{2}$

• $1\frac{3}{8} \times 6 = \frac{11}{\underset{4}{8}} \times \overset{3}{6} = \frac{33}{4} = 8\frac{1}{4}$

5 • $3\frac{2}{5} \times 10 = \frac{17}{\underset{1}{5}} \times \overset{2}{10} = 34$

• $1\frac{2}{7} \times 20 = \frac{9}{7} \times 20 = \frac{180}{7} = 25\frac{5}{7}$

• $1\frac{1}{21} \times 30 = \frac{22}{\underset{7}{21}} \times \overset{10}{30} = \frac{220}{7} = 31\frac{3}{7}$

6 • $1\frac{6}{7} \times 3 = \frac{13}{7} \times 3 = \frac{39}{7} = 5\frac{4}{7}$

• $1\frac{3}{5} \times 4 = \frac{8}{5} \times 4 = \frac{32}{5} = 6\frac{2}{5}$

➡ $5\frac{4}{7} < 6\frac{2}{5}$

7 ㉢ (대분수)×(자연수)에서 분모에도 자연수를 곱해서 잘못되었습니다.

8 ・지혜: $2\frac{7}{12} \times 8 = \frac{31}{\underset{3}{12}} \times \overset{2}{8} = \frac{62}{3} = 20\frac{2}{3}$

・강우: $2\frac{2}{15} \times 10 = \frac{32}{\underset{3}{15}} \times \overset{2}{10} = \frac{64}{3} = 21\frac{1}{3}$

・준서: $3\frac{4}{9} \times 6 = \frac{31}{\underset{3}{9}} \times \overset{2}{6} = \frac{62}{3} = 20\frac{2}{3}$

9 ㉠ $3\frac{1}{3} \times 2 = \frac{10}{3} \times 2 = \frac{20}{3} = 6\frac{2}{3}$

㉡ $1\frac{3}{20} \times 8 = \frac{23}{\underset{5}{20}} \times \overset{2}{8} = \frac{46}{5} = 9\frac{1}{5}$

㉢ $2\frac{1}{10} \times 2 = \frac{21}{\underset{5}{10}} \times \overset{1}{2} = \frac{21}{5} = 4\frac{1}{5}$

➡ $4\frac{1}{5} < 6\frac{2}{3} < 9\frac{1}{5}$

10 (지율이네 가족이 일주일 동안 마신 우유의 양)
$= 1\frac{3}{14} \times 7 = \frac{17}{\underset{2}{14}} \times \overset{1}{7} = \frac{17}{2} = 8\frac{1}{2}$ (L)

11 (재훈이가 자전거로 3시간 동안 달릴 수 있는 거리)
$= 12\frac{2}{5} \times 3 = \frac{62}{5} \times 3 = \frac{186}{5} = 37\frac{1}{5}$ (km)

12 7>3>2이므로 가장 큰 수인 7을 자연수 부분에 놓고 나머지 수인 2와 3으로 진분수 $\frac{2}{3}$를 만들면 가장 큰 대분수는 $7\frac{2}{3}$입니다.

➡ $7\frac{2}{3} \times 4 = \frac{23}{3} \times 4 = \frac{92}{3} = 30\frac{2}{3}$

46쪽~47쪽 문제 학습 ❸

1 10, 3, 6	2 (1) $7\frac{1}{7}$ (2) $5\frac{3}{5}$
3 $8\frac{2}{5}$	4 $1\frac{1}{7}$, $1\frac{7}{11}$
5 10, $6\frac{2}{3}$	6 ㉠
7 $10\frac{9}{10}$	8 4, $2\frac{2}{9}$
9 강우	10 2 km
11 48 cm	12 12000원

2 (2) $\overset{4}{12} \times \frac{7}{\underset{5}{15}} = \frac{28}{5} = 5\frac{3}{5}$

3 $\overset{6}{36} \times \frac{7}{\underset{5}{30}} = \frac{42}{5} = 8\frac{2}{5}$

4 ・$4 \times \frac{2}{7} = \frac{8}{7} = 1\frac{1}{7}$ ・$6 \times \frac{3}{11} = \frac{18}{11} = 1\frac{7}{11}$

5 $\overset{2}{14} \times \frac{5}{\underset{1}{7}} = 10$, $10 \times \frac{2}{3} = \frac{20}{3} = 6\frac{2}{3}$

6 모두 15에 진분수를 곱하는 식이므로 곱하는 분수가 클수록 계산 결과가 큽니다.
➡ $\frac{5}{7} > \frac{1}{2} > \frac{3}{8}$이므로 계산 결과가 가장 큰 것은 ㉠입니다.

7 ・$8 \times \frac{4}{5} = \frac{32}{5} = 6\frac{2}{5}$

・$\overset{3}{6} \times \frac{3}{\underset{2}{4}} = \frac{9}{2} = 4\frac{1}{2}$

➡ $6\frac{2}{5} + 4\frac{1}{2} = 6\frac{4}{10} + 4\frac{5}{10} = 10\frac{9}{10}$

8 ★$= \overset{2}{6} \times \frac{2}{\underset{1}{3}} = 4$ ➡ ♥$= 4 \times \frac{5}{9} = \frac{20}{9} = 2\frac{2}{9}$

9 ・태우: 1 m는 100 cm입니다.
$100 \times \frac{1}{4} = 25$이므로 1 m의 $\frac{1}{4}$은 25 cm입니다.
・강우: 1 L는 1000 mL입니다.
$1000 \times \frac{1}{5} = 200$이므로 1 L의 $\frac{1}{5}$은 200 mL입니다.
・준서: 1시간은 60분입니다.
$60 \times \frac{1}{6} = 10$이므로 1시간의 $\frac{1}{6}$은 10분입니다.

10 전체 거리의 $\frac{8}{9}$은 버스를 타고 나머지는 걸어갔으므로 걸어간 거리는 전체 거리의 $\frac{1}{9}$입니다.
➡ (준호가 걸어간 거리)$= \overset{2}{18} \times \frac{1}{\underset{1}{9}} = 2$ (km)

11 (공이 땅에 한 번 닿았다가 튀어 올랐을 때의 높이)
$= \overset{24}{72} \times \frac{2}{\underset{1}{3}} = 48$ (cm)

12 할인된 입장권의 가격은 $\overset{1000}{5000} \times \frac{4}{\underset{1}{5}} = 4000$(원)입니다. 따라서 할인 기간에 입장권 3장을 사려면 $4000 \times 3 = 12000$(원)을 내야 합니다.

48쪽～49쪽 문제 학습 ❹

1 8, 9, 18

2 (1) 12　(2) $4\dfrac{1}{3}$　　**3** (1) 5　(2) $18\dfrac{1}{3}$

4
$$5\times1\dfrac{2}{3}\quad 5\times\dfrac{1}{4}\quad 5\times\dfrac{3}{7}\quad 5\times1\quad 5\times2\dfrac{1}{8}$$
(○ 표: $5\times1\dfrac{2}{3}$, $5\times2\dfrac{1}{8}$ / △ 표: $5\times\dfrac{1}{4}$, $5\times\dfrac{3}{7}$)

5 16, $19\dfrac{1}{5}$　　　　**6** 5, 6, 7

7 $3\times2\dfrac{3}{4}$　　　　**8** $12\dfrac{1}{4}$

9 예 $8\times2\dfrac{5}{12}=\overset{2}{8}\times\dfrac{29}{\underset{3}{12}}=\dfrac{58}{3}=19\dfrac{1}{3}$

10 6　　　　　**11** $53\dfrac{2}{3}\,\text{cm}^2$

12 $76\,\text{kg}$　　　**13** $5\dfrac{1}{7}\,\text{km}$

1 $8\times2\dfrac{1}{4}=\overset{2}{8}\times\dfrac{9}{\underset{1}{4}}=18$

2 (1) $9\times1\dfrac{1}{3}=\overset{3}{9}\times\dfrac{4}{\underset{1}{3}}=12$

 (2) $2\times2\dfrac{1}{6}=\overset{1}{2}\times\dfrac{13}{\underset{3}{6}}=\dfrac{13}{3}=4\dfrac{1}{3}$

3 (1) $3\times1\dfrac{2}{3}=\overset{1}{3}\times\dfrac{5}{\underset{1}{3}}=5$

 (2) $15\times1\dfrac{2}{9}=\overset{5}{15}\times\dfrac{11}{\underset{3}{9}}=\dfrac{55}{3}=18\dfrac{1}{3}$

4 5에 진분수를 곱하면 계산 결과는 5보다 작습니다.
5에 1을 곱하면 계산 결과는 그대로 5입니다.
5에 대분수나 가분수를 곱하면 계산 결과는 5보다 큽니다.

5 · $6\times2\dfrac{2}{3}=\overset{2}{6}\times\dfrac{8}{\underset{1}{3}}=16$

 · $16\times1\dfrac{1}{5}=16\times\dfrac{6}{5}=\dfrac{96}{5}=19\dfrac{1}{5}$

6 ㉠ $3\times1\dfrac{5}{9}=\overset{1}{3}\times\dfrac{14}{\underset{3}{9}}=\dfrac{14}{3}=4\dfrac{2}{3}$

 ㉡ $4\times1\dfrac{5}{6}=\overset{2}{4}\times\dfrac{11}{\underset{3}{6}}=\dfrac{22}{3}=7\dfrac{1}{3}$

➡ $4\dfrac{2}{3}$보다 크고 $7\dfrac{1}{3}$보다 작은 자연수: 5, 6, 7

7 · $6\times1\dfrac{1}{4}=\overset{3}{6}\times\dfrac{5}{\underset{2}{4}}=\dfrac{15}{2}=7\dfrac{1}{2}$
 · $3\times2\dfrac{3}{4}=3\times\dfrac{11}{4}=\dfrac{33}{4}=8\dfrac{1}{4}$
➡ $7\dfrac{1}{2}<8\dfrac{1}{4}$

8 가장 큰 수: 7, 가장 작은 수: $1\dfrac{3}{4}$

➡ $7\times1\dfrac{3}{4}=7\times\dfrac{7}{4}=\dfrac{49}{4}=12\dfrac{1}{4}$

9 대분수를 가분수로 나타내지 않고 약분하여 잘못 계산하였습니다.

10 ㉠ $27\times1\dfrac{4}{9}=\overset{3}{27}\times\dfrac{13}{\underset{1}{9}}=39$

 ㉡ $18\times1\dfrac{5}{6}=\overset{3}{18}\times\dfrac{11}{\underset{1}{6}}=33$

➡ ㉠－㉡＝39－33＝6

11 (직사각형의 넓이)
$=14\times3\dfrac{5}{6}=\overset{7}{14}\times\dfrac{23}{\underset{3}{6}}=\dfrac{161}{3}=53\dfrac{2}{3}\,(\text{cm}^2)$

12 (아버지의 몸무게)$=32\times2\dfrac{3}{8}=\overset{4}{32}\times\dfrac{19}{\underset{1}{8}}=76\,(\text{kg})$

13 (도서관에서 공원까지의 거리)
$=2\times2\dfrac{4}{7}=2\times\dfrac{18}{7}=\dfrac{36}{7}=5\dfrac{1}{7}\,(\text{km})$

50쪽～51쪽 문제 학습 ❺

1 (1) $\dfrac{1}{24}$　(2) $\dfrac{1}{54}$

2
$$\begin{array}{ccc}
\dfrac{9}{44} & & \dfrac{1}{12}\\
\times\dfrac{9}{11} & \dfrac{1}{4} & \times\dfrac{1}{3}\\
\times\dfrac{3}{5} & & \times\dfrac{1}{6}\\
\dfrac{3}{20} & & \dfrac{1}{24}
\end{array}$$

3 $\dfrac{4}{21}$

4 예 $\dfrac{4}{\underset{5}{15}}\times\dfrac{\overset{2}{6}}{7}=\dfrac{4\times2}{5\times7}=\dfrac{8}{35}$

5 ( )
 (○)

6 2, 1, 3

7 ㉠, ㉢　　　**8** $\dfrac{1}{8}$

9 $\dfrac{16}{81}\,m^2$ **10** $\dfrac{3}{20}$

11 (1) 9, 8, 72 또는 8, 9, 72
(2) 2, 3, 6 또는 3, 2, 6

12 60쪽

1 (1) $\dfrac{1}{3}\times\dfrac{1}{8}=\dfrac{1}{3\times8}=\dfrac{1}{24}$

(2) $\dfrac{1}{6}\times\dfrac{1}{9}=\dfrac{1}{6\times9}=\dfrac{1}{54}$

3 $\dfrac{\cancel{3}^{1}}{7}\times\dfrac{\cancel{5}^{1}}{\cancel{9}_{3}}\times\dfrac{4}{\cancel{5}_{1}}=\dfrac{4}{21}$

5 ・$\dfrac{1}{9}\times\dfrac{1}{2}=\dfrac{1}{18}$ ➡ $\dfrac{1}{18}<\dfrac{1}{9}$ (×)

・$\dfrac{7}{13}\times\dfrac{1}{4}=\dfrac{7}{52}$ ➡ $\dfrac{7}{52}<\dfrac{7}{13}$ (○)

참고 어떤 수에 1보다 작은 수를 곱하면 어떤 수보다 더 작아집니다.

6 $\dfrac{\cancel{5}^{1}}{6}\times\dfrac{1}{\cancel{5}_{1}}=\dfrac{1}{6}$, $\dfrac{\cancel{3}^{1}}{8}\times\dfrac{2}{\cancel{3}_{1}}=\dfrac{1}{4}$, $\dfrac{\cancel{8}^{1}}{\cancel{21}_{7}}\times\dfrac{\cancel{3}^{1}}{8}=\dfrac{1}{7}$

➡ $\dfrac{1}{4}>\dfrac{1}{6}>\dfrac{1}{7}$

7 ㉠ $\dfrac{\cancel{5}^{1}}{\cancel{9}_{3}}\times\dfrac{\cancel{3}^{1}}{5}=\dfrac{1}{3}$　㉡ $\dfrac{3}{\cancel{4}_{1}}\times\dfrac{\cancel{4}^{1}}{5}=\dfrac{3}{5}$

㉢ $\dfrac{2}{\cancel{5}_{1}}\times\dfrac{\cancel{5}^{1}}{\cancel{6}_{3}}=\dfrac{1}{3}$　㉣ $\dfrac{2}{\cancel{9}_{3}}\times\dfrac{\cancel{3}^{1}}{\cancel{4}_{2}}=\dfrac{1}{6}$

8 노란색 튤립은 화병에 꽂혀 있는 꽃 전체의
$\dfrac{1}{2}\times\dfrac{1}{4}=\dfrac{1}{8}$입니다.

9 (거울의 넓이)$=\dfrac{4}{9}\times\dfrac{4}{9}=\dfrac{16}{81}\,(m^2)$

10 소연이네 반에서 피아노를 연주할 수 있는 여학생은
전체의 $\dfrac{\cancel{2}^{1}}{5}\times\dfrac{3}{\cancel{8}_{4}}=\dfrac{3}{20}$입니다.

11 (1) 단위분수는 분모가 클수록 작습니다. 따라서 계산 결과가 가장 작은 식을 만들려면 수 카드 9와 8을 사용해야 합니다.
➡ $\dfrac{1}{9}\times\dfrac{1}{8}=\dfrac{1}{72}$ 또는 $\dfrac{1}{8}\times\dfrac{1}{9}=\dfrac{1}{72}$

(2) 단위분수는 분모가 작을수록 큽니다. 따라서 계산 결과가 가장 큰 식을 만들려면 수 카드 2와 3을 사용해야 합니다.
➡ $\dfrac{1}{2}\times\dfrac{1}{3}=\dfrac{1}{6}$ 또는 $\dfrac{1}{3}\times\dfrac{1}{2}=\dfrac{1}{6}$

12 어제 읽은 양은 전체의 $\dfrac{1}{3}$이고, 오늘 읽은 양은 어제 읽고 난 나머지의 $\dfrac{3}{5}$이므로 $\dfrac{2}{\cancel{3}}\times\dfrac{\cancel{3}^{1}}{5}=\dfrac{2}{5}$입니다.

따라서 오늘 읽은 양은 150의 $\dfrac{2}{5}$인
$\cancel{150}^{30}\times\dfrac{2}{\cancel{5}_{1}}=60$(쪽)입니다.

1 (1) $4\dfrac{1}{4}$ (2) 5　**2** $2\dfrac{11}{12}$

3 $\dfrac{5}{8}\times3\dfrac{3}{7}\times2\dfrac{2}{5}=\dfrac{\cancel{5}^{1}}{8}\times\dfrac{\cancel{24}^{3}}{7}\times\dfrac{12}{\cancel{5}_{1}}$
$=\dfrac{1\times3\times12}{1\times7\times1}=\dfrac{36}{7}=5\dfrac{1}{7}$

4 (교차선)

5 4　**6** $1\dfrac{17}{25}\,m$

7 $4\dfrac{1}{2}\,m$　**8** <

9 $5\dfrac{5}{6}$　**10** $9\dfrac{9}{20}$

11 14, 15, 16, 17　**12** $1445\,cm^2$

1 (1) $3\dfrac{2}{5}\times1\dfrac{1}{4}=\dfrac{17}{\cancel{5}_{1}}\times\dfrac{\cancel{5}^{1}}{4}=\dfrac{17}{4}=4\dfrac{1}{4}$

(2) $4\dfrac{2}{7}\times1\dfrac{1}{6}=\dfrac{\cancel{30}^{5}}{7}\times\dfrac{\cancel{7}^{1}}{6}=5$

2 $1\dfrac{1}{9}\times2\dfrac{5}{8}=\dfrac{\cancel{10}^{5}}{\cancel{9}_{3}}\times\dfrac{\cancel{21}^{7}}{\cancel{8}_{4}}=\dfrac{35}{12}=2\dfrac{11}{12}$

3 대분수를 가분수로 나타내고 분자는 분자끼리, 분모는 분모끼리 곱합니다. 이때 약분이 되면 약분하여 계산합니다.

4 · $2\frac{1}{4} \times 1\frac{1}{3} = \overset{3}{\underset{1}{\cancel{\frac{9}{4}}}} \times \overset{1}{\underset{1}{\cancel{\frac{4}{3}}}} = 3$

· $1\frac{1}{3} \times 1\frac{5}{7} = \frac{4}{3} \times \overset{4}{\cancel{\frac{12}{7}}} = \frac{16}{7} = 2\frac{2}{7}$

· $1\frac{2}{5} \times 1\frac{2}{3} = \frac{7}{5} \times \overset{1}{\underset{1}{\cancel{\frac{5}{3}}}} = \frac{7}{3} = 2\frac{1}{3}$

5 $\boxed{1\frac{1}{2}} < 1\frac{3}{4} < \boxed{2\frac{2}{3}} < 2\frac{3}{4}$

➜ $1\frac{1}{2} \times 2\frac{2}{3} = \overset{1}{\underset{1}{\cancel{\frac{3}{2}}}} \times \overset{4}{\underset{1}{\cancel{\frac{8}{3}}}} = 4$

6 (승하의 키)$= 1\frac{1}{2} \times 1\frac{3}{25} = \overset{3}{\underset{1}{\cancel{\frac{3}{2}}}} \times \overset{14}{\cancel{\frac{28}{25}}}$

$= \frac{42}{25} = 1\frac{17}{25}$ (m)

7 (파란색 끈의 길이)

$= 3\frac{3}{4} \times 1\frac{1}{5} = \overset{3}{\underset{2}{\cancel{\frac{15}{4}}}} \times \overset{3}{\underset{1}{\cancel{\frac{6}{5}}}} = \frac{9}{2} = 4\frac{1}{2}$ (m)

8 · $2\frac{3}{4} \times \frac{2}{5} \times 1\frac{2}{3} = \frac{11}{\underset{2}{\cancel{4}}} \times \overset{1}{\cancel{\frac{2}{5}}} \times \overset{1}{\cancel{\frac{5}{3}}} = \frac{11}{6} = 1\frac{5}{6}$

· $\frac{5}{6} \times 3\frac{3}{8} \times \frac{8}{9} = \frac{5}{\underset{2}{\cancel{6}}} \times \overset{9}{\underset{1}{\cancel{\frac{27}{8}}}} \times \overset{1}{\underset{1}{\cancel{\frac{8}{9}}}} = \frac{5}{2} = 2\frac{1}{2}$

➜ $1\frac{5}{6} < 2\frac{1}{2}$

9 · 태우: $2\frac{3}{4} \times 3\frac{1}{3} = \frac{11}{\underset{2}{\cancel{4}}} \times \overset{5}{\cancel{\frac{10}{3}}} = \frac{55}{6} = 9\frac{1}{6}$

· 지혜: $2\frac{2}{9} \times 1\frac{1}{2} = \overset{10}{\underset{3}{\cancel{\frac{20}{9}}}} \times \overset{1}{\underset{1}{\cancel{\frac{3}{2}}}} = \frac{10}{3} = 3\frac{1}{3}$

➜ $9\frac{1}{6} - 3\frac{1}{3} = 9\frac{1}{6} - 3\frac{2}{6} = 8\frac{7}{6} - 3\frac{2}{6} = 5\frac{5}{6}$

10 만들 수 있는 가장 큰 대분수는 $5\frac{1}{4}$이고, 가장 작은 대분수는 $1\frac{4}{5}$입니다.

➜ $5\frac{1}{4} \times 1\frac{4}{5} = \frac{21}{4} \times \frac{9}{5} = \frac{189}{20} = 9\frac{9}{20}$

11 · $2\frac{1}{4} \times 5\frac{5}{6} = \overset{3}{\cancel{\frac{9}{4}}} \times \overset{35}{\underset{2}{\cancel{\frac{35}{6}}}} = \frac{105}{8} = 13\frac{1}{8}$

· $4\frac{4}{15} \times 4\frac{1}{11} = \frac{64}{\underset{1}{\cancel{15}}} \times \overset{3}{\cancel{\frac{45}{11}}} = \frac{192}{11} = 17\frac{5}{11}$

➜ $13\frac{1}{8} < \square < 17\frac{5}{11}$에서 □ 안에 들어갈 수 있는 자연수는 14, 15, 16, 17입니다.

12 (색종이 한 장의 넓이)

$= 5\frac{2}{3} \times 5\frac{2}{3} = \frac{17}{3} \times \frac{17}{3} = \frac{289}{9} = 32\frac{1}{9}$ (cm²)

➜ (색종이가 붙어 있는 벽의 넓이)

$= 32\frac{1}{9} \times 45 = \frac{289}{\underset{1}{\cancel{9}}} \times \overset{5}{\cancel{45}} = 1445$ (cm²)

54쪽 응용 학습 ❶

| 1단계 $5\frac{5}{21}$ | **1·1** (1) 8개 (2) 4개 |
| 2단계 5개 | **1·2** 10 |

1단계 $3\frac{1}{7} \times 1\frac{2}{3} = \frac{22}{7} \times \frac{5}{3} = \frac{110}{21} = 5\frac{5}{21}$

2단계 $5\frac{5}{21} > \square\frac{2}{21}$에서 □ 안에 들어갈 수 있는 자연수는 1, 2, 3, 4, 5로 모두 5개입니다.

1·1 (1) $3\frac{3}{5} \times 2\frac{1}{3} = \overset{6}{\cancel{\frac{18}{5}}} \times \overset{7}{\underset{1}{\cancel{\frac{7}{3}}}} = \frac{42}{5} = 8\frac{2}{5}$이므로

$8\frac{2}{5} > \square\frac{1}{5}$입니다.

따라서 □ 안에 들어갈 수 있는 자연수는 1, 2, 3, 4, 5, 6, 7, 8로 모두 8개입니다.

(2) $\frac{8}{21} \times \overset{2}{\cancel{14}} = \frac{16}{3} = 5\frac{1}{3}$이므로

$5\frac{1}{3} > \square\frac{2}{3}$입니다.

따라서 □ 안에 들어갈 수 있는 자연수는 1, 2, 3, 4로 모두 4개입니다.

1·2 $2\frac{1}{2} \times 2\frac{1}{9} = \frac{5}{2} \times \frac{19}{9} = \frac{95}{18} = 5\frac{5}{18}$이므로

$\square\frac{7}{18} < 5\frac{5}{18}$입니다.

따라서 □ 안에 들어갈 수 있는 자연수는 1, 2, 3, 4이고, 합은 $1+2+3+4=10$입니다.

55쪽 응용 학습 ❷

1단계	$7\dfrac{3}{7}$ cm²	2·1	$\dfrac{2}{3}$ cm²
2단계	$8\dfrac{1}{4}$ cm²	2·2	화단, $\dfrac{4}{9}$ m²
3단계	$\dfrac{23}{28}$ cm²		

1단계 (직사각형 가의 넓이)

$$=6\frac{2}{7}\times1\frac{2}{11}=\frac{\overset{4}{44}}{7}\times\frac{13}{\underset{1}{11}}=\frac{52}{7}=7\frac{3}{7}\,(\text{cm}^2)$$

2단계 (직사각형 나의 넓이)

$$=2\frac{1}{4}\times3\frac{2}{3}=\frac{9}{4}\times\frac{11}{\underset{1}{\overset{3}{3}}}=\frac{33}{4}=8\frac{1}{4}\,(\text{cm}^2)$$

3단계 (넓이의 차)$=8\dfrac{1}{4}-7\dfrac{3}{7}=8\dfrac{7}{28}-7\dfrac{12}{28}$

$$=7\frac{35}{28}-7\frac{12}{28}=\frac{23}{28}\,(\text{cm}^2)$$

참고 $8\dfrac{7}{28}-7\dfrac{12}{28}$ 는 자연수 부분에서 1을 받아내림하여 $7\dfrac{35}{28}-7\dfrac{12}{28}$ 로 계산합니다.

2·1 • (직사각형 가의 넓이)

$$=4\frac{1}{2}\times4=\frac{9}{\underset{1}{2}}\times\overset{2}{4}=18\,(\text{cm}^2)$$

• (평행사변형 나의 넓이)

$$=3\frac{1}{4}\times5\frac{1}{3}=\frac{13}{\underset{1}{4}}\times\frac{\overset{4}{16}}{3}=\frac{52}{3}=17\frac{1}{3}\,(\text{cm}^2)$$

➡ (넓이의 차)$=18-17\dfrac{1}{3}=17\dfrac{3}{3}-17\dfrac{1}{3}$

$$=\frac{2}{3}\,(\text{cm}^2)$$

2·2 • (화단의 넓이)$=1\dfrac{1}{3}\times1\dfrac{1}{3}=\dfrac{4}{3}\times\dfrac{4}{3}$

$$=\frac{16}{9}=1\frac{7}{9}\,(\text{m}^2)$$

• (잔디밭의 넓이)$=1\dfrac{2}{3}\times\dfrac{4}{5}=\dfrac{5}{3}\times\dfrac{4}{\underset{1}{5}}$

$$=\frac{4}{3}=1\frac{1}{3}\,(\text{m}^2)$$

➡ $1\dfrac{7}{9}>1\dfrac{3}{9}\left(=1\dfrac{1}{3}\right)$ 이므로 화단이

$1\dfrac{7}{9}-1\dfrac{3}{9}=\dfrac{4}{9}$ (m²) 더 넓습니다.

56쪽 응용 학습 ❸

1단계	$2\dfrac{14}{15}$	3·1	$11\dfrac{11}{12}$
2단계	$2\dfrac{4}{9}$	3·2	144

1단계 어떤 수를 □라 하면 □$+\dfrac{5}{6}=3\dfrac{23}{30}$이므로

$$\square=3\frac{23}{30}-\frac{5}{6}=3\frac{23}{30}-\frac{25}{30}=2\frac{53}{30}-\frac{25}{30}$$

$$=2\frac{28}{30}=2\frac{14}{15}\text{입니다.}$$

2단계 $2\dfrac{14}{15}\times\dfrac{5}{6}=\dfrac{\overset{22}{44}}{\underset{3}{15}}\times\dfrac{\overset{1}{5}}{\underset{3}{6}}=\dfrac{22}{9}=2\dfrac{4}{9}$

3·1 어떤 수를 □라 하면 □$-2\dfrac{1}{6}=3\dfrac{1}{3}$이므로

$$\square=3\frac{1}{3}+2\frac{1}{6}=3\frac{2}{6}+2\frac{1}{6}=5\frac{3}{6}=5\frac{1}{2}\text{입니다.}$$

➡ $5\dfrac{1}{2}\times2\dfrac{1}{6}=\dfrac{11}{2}\times\dfrac{13}{6}=\dfrac{143}{12}=11\dfrac{11}{12}$

3·2 어떤 수를 □라 하면 □$\div9=1\dfrac{4}{5}$이므로

$$\square=1\frac{4}{5}\times9=\frac{9}{5}\times9=\frac{81}{5}=16\frac{1}{5}\text{입니다.}$$

따라서 바르게 계산하면

$16\dfrac{1}{5}\times9=\dfrac{81}{5}\times9=\dfrac{729}{5}=145\dfrac{4}{5}$ 입니다.

➡ 바르게 계산한 값과 잘못 계산한 값의 차는

$145\dfrac{4}{5}-1\dfrac{4}{5}=144$입니다.

57쪽 응용 학습 ❹

1단계	$\dfrac{3}{4}$	4·1	40개
2단계	$\dfrac{3}{20}$	4·2	$\dfrac{27}{35}$ kg
3단계	30쪽		

1단계 어제 읽고 난 나머지는

전체의 $1-\dfrac{1}{4}=\dfrac{3}{4}$입니다.

2단계 어제와 오늘 읽고 난 나머지는

전체의 $\dfrac{3}{4}\times\left(1-\dfrac{4}{5}\right)=\dfrac{3}{4}\times\dfrac{1}{5}=\dfrac{3}{20}$입니다.

3단계 (어제와 오늘 읽고 남은 쪽수)

$$=\overset{10}{200}\times\frac{3}{\underset{1}{20}}=30(\text{쪽})$$

4·1 • 윤지에게 주고 남은 사탕: 전체의 $1-\frac{1}{4}=\boxed{\frac{3}{4}}$

• 윤지와 태현이에게 주고 남은 사탕:

전체의 $\frac{3}{4}\times\left(1-\frac{7}{15}\right)=\frac{\overset{1}{\cancel{3}}}{\cancel{4}}\times\frac{\overset{2}{\cancel{8}}}{\underset{5}{\cancel{15}}}=\frac{2}{5}$

$\Rightarrow \overset{20}{\cancel{100}}\times\frac{2}{\underset{1}{\cancel{5}}}=40(\text{개})$

4·2 • 빵을 만들고 남은 밀가루: 전체의 $1-\frac{4}{7}=\boxed{\frac{3}{7}}$

• 빵과 쿠키를 만들고 남은 밀가루:

전체의 $\frac{3}{7}\times\left(1-\frac{1}{4}\right)=\frac{3}{7}\times\frac{3}{4}=\frac{9}{28}$

$\Rightarrow 2\frac{2}{5}\times\frac{9}{28}=\frac{\overset{3}{\cancel{12}}}{5}\times\frac{9}{\underset{7}{\cancel{28}}}=\frac{27}{35}(\text{kg})$

58쪽 응용 학습 **⑤**

1단계 $\frac{5}{7}$ m	**5·1** $2\frac{7}{24}$ m^2
2단계 $1\frac{2}{3}$ m	**5·2** 462 cm^2
3단계 $1\frac{4}{21}$ m^2	

1단계 정사각형의 가로를 $\frac{2}{7}$만큼 줄였으므로

(직사각형의 가로)$=1-1\times\frac{2}{7}=\frac{7}{7}-\frac{2}{7}=\frac{5}{7}$ (m)

입니다.

2단계 정사각형의 세로를 $\frac{2}{3}$만큼 늘였으므로

(직사각형의 세로)$=1+1\times\frac{2}{3}=\frac{3}{3}+\frac{2}{3}$

$=\frac{5}{3}=1\frac{2}{3}$ (m)입니다.

3단계 (직사각형의 넓이)$=\frac{5}{7}\times1\frac{2}{3}=\frac{5}{7}\times\frac{5}{3}$

$=\frac{25}{21}=1\frac{4}{21}$ (m^2)

5·1 • (직사각형의 가로)$=1-1\times\frac{1}{6}=\frac{5}{6}$ (m)

• (직사각형의 세로)$=1+1\times1\frac{3}{4}=2\frac{3}{4}$ (m)

$\Rightarrow$ (직사각형의 넓이)$=\frac{5}{6}\times2\frac{3}{4}=\frac{5}{6}\times\frac{11}{4}$

$=\frac{55}{24}=2\frac{7}{24}$ (m^2)

5·2 • (직사각형의 가로)$=21-\overset{3}{\cancel{21}}\times\frac{3}{\underset{2}{\cancel{14}}}=21-\frac{9}{2}$

$=20\frac{2}{2}-4\frac{1}{2}=16\frac{1}{2}$ (cm)

• (직사각형의 세로)$=21+\overset{7}{\cancel{21}}\times\frac{1}{\underset{1}{\cancel{3}}}$

$=21+7=28$ (cm)

$\Rightarrow$ (직사각형의 넓이)$=16\frac{1}{2}\times28=\frac{33}{\underset{1}{\cancel{2}}}\times\overset{14}{\cancel{28}}$

$=462$ (cm^2)

59쪽 응용 학습 **⑥**

1단계 $1\frac{1}{4}$시간	**6·1** 18 km
2단계 4 km	**6·2** 23 km

1단계 1시간 15분$=1\frac{15}{60}$시간$=1\frac{1}{4}$시간

2단계 (1시간 15분 동안 갈 수 있는 거리)

$=$(한 시간 동안 가는 거리)$\times$(시간)

$=3\frac{1}{5}\times1\frac{1}{4}=\frac{\overset{4}{\cancel{16}}}{\underset{1}{\cancel{5}}}\times\frac{\overset{1}{\cancel{5}}}{\underset{1}{\cancel{4}}}=4$ (km)

6·1 1시간 45분$=1\frac{45}{60}$시간$=1\frac{3}{4}$시간입니다.

$\Rightarrow$ (1시간 45분 동안 갈 수 있는 거리)

$=10\frac{2}{7}\times1\frac{3}{4}=\frac{\overset{18}{\cancel{72}}}{\underset{1}{\cancel{7}}}\times\frac{\overset{1}{\cancel{7}}}{\underset{1}{\cancel{4}}}=18$ (km)

6·2 2시간 30분$=2\frac{30}{60}$시간$=2\frac{1}{2}$시간입니다.

(2시간 30분 동안 온 거리)

$=70\frac{4}{5}\times2\frac{1}{2}=\frac{\overset{177}{\cancel{354}}}{\underset{1}{\cancel{5}}}\times\frac{\overset{1}{\cancel{5}}}{\underset{1}{\cancel{2}}}=177$ (km)

$\Rightarrow$ (더 가야 하는 거리)$=200-177=23$ (km)

60쪽 **교과서 통합 핵심 개념**

1 42, 3, 9 / 32, 4, 4

2 19, 9, 1 / 11, 2, 3

3 7, 42 / 5, 40 / 4, 48 / $\dfrac{2\times7}{3\times9}=\dfrac{14}{27}$

4 $1\dfrac{1}{6}\times4\dfrac{2}{7}=\dfrac{\overset{1}{\cancel{7}}}{\cancel{6}}\times\dfrac{\overset{5}{\cancel{30}}}{\cancel{7}}=5$

61쪽~63쪽 **단원 평가**

1 4, 4, 8, $2\dfrac{2}{3}$

2 $9\times\dfrac{11}{15}=\dfrac{\overset{3}{\cancel{9}}\times11}{\cancel{15}}=\dfrac{33}{5}=6\dfrac{3}{5}$

3 $9\dfrac{4}{5}$　　　　**4** $1\dfrac{1}{3},\ \dfrac{14}{15}$

5 ✕ (교차선)　　　　**6** $1\dfrac{1}{5}$ cm

7 (○) ( )

8 ❶ 예 대분수를 가분수로 나타내지 않고 약분하여 계산했습니다.

❷ 예 $1\dfrac{3}{10}\times5=\dfrac{13}{\underset{2}{\cancel{10}}}\times\overset{1}{\cancel{5}}=\dfrac{13}{2}=6\dfrac{1}{2}$

9 26　　　　**10** 20명

11 $\dfrac{13}{35}$

12

	✕	
$1\dfrac{4}{5}$	$\dfrac{5}{12}$	$\dfrac{3}{4}$
$2\dfrac{1}{6}$	$2\dfrac{2}{9}$	$4\dfrac{22}{27}$
$3\dfrac{9}{10}$	$\dfrac{25}{27}$	

13 4800원　　　　**14** 수민

15 $\dfrac{5}{36}$　　　　**16** 2개

17 ❶ $\dfrac{1}{2}▲2\dfrac{1}{3}=\left(\dfrac{1}{2}+2\dfrac{1}{3}\right)\times2\dfrac{1}{3}$ 입니다.

❷ $\dfrac{1}{2}+2\dfrac{1}{3}=\dfrac{3}{6}+2\dfrac{2}{6}=2\dfrac{5}{6}$,

$2\dfrac{5}{6}\times2\dfrac{1}{3}=\dfrac{17}{6}\times\dfrac{7}{3}=\dfrac{119}{18}=6\dfrac{11}{18}$ 입니다.

답 $6\dfrac{11}{18}$

18 3 cm

19 ❶ (종이의 넓이)=(한 변의 길이)×(한 변의 길이)

$=1\dfrac{3}{5}\times1\dfrac{3}{5}=\dfrac{8}{5}\times\dfrac{8}{5}=\dfrac{64}{25}=2\dfrac{14}{25}$ (m²)

❷ (색칠한 부분의 넓이)$=2\dfrac{14}{25}\times\dfrac{2}{5}=\dfrac{64}{25}\times\dfrac{2}{5}$

$=\dfrac{128}{125}=1\dfrac{3}{125}$ (m²)

답 $1\dfrac{3}{125}$ m²

20 $\dfrac{1}{21}$

3 $3\dfrac{1}{2}\times2\dfrac{4}{5}=\dfrac{7}{\underset{1}{\cancel{2}}}\times\dfrac{\overset{7}{\cancel{14}}}{5}=\dfrac{49}{5}=9\dfrac{4}{5}$

4 • $\overset{2}{\cancel{14}}\times\dfrac{2}{\underset{3}{\cancel{21}}}=\dfrac{4}{3}=1\dfrac{1}{3}$

• $1\dfrac{1}{3}\times\dfrac{7}{10}=\dfrac{\overset{2}{\cancel{4}}}{3}\times\dfrac{7}{\underset{5}{\cancel{10}}}=\dfrac{14}{15}$

6 (정사각형의 둘레)$=\dfrac{3}{\underset{5}{\cancel{10}}}\times\overset{2}{\cancel{4}}=\dfrac{6}{5}=1\dfrac{1}{5}$ (cm)

7 • $1\dfrac{1}{8}\times10=\dfrac{9}{\underset{4}{\cancel{8}}}\times\overset{5}{\cancel{10}}=\dfrac{45}{4}=11\dfrac{1}{4}$

• $3\times3\dfrac{1}{5}=3\times\dfrac{16}{5}=\dfrac{48}{5}=9\dfrac{3}{5}$

➡ $11\dfrac{1}{4}>9\dfrac{3}{5}$

8

채점 기준	❶ 계산이 잘못된 이유를 쓴 경우	2점	5점
	❷ 바르게 계산한 경우	3점	

[평가 기준] 이유에서 '대분수를 가분수로 나타내지 않았다.'라는 표현이 있으면 정답으로 인정합니다.

9 $1\dfrac{2}{7}\times20=\dfrac{9}{7}\times20=\dfrac{180}{7}=25\dfrac{5}{7}$ 이므로

$25\dfrac{5}{7}<□$ 입니다. 따라서 □ 안에 들어갈 수 있는

가장 작은 자연수는 26입니다.

10 (휴대 전화를 가지고 있는 학생 수)

$=\overset{4}{\cancel{32}}\times\dfrac{5}{\underset{1}{\cancel{8}}}=20$(명)

11 ㉠ $\dfrac{3}{\underset{2}{\cancel{4}}}\times\dfrac{\overset{1}{\cancel{2}}}{5}=\dfrac{3}{10}$　　㉡ $\dfrac{1}{\underset{2}{\cancel{6}}}\times\dfrac{\overset{1}{\cancel{3}}}{7}=\dfrac{1}{14}$

➡ ㉠+㉡$=\dfrac{3}{10}+\dfrac{1}{14}=\dfrac{21}{70}+\dfrac{5}{70}=\dfrac{\overset{13}{\cancel{26}}}{\underset{35}{\cancel{70}}}=\dfrac{13}{35}$

BOOK ❶ 개념북

2 단원

13 선우와 어머니의 입장료의 합은 8000원입니다.

➡ $\overset{1600}{\cancel{8000}} \times \dfrac{3}{\cancel{5}} = 4800$(원)

14 • 수지: 1 km=1000 m이므로

$\overset{50}{\cancel{1000}} \times \dfrac{1}{\cancel{20}} = 50$ (m)입니다.

• 수민: 1시간=60분이므로

$\overset{5}{\cancel{60}} \times \dfrac{11}{\cancel{12}} = 55$(분)입니다.

• 지혜: 1 cm=10 mm이므로

$\overset{1}{\cancel{10}} \times \dfrac{3}{\cancel{100}} = \dfrac{3}{10} = 0.3$ (mm)입니다.

15 $\dfrac{1}{2} \times \dfrac{\overset{1}{\cancel{4}}}{9} \times \dfrac{5}{\underset{2}{\cancel{8}}} = \dfrac{5}{36}$

16 $\dfrac{1}{4} \times \dfrac{1}{6} = \dfrac{1}{24}$, $\dfrac{1}{\square} \times \dfrac{1}{8} = \dfrac{1}{\square \times 8}$이므로

$\dfrac{1}{24} < \dfrac{1}{\square \times 8}$입니다.

$\square$=1이면 $\dfrac{1}{24} < \dfrac{1}{8}$, $\square$=2이면 $\dfrac{1}{24} < \dfrac{1}{16}$,

$\square$=3이면 $\dfrac{1}{24} = \dfrac{1}{24}$입니다. ➡ 1, 2로 모두 2개

17

채점 기준	❶ 기호로 나타낸 식을 덧셈과 곱셈으로 나타낸 경우	2점	5점
	❷ 주어진 식을 바르게 계산한 경우	3점	

18 • 지혜가 사용하고 남은 끈: 전체의 $1 - \dfrac{2}{3} = \dfrac{1}{3}$

• 지혜와 민주가 사용하고 남은 끈:

전체의 $\dfrac{1}{3} \times \left(1 - \dfrac{7}{10}\right) = \dfrac{1}{\cancel{3}} \times \dfrac{\overset{1}{\cancel{3}}}{10} = \dfrac{1}{10}$

➡ $\overset{3}{\cancel{30}} \times \dfrac{1}{\cancel{10}} = 3$ (cm)

19

채점 기준	❶ 종이의 넓이를 구한 경우	2점	5점
	❷ 색칠한 부분의 넓이를 구한 경우	3점	

20 진분수끼리의 곱은 분자는 분자끼리, 분모는 분모끼리 곱하여 계산합니다. 분수는 분모가 클수록, 분자가 작을수록 작은 수이므로 계산 결과 중 가장 작은 값은

$\dfrac{\overset{1}{\cancel{2}} \times \overset{1}{\cancel{3}} \times \overset{1}{\cancel{4}}}{\underset{3}{\cancel{9}} \times \underset{4}{\cancel{8}} \times 7} = \dfrac{1}{21}$입니다.

❸ 합동과 대칭

66쪽 개념 학습 ❶

1 (1) 나 (2) 가 (3) 가
2 (1) (◯) ( ) (◯) (2) (◯) (◯) ( )
　(3) ( ) (◯) (◯)

67쪽 개념 학습 ❷

1 (1) ㅁ, ㅂ, ㄹ (2) ㅁㅂ, ㅂㄹ, ㅁㄹ
　(3) ㅁㅂㄹ, ㅂㄹㅁ, ㅂㅁㄹ
2 (1) 5 (2) 7 (3) 90

2 (1) 변 ㅁㅇ의 대응변은 변 ㄱㄹ이고, 대응변의 길이는 서로 같으므로 (변 ㅁㅇ)=(변 ㄱㄹ)=5 cm입니다.

(2) 변 ㅂㅅ의 대응변은 변 ㄱㄴ이고, 대응변의 길이는 서로 같으므로 (변 ㅂㅅ)=(변 ㄱㄴ)=7 cm입니다.

(3) 각 ㄹㄱㄴ의 대응각은 각 ㅁㅇㅅ이고, 대응각의 크기는 서로 같으므로
(각 ㄹㄱㄴ)=(각 ㅁㅇㅅ)=90°입니다.

68쪽 개념 학습 ❸

1 (1) ◯ (2) × (3) × (4) ◯
　(5) ◯ (6) × (7) × (8) ◯
2 (1) ㉠ (2) ㉡ (3) ㉡ (4) ㉠ (5) ㉠ (6) ㉠

69쪽 개념 학습 ❹

1 (1) ㅁㄹ (2) ㅁㄹㅂ (3) ㄹㅂ (4) 90
2 (1)

(2)

(3)

1 (3) 대응점에서 대칭축까지의 거리는 서로 같습니다.
　(4) 대응점끼리 이은 선분은 대칭축과 수직으로 만납니다.

70쪽	개념 학습 ⑤

1 (1) × (2) ◯ (3) ◯ (4) ×
　(5) × (6) ◯ (7) ◯ (8) ×
2 (1) ㉡ (2) ㉡ (3) ㉢ (4) ㉢ (5) ㉢ (6) ㉣

71쪽	개념 학습 ⑥

1 (1) ㄹㅁ (2) ㅁㅂㄱ (3) ㄹㅇ (4) ㅂㅇ
2 (1)

(2)

(3)

1 (3) 대응점에서 대칭의 중심까지의 거리는 같습니다.

72쪽~73쪽	문제 학습 ①

1 나
2 (1) 사 (2) 아
3 예

4 ㉠, ㉡
5 ( )(◯)( )
6 나, 마 / 라, 바
7 다
8 예

9 지혜
10 가, 다 / 라, 마
11 3쌍
12 ㉡

3 [평가 기준] 주어진 도형과 포개었을 때 완전히 겹치는 도형을 그렸으면 모두 정답으로 인정합니다.

---

4 점선을 따라 잘랐을 때 만들어지는 두 도형의 모양과 크기가 같아야 합니다.

5 점선을 따라 잘랐을 때 만들어지는 세 도형의 모양과 크기가 같은 것을 찾습니다.

8 잘라서 만들어지는 네 도형의 모양과 크기가 모두 같게 선을 긋습니다.
　예

9 주어진 도형은 모양은 같지만 크기가 다르므로 합동이 아닙니다.

11 (삼각형 ㄱㄴㅁ, 삼각형 ㄷㄴㅁ)
　(삼각형 ㄱㅁㄹ, 삼각형 ㄷㅁㄹ) → 3쌍
　(삼각형 ㄱㄴㄹ, 삼각형 ㄷㄴㄹ)

12 ㉡ 직사각형은 둘레가 같아도 가로와 세로가 각각 다를 수 있습니다.

74쪽~75쪽	문제 학습 ②

1 (1) 점 ㅅ (2) 변 ㅁㅂ (3) 각 ㅁㅇㅅ
2 점 ㄷ, 변 ㄹㄴ, 각 ㄹㄷㄴ
3 4쌍, 4쌍, 4쌍
4 (1) 6 cm (2) 30°
5 55°
6 (1) 15 cm (2) 95°
7 120°
8 65
9 112 cm²
10 27 cm²
11 24 cm

2 삼각형 ㄱㄴㄷ과 삼각형 ㄹㄷㄴ을 포개면 점 ㄱ은 점 ㄹ과, 점 ㄴ은 점 ㄷ과 만납니다.

3 사각형은 꼭짓점, 변, 각이 각각 4개이므로 대응점, 대응변, 대응각이 각각 4쌍입니다.

4 (1) 대응변의 길이는 서로 같으므로
　(변 ㅁㅂ)=(변 ㄱㄴ)=6 cm입니다.
　(2) 삼각형 ㄱㄴㄷ의 세 각의 크기의 합은 180°이므로
　(각 ㄴㄷㄱ)=180°-85°-65°=30°입니다.
　대응각의 크기는 서로 같으므로
　(각 ㅂㄹㅁ)=(각 ㄴㄷㄱ)=30°입니다.

5 대응각의 크기는 서로 같으므로
　(각 ㄴㄷㄱ)=(각 ㅁㅂㄹ)=35°입니다.
　삼각형 ㄱㄴㄷ의 세 각의 크기의 합은 180°이므로
　(각 ㄱㄴㄷ)=180°-90°-35°=55°입니다.

6 (1) 변 ㄴㄷ의 대응변은 변 ㅅㅂ이고, 대응변의 길이
는 서로 같습니다.

➡ (변 ㄴㄷ)=(변 ㅅㅂ)=15 cm

(2) 각 ㅁㅇㅅ의 대응각은 각 ㄹㄱㄴ이고, 대응각의
크기는 서로 같습니다.

➡ (각 ㅁㅇㅅ)=(각 ㄹㄱㄴ)=95°

7 대응각의 크기는 서로 같으므로
(각 ㄹㄷㄴ)=(각 ㅁㅂㅅ)=65°입니다.
사각형 ㄱㄴㄷㄹ의 네 각의 크기의 합은 360°이므로
(각 ㄹㄱㄴ)=360°−70°−65°−105°=120°입니다.

8 삼각형의 세 각의 크기의 합은 180°이고, 이등변삼
각형은 두 각의 크기가 같으므로
(각 ㄱㄴㄷ)=(각 ㄴㄱㄷ)=(180°−50°)÷2
=130°÷2=65°입니다.
합동인 두 삼각형에서 대응각의 크기는 서로 같으므
로 (각 ㄹㅁㅂ)=(각 ㄱㄴㄷ)=65°입니다.

9 대응변의 길이는 서로 같으므로
(변 ㅁㅇ)=(변 ㄹㄷ)=8 cm입니다.
➡ (직사각형 ㅁㅂㅅㅇ의 넓이)
=8×14=112 (cm²)

10 대응변의 길이는 서로 같으므로
(변 ㄹㄷ)=(변 ㄱㄴ)=6 cm입니다.
➡ (삼각형 ㄹㄷㄴ의 넓이)=9×6÷2=27 (cm²)

11 대응변의 길이는 서로 같으므로
(변 ㄱㄴ)=(변 ㅇㅅ)=6 cm,
(변 ㄹㄷ)=(변 ㅁㅂ)=8 cm입니다.
➡ (사각형 ㄱㄴㄷㄹ의 둘레)
=6+8+8+2=24 (cm)

76쪽~77쪽　　**문제 학습 ❸**

1 (1) 다　(2) 선대칭도형, 대칭축
2 (1) 점 ㅁ　(2) 변 ㄱㅁ　(3) 각 ㄱㅁㄹ
3 ②　　　　　　**4** 다
5 태우　　　　　**6**

7 ㄹ　　　　　　**8** 다
9 3개　　　　　**10** 가
11 2개

---

3 ① ② ③ ④ ⑤

4 다는 주어진 직선을 따라 접었을 때 도형이 완전히
겹치므로 대칭축을 바르게 나타냈습니다.

5 강우: 원의 대칭축은 원의 중심을 지
나는 직선이고 셀 수 없이 많습니다.

7 ㉠ A　㉡ E　㉢ M

8 가 ㅜ　나 　다

9

10 가 　나 　다

11 한 직선을 따라 접었을 때 완전히 겹치는 국기는 캐
나다와 이스라엘의 국기이므로 모두 2개입니다.

78쪽~79쪽　　**문제 학습 ❹**

1 (1) 8 cm　(2) 50°　　**2** 90°
3 　　　　　　　　　　**4** 80, 6
5 14 cm　　　　　　　**6** 50°
7 32 cm　　　　　　　**8** 135°
9 51 cm　　　　　　　**10** 6 cm
11 　　　　　　　　／ 36 cm²

---

1 (1) 변 ㄱㄷ의 대응변은 변 ㄱㄴ이므로 8 cm입니다.
　(2) 각 ㄱㄷㄹ의 대응각은 각 ㄱㄴㄹ이므로 50°입니다.

2 대응점끼리 이은 선분은 대칭축과 수직으로 만납니다.

3 각 점의 대응점을 찾아 표시한 후 차례로 이어 선대칭도형을 완성합니다.

4 ・각 ㄱㄴㅂ의 대응각은 각 ㄹㄷㅂ이므로
　　(각 ㄱㄴㅂ)=(각 ㄹㄷㅂ)=100°입니다.
　　대응점끼리 이은 선분은 대칭축과 수직으로 만나고
　　사각형 ㄱㄴㅂㅁ의 네 각의 크기의 합은 360°이므로
　　(각 ㅁㄱㄴ)=360°-100°-90°-90°=80°입니다.
　・대응점에서 대칭축까지의 거리는 서로 같으므로
　　(선분 ㄷㅂ)=(선분 ㄴㅂ)=6 cm입니다.

5 대칭축은 대응점끼리 이은 선분을 둘로 똑같이 나누므로 (선분 ㅂㄹ)=7×2=14 (cm)입니다.

6 각 ㄱㄹㄷ의 대응각은 각 ㄱㄴㄷ이므로
　(각 ㄱㄹㄷ)=(각 ㄱㄴㄷ)=60°입니다.
　삼각형 ㄱㄷㄹ의 세 각의 크기의 합은 180°이므로
　(각 ㄱㄷㄹ)=180°-70°-60°=50°입니다.

7 선대칭도형에서 각각의 대응변의 길이는 서로 같으므로 모르는 변의 길이는 각각
3 cm, 5 cm, 8 cm입니다.
➡ (도형의 둘레)
　　=(3+5+8)×2=32 (cm)
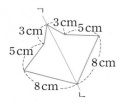

8 각 ㅂㄱㄴ의 대응각은 각 ㅂㅁㄹ이므로
　(각 ㅂㄱㄴ)=(각 ㅂㅁㄹ)=70°입니다.
　사각형 ㄱㄴㄷㅂ의 네 각의 크기의 합은 360°이므로
　(각 ㄱㅂㄷ)=360°-70°-90°-65°=135°입니다.

9 선대칭도형에서 각각의 대응각의 크기는 서로 같으므로 완성한 선대칭도형은 세 각의 크기가 모두 같은 정삼각형이 됩니다. 따라서 선대칭도형의 둘레는
17×3=51 (cm)입니다.
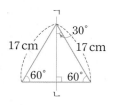

10 변 ㄱㄴ의 대응변은 변 ㄱㄷ이므로
　(변 ㄱㄴ)=(변 ㄱㄷ)=16 cm입니다.
　삼각형 ㄱㄴㄷ의 둘레가 44 cm이므로
　(변 ㄴㄷ)=44-16-16=12 (cm)입니다.
　(선분 ㄴㄹ)=(선분 ㄷㄹ)이므로
　(선분 ㄴㄹ)=12÷2=6 (cm)입니다.

11 (완성한 선대칭도형의 넓이)
　　=(사다리꼴의 넓이)=(6+12)×4÷2=36 (cm²)

80쪽~81쪽　문제 학습 ❺

1 (1) 나　(2) 점대칭도형, 대칭의 중심
2 (1) 점 ㄹ　(2) 변 ㅁㅂ　(3) 각 ㅂㄱㄴ
3 가, 다, 마　　　　**4** 가ㅇ
5 (1) 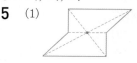　(2)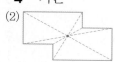
6 다
7 예 어떤 점을 중심으로 180° 돌렸을 때 처음 도형과 완전히 겹치지 않기 때문입니다.
8 수지　　　　　　**9** ④
10 2개　　　　　　**11** 다, 라, 마

3 어떤 점을 중심으로 180° 돌렸을 때 처음 도형과 완전히 겹치는 도형을 찾으면 가, 다, 마입니다.

4 ・윤아: 점 ㄱ의 대응점은 점 ㄹ입니다.
　・수연: 주어진 도형에서 찾을 수 있는 대응점은 모두 3쌍입니다.
　　(점 ㄱ, 점 ㄹ)
　　(점 ㄴ, 점 ㅁ) ➡ 3쌍
　　(점 ㄷ, 점 ㅂ)

6 다는 원의 안쪽에 있는 두 삼각형이 180° 돌렸을 때 완전히 겹치지 않으므로 점대칭도형이 아닙니다.

7 [평가 기준] '180° 돌렸을 때 완전히 겹치지 않는다.'라는 표현이 있으면 정답으로 인정합니다.

8 ・수민: 어떤 점을 중심으로 180° 돌렸을 때 처음 도형과 완전히 겹치는 도형은 가, 나, 라, 바로 모두 4개입니다.
　・수지: 점대칭도형이 아닌 도형은 다, 마입니다.
다 [사다리꼴]→[사다리꼴]　마 ☆→★

9 ① □→□　② ◇→◇　③ ▭→▭
④ △→▽　⑤ ▱→▱

10 ㄱ→ㄴ (×)　ㄹ→ㄹ (○)　ㅁ→ㅁ (○)
ㅂ→ㅁ (×)　ㅈ→ㅅ (×)　ㅌ→ㅋ (×)

11 어떤 점을 중심으로 180° 돌렸을 때 처음 도형과 완전히 겹치는 것을 모두 찾으면 다, 라, 마입니다.

1	⑴ 9 cm	⑵ 70°	**2** 하준

3
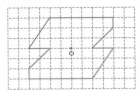

4	120, 11	**5**	20 cm
6	12 cm	**7**	47°
8	100°	**9**	30 cm
10	14 cm	**11**	96 cm²

1 ⑴ 변 ㄷㄹ의 대응변은 변 ㄱㄴ이므로 9 cm입니다.
⑵ 각 ㄴㄱㄹ의 대응각은 각 ㄹㄷㄴ이므로 70°입니다.

2 대칭의 중심은 도형의 모양에 관계없이 1개입니다.

4 ・각 ㄴㄷㄹ의 대응각은 각 ㅁㅂㄱ이므로
　　(각 ㄴㄷㄹ)＝(각 ㅁㅂㄱ)＝120°입니다.
・변 ㄷㄹ의 대응변은 변 ㅂㄱ이므로
　　(변 ㄷㄹ)＝(변 ㅂㄱ)＝11 cm입니다.

5 각각의 대응점에서 대칭의 중심까지의 거리는 같으
므로 (선분 ㄹㅇ)＝(선분 ㄴㅇ)＝10 cm입니다.
➡ (선분 ㄴㄹ)＝10＋10＝20 (cm)

6 각각의 대응점에서 대칭의 중심까지의 거리가 같으
므로 (선분 ㅂㅇ)＝(선분 ㄷㅇ)＝8＋2＝10 (cm)입
니다.
➡ (선분 ㄴㅂ)＝2＋10＝12 (cm)

7 삼각형 ㄹㄴㄷ의 세 각의 크기의 합은 180°이므로
(각 ㄴㄷㄹ)＝180°－65°－68°＝47°입니다.
➡ (각 ㄹㄱㄴ)＝(각 ㄴㄷㄹ)＝47°

8 (각 ㄱㄴㄷ)＝(각 ㄹㅁㅂ)＝110°이고
사각형 ㄱㄴㄷㄹ의 네 각의 크기의 합은 360°이므로
(각 ㄹㄷㄴ)＝360°－110°－70°－80°＝100°입니다.
➡ (각 ㄱㅂㅁ)＝(각 ㄹㄷㄴ)＝100°

9 (점대칭도형의 둘레)
　＝(6＋4＋5)×2＝30 (cm)

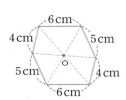

10 (변 ㄱㄹ)＋6＝40÷2＝20 (cm)이므로
(변 ㄱㄹ)＝20－6＝14 (cm)입니다.

11 (선분 ㄴㅇ)＝(선분 ㄹㅇ)＝8 cm이고,
(선분 ㄱㅇ)＝(선분 ㄷㅇ)＝6 cm입니다.

이 도형은 한 대각선이 8＋8＝16 (cm)이고, 다른
대각선이 6＋6＝12 (cm)인 마름모입니다.
➡ (도형의 넓이)＝16×12÷2＝96 (cm²)

1단계	15 cm	1·1	16 cm
2단계	12 cm	1·2	7 cm

1단계 변 ㄱㄴ의 대응변은 변 ㅁㄹ이므로 15 cm입니다.
2단계 (변 ㄱㄷ)＝36－15－9＝12 (cm)

1·1 (변 ㄹㄷ)＝(변 ㄱㄴ)＝9 cm
➡ (변 ㄹㄴ)＝43－18－9＝16 (cm)

1·2 (변 ㄱㄹ)＝(변 ㅅㅂ)＝5 cm
(변 ㄴㄷ)＝(변 ㅇㅁ)＝10 cm
➡ (변 ㄹㄷ)＝30－5－8－10＝7 (cm)

1단계	125°	2·1	125°
2단계	60°	2·2	110°

1단계 각 ㄴㄷㅂ의 대응각은 각 ㅁㄹㅂ이므로 125°입니다.
2단계 사각형 ㄱㄴㄷㅂ의 네 각의 크기의 합은 360°이므
로 (각 ㄴㄱㅂ)＝360°－85°－125°－90°＝60°
입니다.

2·1 대응각의 크기는 서로 같으므로
(각 ㄱㄴㄷ)＝(각 ㄱㅁㄹ)＝95입니다.
대응점끼리 이은 선분은 대칭축과 수직으로 만나므로
(각 ㄷㅂㄱ)＝90°입니다.
사각형 ㄱㄴㄷㅂ의 네 각의 크기의 합은 360°이므로
(각 ㄴㄷㅂ)＝360°－50°－95°－90°＝125°입니다.

2·2 직선이 이루는 각의 크기는 180°이므로
(각 ㄹㄷㅂ)＝180°－110°＝70°입니다.
대응각의 크기는 서로 같으므로
(각 ㄱㄴㅂ)＝(각 ㄹㄷㅂ)＝70°입니다.
대응점끼리 이은 선분은 대칭축과 수직으로 만나므로
(각 ㄱㅁㅂ)＝(각 ㅁㅂㄴ)＝90°입니다.
사각형 ㄱㄴㅂㅁ의 네 각의 크기의 합은 360°이므로
(각 ㅁㄱㄴ)＝360°－70°－90°－90°＝110°입니다.

86쪽 응용 학습 ❸

1단계 60°	**3·1** 110°
2단계 110°	**3·2** 70°

1단계 각 ㄷㄹㅁ의 대응각은 각 ㅂㄱㄴ이므로 60°입니다.

2단계 사각형 ㄴㄷㄹㅁ의 네 각의 크기의 합은 360°이므로
(각 ㄴㅁㄹ)=360°−145°−45°−60°=110°
입니다.

3·1 각 ㄹㅁㅂ의 대응각은 각 ㄱㄴㄷ이므로
(각 ㄹㅁㅂ)=(각 ㄱㄴㄷ)=115°입니다.
사각형 ㅂㄷㄹㅁ의 네 각의 크기의 합은 360°이므로
(각 ㄷㄹㅁ)=360°−55°−115°−80°=110°입
니다.
각 ㅂㄱㄴ의 대응각은 각 ㄷㄹㅁ이므로
(각 ㅂㄱㄴ)=(각 ㄷㄹㅁ)=110°입니다.

3·2 대응각의 크기는 서로 같으므로
(각 ㄱㄴㄷ)=(각 ㄹㅁㅂ)=90°이고,
(각 ㄴㄷㄹ)=(각 ㅁㅂㄱ)=145°입니다.
사각형 ㄱㄴㄷㄹ의 네 각의 크기의 합은 360°이므로
(각 ㄱㄹㄷ)=360°−55°−90°−145°=70°입니다.

87쪽 응용 학습 ❹

1단계
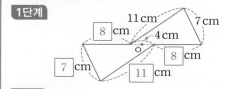

2단계 52 cm
4·1 60 cm   **4·2** 72 cm

2단계 (점대칭도형의 둘레)
=(8+7+11)×2=52 (cm)

4·1
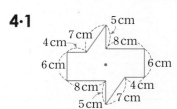

완성한 점대칭도형은 5 cm, 8 cm, 6 cm, 4 cm,
7 cm인 변이 각각 2개씩 있습니다.
➡ (점대칭도형의 둘레)
=(5+8+6+4+7)×2=60 (cm)

4·2
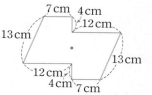

완성한 점대칭도형은 7 cm, 13 cm, 12 cm,
4 cm인 변이 각각 2개씩 있습니다.
➡ (점대칭도형의 둘레)
=(7+13+12+4)×2=72 (cm)

88쪽 응용 학습 ❺

1단계 ㄹㄷㅂ	**5·1** 1000 cm²
2단계 32 cm, 16 cm	**5·2** 144 cm²
3단계 512 cm²	

1단계 삼각형 ㄹㄴㅁ과 삼각형 ㄴㄹㄷ이 서로 합동이고,
삼각형 ㄴㅂㄹ은 공통인 부분이므로 삼각형 ㄴㅁㅂ과
삼각형 ㄹㄷㅂ은 서로 합동입니다.

2단계 서로 합동인 두 도형에서 각각의 대응변의 길이는
서로 같으므로 (변 ㄷㅂ)=(변 ㅁㅂ)=12 cm
→ (변 ㄴㄷ)=20+12=32 (cm)이고,
(변 ㄹㄷ)=(변 ㄴㅁ)=16 cm입니다.

3단계 (직사각형 ㄱㄴㄷㄹ의 넓이)
=32×16=512 (cm²)

5·1 삼각형 ㄱㄴㄹ과 삼각형 ㅁㄹㄴ이 서로 합동이고,
삼각형 ㅂㄴㄹ은 공통인 부분이므로 삼각형 ㄱㄴㅂ
과 삼각형 ㅁㄹㅂ은 서로 합동입니다.
(변 ㄱㅂ)=(변 ㅁㅂ)=21 cm
→ (변 ㄱㄹ)=21+29=50 (cm)이고,
(변 ㄱㄴ)=(변 ㅁㄹ)=20 cm입니다.
➡ (직사각형 ㄱㄴㄷㄹ의 넓이)
=50×20=1000 (cm²)

5·2 삼각형 ㄱㄴㄷ과 삼각형 ㄷㅂㄱ이 서로 합동이고,
삼각형 ㄱㅁㄷ은 공통인 부분이므로 삼각형 ㄱㄴㅁ
과 삼각형 ㄷㅂㅁ은 서로 합동입니다.
(변 ㄴㅁ)=(변 ㅂㅁ)=9 cm
→ (변 ㄴㄷ)=9+15=24 (cm)이고,
(변 ㄱㄴ)=(변 ㄷㅂ)=12 cm입니다.
➡ (삼각형 ㄱㄴㄷ의 넓이)
=24×12÷2=144 (cm²)

89쪽 응용 학습 ❻

1단계	1, 8
2단계	1001, 1111, 1881, 8008, 8118
3단계	5개

6·1 5개   **6·2** 9개

1단계 0, 1, 8은 모두 점대칭이 되는 숫자이고, 0은 천의 자리에 올 수 없으므로 천의 자리 숫자는 1 또는 8 입니다.

2단계 수 카드로 만들 수 있는 점대칭이 되는 네 자리 수는 1▲▲1, 8▲▲8입니다. 8228보다 작은 네 자리 수는 1001, 1111, 1881, 8008, 8118입니다.

3단계 1001, 1111, 1881, 8008, 8118 ➡ 5개

6·1 0, 2, 8은 점대칭이 되는 숫자입니다.
수 카드로 만들 수 있는 점대칭이 되는 네 자리 수는 2▲▲2, 8▲▲8입니다.
8558보다 작은 네 자리 수는 2002, 2222, 2882, 8008, 8228이므로 만들 수 있는 네 자리 수는 모두 5개입니다.

6·2 0, 1, 2, 8은 점대칭이 되는 숫자입니다.
수 카드로 만들 수 있는 점대칭이 되는 네 자리 수는 1▲▲1, 2▲▲2, 8▲▲8입니다.
1221보다 큰 네 자리 수는 1881, 2002, 2112, 2222, 2882, 8008, 8118, 8228, 8888이므로 만들 수 있는 네 자리 수는 모두 9개입니다.

90쪽 교과서 통합 핵심 개념

1 30, 8   **2** 대칭축 / F, G
3 180 / 1 / ㄷ, ㅂ

91쪽~93쪽 단원 평가

1 ( ) (○) ( )
2 가, 나, 바   **3** 가, 마, 바
4 변 ㅁㄹ   **5**

6 9 cm
7 ❶ 변 ㄱㄷ의 대응변은 변 ㅁㄹ이므로
(변 ㄱㄷ)=(변 ㅁㄹ)=15 cm입니다.

❷ 각 ㄱㄴㄷ의 대응각은 각 ㅁㅂㄹ이므로
(각 ㄱㄴㄷ)=(각 ㅁㅂㄹ)=110°입니다.
❸ 삼각형 ㄱㄴㄷ의 세 각의 크기의 합은 180°이므로
(각 ㄱㄷㄴ)=180°−40°−110°=30°입니다.
      답 15 cm, 30°

8 60 cm²
9 ❶ 선대칭도형에 대칭축을 그려 보면 가의 대칭축은 4개, 나의 대칭축은 5개입니다.
❷ 두 선대칭도형의 대칭축의 수의 차는 5−4=1(개)입니다.
      답 1개

10 3개   **11** 6, 100
12

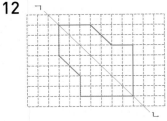

13 10 cm   **14** 6 cm
15

16 ❶ 점대칭도형이 되도록 나머지 부분을 완성하면 밑변의 길이가 17 cm, 높이가 10 cm인 평행사변형이 됩니다.
❷ 따라서 (점대칭도형의 넓이)=17×10=170(cm²)입니다.
      답 170 cm²

17 85°   **18** 80°
19 80 cm²   **20** 140 cm

2 한 직선을 따라 접었을 때 완전히 겹치는 도형을 찾으면 가, 나, 바입니다.

3 한 도형을 어떤 점을 중심으로 180° 돌렸을 때 처음 도형과 완전히 겹치는 도형을 찾으면 가, 마, 바입니다.

6 (변 ㄱㄷ)=(변 ㄹㄴ)=15 cm
➡ (변 ㄱㄴ)=36−12−15=9(cm)

7

채점 기준	❶ 변 ㄱㄷ의 길이를 구한 경우	2점	
	❷ 각 ㄱㄴㄷ은 몇 도인지 구한 경우	2점	5점
	❸ 각 ㄱㄷㄴ은 몇 도인지 구한 경우	1점	

8 대응변의 길이는 서로 같으므로
(변 ㄴㄷ)=(변 ㅇㅁ)=8 cm입니다.
➡ (사다리꼴 ㄱㄴㄷㄹ의 넓이)
   =(4+8)×10÷2=60(cm²)

9

채점 기준	❶ 대칭축의 수를 각각 구한 경우	3점	5점
	❷ 대칭축의 수의 차를 구한 경우	2점	

참고 정다각형의 대칭축의 수는 변의 수와 같습니다.

10 • 선대칭도형: ㉠, ㉡, ㉢, ㉤, ㉮
• 점대칭도형: ㉡, ㉢, ㉣, ㉮

11 • 대응변의 길이는 서로 같으므로
(변 ㄱㄴ)=(변 ㄱㄹ)=6 cm입니다.
• 대응각의 크기는 서로 같으므로
(각 ㄱㄴㄷ)=(각 ㄱㄹㄷ)=100°입니다.

13 변 ㄴㄷ과 변 ㄴㄱ은 대응변이므로 길이가 같습니다.
➡ (변 ㄴㄷ)=(44−24)÷2=20÷2=10 (cm)

14 대칭의 중심은 대응점끼리 이은 선분을 둘로 똑같이
나누므로 (선분 ㄷㅇ)=(선분 ㅂㅇ)=6 cm입니다.

16

채점 기준	❶ 완성한 점대칭도형은 어떤 도형인지 찾은 경우	3점	5점
	❷ 점대칭도형의 넓이를 구한 경우	2점	

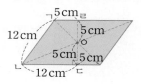

17 정삼각형은 세 각이 모두 60°이므로
(각 ㄹㄱㄷ)=60°−25°=35°입니다.
대응각의 크기는 서로 같으므로
(각 ㄴㄷㄱ)=(각 ㄹㅁㄱ)=60°입니다.
삼각형 ㄱㅂㄷ의 세 각의 크기의 합이 180°이므로
(각 ㄱㅂㄷ)=180°−35°−60°=85°입니다.

18 대응각의 크기는 서로 같으므로
㉠=55°이고, ㉡=180°−55°−100°=25°입니다.
➡ 55°+25°=80°

19 대칭축은 대응점을 이은 선분을 둘로 똑같이 나누므로
(선분 ㄱㅁ)=(선분 ㄷㅁ)=10÷2=5 (cm)입니다.
대응점끼리 이은 선분은 대칭축과 수직으로 만나므로
(삼각형 ㄱㄴㄹ의 넓이)=16×5÷2=40 (cm²)입니다.
삼각형 ㄱㄴㄹ과 삼각형 ㄷㄴㄹ의 넓이는 같으므로
(사각형 ㄱㄴㄷㄹ의 넓이)=40×2=80 (cm²)입니다.

20 각각의 대응점에서 대칭의 중심까지의 거리가 같으
므로 (선분 ㅁㅇ)=(선분 ㄴㅇ)=6 cm입니다.
(변 ㄴㄷ)+(변 ㄷㄹ)+(변 ㄹㅁ)
=(삼각형 ㄴㄷㄹ의 둘레)−(선분 ㄴㅁ)
=82−12=70 (cm)
점대칭도형의 둘레는 70×2=140 (cm)입니다.

---

④ 소수의 곱셈

96쪽 개념 학습 ❶

1 (1) 14, 1.4　(2) (위에서부터) 2, 2, 14, 1.4
(3) 14, 1.4
2 (1) 36, 3.6　(2) (위에서부터) 18, 18, 36, 3.6
(3) 36, 3.6

1 (1) 0.2는 0.1이 2개이므로 0.2×7은 0.1이
2×7=14(개)입니다. ➡ 0.2×7=1.4

(2) 0.2를 $\frac{2}{10}$로 나타냅니다. 분모는 그대로 두고 분자
와 자연수를 곱하여 계산하고 소수로 나타냅니다.

(3) 0.2는 2의 $\frac{1}{10}$배이므로 0.2×7의 계산 결과는
2×7=14의 $\frac{1}{10}$배인 1.4입니다.

2 (1) 1.8은 0.1이 18개이므로 1.8×2는 0.1이
18×2=36(개)입니다. ➡ 1.8×2=3.6

(2) 1.8을 $\frac{18}{10}$로 나타냅니다. 분모는 그대로 두고 분자
와 자연수를 곱하여 계산하고 소수로 나타냅니다.

(3) 1.8은 18의 $\frac{1}{10}$배이므로 1.8×2의 계산 결과는
18×2=36의 $\frac{1}{10}$배인 3.6입니다.

97쪽 개념 학습 ❷

1 (위에서부터) (1) 8, 8, 48, 4.8
(2) 3, 3, 57, 0.57　(3) 136, 136, 544, 5.44
2 (1) 28, 2.8　(2) 144, 14.4　(3) 405, 40.5

1 (1) 0.8을 $\frac{8}{10}$로 나타냅니다. 분모는 그대로 두고 자연
수와 분자를 곱하여 계산하고 소수로 나타냅니다.

(2) 0.03을 $\frac{3}{100}$으로 나타냅니다. 분모는 그대로 두고
자연수와 분자를 곱하여 계산하고 소수로 나타냅
니다.

2 (1) 7×4=28이고, 0.4는 4의 $\frac{1}{10}$배입니다.

7×0.4는 28의 $\frac{1}{10}$배인 2.8입니다.

BOOK ❶ 개념북

4 단원

98쪽　개념 학습 ❸

1 (위에서부터) (1) 7, 9, 63, 0.63
　　(2) 19, 12, 228, 2.28　(3) 32, 24, 768, 0.768
2 (1) 42, 0.42　(2) 252, 2.52　(3) 338, 0.338

---

1 (1) 0.7을 $\frac{7}{10}$, 0.9를 $\frac{9}{10}$로 나타냅니다.

분자는 분자끼리, 분모는 분모끼리 곱하여 계산하고 소수로 나타냅니다.

(2) 1.9를 $\frac{19}{10}$, 1.2를 $\frac{12}{10}$로 나타냅니다.

분자는 분자끼리, 분모는 분모끼리 곱하여 계산하고 소수로 나타냅니다.

(3) 3.2를 $\frac{32}{10}$, 0.24를 $\frac{24}{100}$로 나타냅니다.

분자는 분자끼리, 분모는 분모끼리 곱하여 계산하고 소수로 나타냅니다.

2 (1) $6 \times 7 = 42$이고, 0.6은 6의 $\frac{1}{10}$배, 0.7은 7의 $\frac{1}{10}$배입니다. 0.6×0.7은 42의 $\frac{1}{100}$배인 0.42입니다.

(3) $13 \times 26 = 338$이고, 1.3은 13의 $\frac{1}{10}$배, 0.26은 26의 $\frac{1}{100}$배입니다. 1.3×0.26은 338의 $\frac{1}{1000}$배인 0.338입니다.

99쪽　개념 학습 ❹

1 (1) 0.9, 9, 90　(2) 34.8, 3.48, 0.348
　　(3) 0.12, 0.012, 0.012
2 (1) .▢▢　(2) .▢▢▢　(3) ▢▢.▢▢
　　(4) .▢▢▢▢

---

1 (1) 곱하는 수의 0의 수가 하나씩 늘어날 때마다 곱의 소수점이 오른쪽으로 한 칸씩 옮겨집니다.
(2) 곱하는 소수의 소수점 아래 자리 수가 하나씩 늘어날 때마다 곱의 소수점이 왼쪽으로 한 칸씩 옮겨집니다.
(3) 곱하는 두 수의 소수점 아래 자리 수를 더한 것만큼 곱의 소수점이 왼쪽으로 옮겨집니다.

2 (1) $0.74 \times 10 = 7.4$　(2) $650 \times 0.01 = 6.5$
　　(3) $2.1 \times 5.3 = 11.13$　(4) $1.37 \times 3.5 = 4.795$

100쪽~101쪽　문제 학습 ❶

1 / 2.7
2 $2.4 \times 6 = \frac{24}{10} \times 6 = \frac{144}{10} = 14.4$
3 (1) 10.4　(2) 1.28　(3) 3.6　(4) 14.04
4 ( )( )　　　　**5**　4.8, 14.94
　(×)( )
6 $0.35 \times 4 = 1.4$ / 1.4 L
7 <　　　　　　**8**　ⓒ
9 강우 / ⑩ 52와 8의 곱은 약 400이니까 0.52×8은 4 정도가 돼.
10 1.8　　　　**11** 107770원
12 2.5시간　　**13** 700원

---

1 0.9는 0.1이 9개이므로 0.9×3은 0.1이 $9 \times 3 = 27$(개)입니다. 따라서 $0.9 \times 3 = 2.7$입니다.

2 소수를 분수로 나타내어 분수의 곱셈으로 계산합니다.

3 (1) $1.3 \times 8 = \frac{13}{10} \times 8 = \frac{13 \times 8}{10} = \frac{104}{10} = 10.4$

(2) $0.32 \times 4 = \frac{32}{100} \times 4 = \frac{32 \times 4}{100} = \frac{128}{100} = 1.28$

(3) $4 \times 9 = 36 \Rightarrow 0.4 \times 9 = 3.6$

(4) $351 \times 4 = 1404 \Rightarrow 3.51 \times 4 = 14.04$

4 $0.7 \times 3 = 0.7 + 0.7 + 0.7 = 2.1$
$\Rightarrow$ 나타내는 수가 나머지와 다른 것은 $0.7 + 3$입니다.

5 • $0.8 \times 6 = \frac{8}{10} \times 6 = \frac{8 \times 6}{10} = \frac{48}{10} = 4.8$

• $2.49 \times 6 = \frac{249}{100} \times 6 = \frac{249 \times 6}{100} = \frac{1494}{100}$
　　　　$= 14.94$

6 (지승이가 4일 동안 마신 우유의 양)
$= 0.35 \times 4 = 1.4$ (L)

[참고] $0.35 \times 4 = 1.40$에서 소수점 아래 마지막 0은 생략하여 나타낼 수 있으므로 $0.35 \times 4 = 1.4$로 나타냅니다.

7 • $0.67 \times 6 = \frac{67}{100} \times 6 = \frac{402}{100} = 4.02$

• $0.45 \times 9 = \frac{45}{100} \times 9 = \frac{405}{100} = 4.05$

$\Rightarrow 4.02 < 4.05$

8 ㉠ 0.95×4는 $1 \times 4 = 4$보다 작습니다.
㉡ 0.52×8은 $0.5 \times 8 = 4$보다 큽니다.
㉢ 1.47×2는 $1.5 \times 2 = 3$보다 작습니다.
따라서 계산 결과가 4보다 큰 것은 ㉡입니다.

9 52와 8의 곱은 약 400입니다. 52의 $\frac{1}{100}$ 배인 0.52와 8의 곱은 400의 $\frac{1}{100}$ 배이므로 40 정도가 아니라 4 정도입니다.

[평가 기준] 바르게 고친 부분에서 '0.52 × 8은 4 정도이다.'라는 표현이 있으면 정답으로 인정합니다.

10 어떤 수를 □라 하면 □ ÷ 15 = 0.12입니다.
□ = 0.12 × 15 = 1.8이므로 어떤 수는 1.8입니다.

11 1위안이 165.8원이므로 650위안은
165.8 × 650 = 107770(원)입니다.
따라서 우리나라 돈으로 107770원을 내야 합니다.
참고 1658 × 650 = 1077700 ➡ 165.8 × 650 = 107770

12 30분 = $\frac{30}{60}$ 시간 = $\frac{5}{10}$ 시간 = 0.5시간이고,
월요일부터 금요일까지는 5일입니다.
(지난주에 윤지가 피아노 연습을 한 시간)
= (하루에 피아노 연습을 한 시간) × (날수)
= 0.5 × 5 = 2.5(시간)

13 과자 1 g이 8.6원이므로 과자 500 g은
8.6 × 500 = 4300(원)입니다.
따라서 과자 한 봉지를 사려고 5000원을 낸다면 받는 거스름돈은 5000 − 4300 = 700(원)입니다.

102쪽~103쪽 문제 학습 ❷

1 $38 \times 1.4 = 38 \times \frac{14}{10} = \frac{38 \times 14}{10} = \frac{532}{10} = 53.2$
2 (1) 5.4 (2) 1.96 (3) 7.8 (4) 49.14
3 2.88
4 (위에서부터) 80.4, 18
5 ㉠   **6** 4.32
7 2.84 cm²
8 | 0.4 | ⑤ | 60 | 400 |
9 43 × 0.16 = 6.88 / 6.88 L
10 4500원   **11** 3.42 m, 5.4 m
12 74.34 kg   **13** 12

1 소수를 분수로 나타내어 분수의 곱셈으로 계산합니다.

---

2 (1) $6 \times 0.9 = 6 \times \frac{9}{10} = \frac{6 \times 9}{10} = \frac{54}{10} = 5.4$
(2) $7 \times 0.28 = 7 \times \frac{28}{100} = \frac{7 \times 28}{100} = \frac{196}{100} = 1.96$
(3) $3 \times 26 = 78 \Rightarrow 3 \times 2.6 = 7.8$
(4) $9 \times 546 = 4914 \Rightarrow 9 \times 5.46 = 49.14$

3 $36 \times 8 = 288 \Rightarrow 36 \times 0.08 = 2.88$

4 • $12 \times 6.7 = 12 \times \frac{67}{10} = \frac{12 \times 67}{10} = \frac{804}{10} = 80.4$
• $12 \times 1.5 = 12 \times \frac{15}{10} = \frac{12 \times 15}{10} = \frac{180}{10} = 18$

5 ㉠ 24 × 1.3 = 31.2   ㉡ 11 × 2.7 = 29.7
➡ 31.2 > 29.7이므로 계산 결과가 더 큰 것은 ㉠입니다.

6 0.1이 4개이면 0.4, 0.01이 8개이면 0.08이므로 지유가 설명하는 수는 0.48입니다.
➡ 9 × 0.48 = 4.32

7 • (가의 넓이) = 6 × 3.7 = 22.2 (cm²)
• (나의 넓이) = 4 × 4.84 = 19.36 (cm²)
➡ (두 평행사변형의 넓이의 차)
= 22.2 − 19.36 = 2.84 (cm²)

8 7 × 80 = 560이므로 7 × 0.78은 5.6보다 작은 5쯤으로 어림할 수 있습니다.

9 (영주가 아낄 수 있는 물의 양)
= 43 × 0.16 = 6.88 (L)

10 (어른 입장료) = (어린이 입장료) × 1.5
= 3000 × 1.5 = 4500(원)

11 • (민우가 가진 끈의 길이) = 3 × 1.14 = 3.42 (m)
• (정혁이가 가진 끈의 길이) = 3 × 1.8 = 5.4 (m)

12 (어머니의 몸무게) = (준석이의 몸무게) × 1.4
= 45 × 1.4 = 63 (kg)
➡ (형의 몸무게) = (어머니의 몸무게) × 1.18
= 63 × 1.18 = 74.34 (kg)

13 4 × ㉡의 일의 자리 숫자가 2이므로 ㉡ = 3 또는 ㉡ = 8입니다.
• ㉡ = 3인 경우: ㉠4 × 3 = 282에서 4 × 3 = 12, ㉠ × 3 = 27이어야 하므로 ㉠ = 9입니다.
• ㉡ = 8인 경우: ㉠4 × 8 = 282에서 4 × 8 = 32, ㉠ × 8 = 25가 되는 자연수 ㉠은 존재하지 않습니다.
➡ ㉠ = 9, ㉡ = 3이므로 ㉠ + ㉡ = 9 + 3 = 12입니다.

BOOK ❶ 개념북

4 단원

104쪽~105쪽 문제 학습 ❸

1 (위에서부터) (1) 150, $\dfrac{1}{1000}$, 0.15

　(2) 150, 0.18, 작아야, 0.15

2 $0.58 \times 1.6 = \dfrac{58}{100} \times \dfrac{16}{10} = \dfrac{928}{1000} = 0.928$

3 (1) 0.48　(2) 4.032　(3) 0.065　(4) 6.58

4

⊗		→
0.4	1.95	0.78
7.25	2.08	15.08
2.9	4.056	

（⊗ 세로 방향）

5 ⓒ

6
$$\begin{array}{r} 0.6\,1 \\ \times\quad 0.3 \\ \hline 0.1\,8\,3 \end{array}$$

7 16.92　　　8 수민

9 1, 3, 2　　　10 0.135 kg

11 43, 44　　　12 23.78 cm

---

1 (1) 곱해지는 수가 $\dfrac{1}{10}$배, 곱하는 수가 $\dfrac{1}{100}$배가 되

면 계산 결과는 $\dfrac{1}{1000}$배가 됩니다.

2 소수를 분수로 나타내어 분수의 곱셈으로 계산합니다.

3 (1) $0.8 \times 0.6 = \dfrac{8}{10} \times \dfrac{6}{10} = \dfrac{48}{100} = 0.48$

　(2) $1.2 \times 3.36 = \dfrac{12}{10} \times \dfrac{336}{100} = \dfrac{4032}{1000} = 4.032$

　(3) $13 \times 5 = 65 \Rightarrow 0.13 \times 0.5 = 0.065$

　(4) $47 \times 14 = 658 \Rightarrow 4.7 \times 1.4 = 6.58$

4 • $0.4 \times 1.95 = \dfrac{4}{10} \times \dfrac{195}{100} = \dfrac{780}{1000} = 0.78$

　• $7.25 \times 2.08 = \dfrac{725}{100} \times \dfrac{208}{100} = \dfrac{150800}{10000} = 15.08$

　• $0.4 \times 7.25 = \dfrac{4}{10} \times \dfrac{725}{100} = \dfrac{2900}{1000} = 2.9$

　• $1.95 \times 2.08 = \dfrac{195}{100} \times \dfrac{208}{100} = \dfrac{40560}{10000} = 4.056$

5 ㉠ 1.4×5.1은 $1.4 \times 5 = 7$보다 큽니다.

　㉡ 3.2×3.8은 $3 \times 3 = 9$보다 큽니다.

　㉢ 6.2×0.9는 $6 \times 0.9 = 5.4$보다 크고,

　　$6.2 \times 1 = 6.2$보다 작습니다.

　㉣ 4.9×0.9는 $4.9 \times 1 = 4.9$보다 작습니다.

　따라서 계산 결과가 5보다 크고 7보다 작은 것은 ㉢
입니다.

6 $61 \times 3 = 183 \Rightarrow 0.61 \times 0.3 = 0.183$

---

7 $37.6 > 26.3 > 8.4 > 0.45$이므로 가장 큰 수는
37.6이고, 가장 작은 수는 0.45입니다.

　$\Rightarrow 37.6 \times 0.45 = 16.92$

8 • 수지: $0.4 \times 0.88 = 0.352 \Rightarrow$ 소수 세 자리 수

　• 강우: $0.06 \times 0.9 = 0.054 \Rightarrow$ 소수 세 자리 수

　• 수민: $3.65 \times 1.87 = 6.8255 \Rightarrow$ 소수 네 자리 수

　따라서 계산 결과의 소수점 아래 자리 수가 다른 사
람은 수민입니다.

9 • $9.3 \times 1.6 = 14.88$

　• $5.4 \times 2.6 = 14.04$

　• $3.1 \times 4.7 = 14.57$

　$\Rightarrow 14.88 > 14.57 > 14.04$

10 (밀가루 0.9 kg의 단백질 성분)
$= 0.9 \times 0.15 = 0.135$ (kg)

11 $5.62 \times 7.5 = 42.15$, $3.2 \times 13.8 = 44.16$

　$\Rightarrow 42.15 < \square < 44.16$

따라서 □ 안에 들어갈 수 있는 자연수는 43, 44입
니다.

12 • (㉯ 식물의 키) $= 32.8 \times 1.45 = 47.56$ (cm)

　• (㉰ 식물의 키) $= 47.56 \times 0.5 = 23.78$ (cm)

　$\Rightarrow$ (㉯와 ㉰ 식물의 키의 차)
$= 47.56 - 23.78 = 23.78$ (cm)

106쪽~107쪽 문제 학습 ❹

1 (1) 12.88　(2) 1.288　(3) 0.1288

2 58, 0.058　　　3 ( )(○)

4

0.748 × 10	0.748 × 100
748 × 0.01	74.8 × 0.1

（0.748 × 100 에 ○ 표시）

5 （선 잇기 ✕）

6 <

7 (1) 0.16　(2) 0.427

8 0.8102　　　9 1.52원

10 경수　　　11 1000배

12 ㉡

13 1.7×0.46, 0.17×4.6

---

1 (1) $1.4 \times 9.2 = 12.88$

　(2) $1.4 \times 0.92 = 1.288$

　(3) $0.14 \times 0.92 = 0.1288$

2 • $0.58 \times 100 = 58$　• $58 \times 0.001 = 0.058$

3 계산하지 않고 자리 수를 구할 때는 소수점 아래 마지막 숫자가 0인지 확인해야 합니다.
- $0.53 \times 1.24 \rightarrow$ 소수 네 자리 수
- $0.34 \times 20.8 \rightarrow$ 소수 세 자리 수

참고
- $0.53 \times 1.24 = 0.6572$ (소수 네 자리 수)
- $0.34 \times 20.8 = 7.072$ (소수 세 자리 수)

4
- $0.748 \times 10 = 7.48$
- $0.748 \times 100 = 74.8$
- $748 \times 0.01 = 7.48$
- $74.8 \times 0.1 = 7.48$

따라서 계산 결과가 다른 것은 0.748×100입니다.

5
- $128 \times 0.34 \rightarrow$ 소수 두 자리 수
- $1.28 \times 0.34 \rightarrow$ 소수 네 자리 수
- $1.28 \times 3.4 \rightarrow$ 소수 세 자리 수
- $12.8 \times 0.34 \rightarrow$ 소수 세 자리 수
- $12.8 \times 0.034 \rightarrow$ 소수 네 자리 수
- $12.8 \times 3.4 \rightarrow$ 소수 두 자리 수

참고 곱의 소수점 위치를 비교하면 계산하지 않고도 문제를 해결할 수 있습니다.

6
- $3820 \times 0.001 = 3.82$
- $3.82 \times 10 = 38.2$
$\rightarrow 3.82 < 38.2$

7
(1) $427 \times 16 = 6832 \rightarrow 4.27 \times \square = 0.6832$
$\rightarrow \square = 0.16$
(2) $427 \times 16 = 6832 \rightarrow \square \times 1600 = 683.2$
$\rightarrow \square = 0.427$

8 어떤 수를 $\square$라 하면 $\square \times 1000 = 810.2$입니다.
1000을 곱하여 소수점이 오른쪽으로 세 칸 옮겨져 810.2가 되었으므로 소수점을 왼쪽으로 세 칸 옮기면 어떤 수가 됩니다. $\rightarrow \square = 0.8102$

9 (휘발유 $0.001\,L$의 값) $= 1520 \times 0.001 = 1.52$(원)

10 민재가 키우는 강낭콩의 키를 cm 단위로 나타내면 $1\,m = 100\,cm$이므로 $0.209 \times 100 = 20.9$ (cm)입니다.
$\rightarrow 21.3 > 20.9$

11 $23.95 \times \heartsuit = 239.5$에서 23.95가 239.5로 소수점이 오른쪽으로 한 칸 옮겨졌으므로 10을 곱한 것입니다. $\rightarrow \heartsuit = 10$
$239.5 \times \bigstar = 2.395$에서 239.5가 2.395로 소수점이 왼쪽으로 두 칸 옮겨졌으므로 0.01을 곱한 것입니다. $\rightarrow \bigstar = 0.01$
$\rightarrow 10$은 0.01의 1000배이므로 $\heartsuit$는 $\bigstar$의 1000배입니다.

12 ㉠ 3.61이 361로 소수점이 오른쪽으로 두 칸 옮겨졌으므로 100을 곱한 것입니다. $\rightarrow \square = 100$
㉡ $\square$에 0.01을 곱하여 소수점이 왼쪽으로 두 칸 옮겨져 2.85가 되었으므로 소수점을 오른쪽으로 두 칸 옮깁니다. $\rightarrow \square = 285$
㉢ 2.17이 0.217로 소수점이 왼쪽으로 한 칸 옮겨졌으므로 0.1을 곱한 것입니다. $\rightarrow \square = 0.1$
따라서 $\square$ 안에 알맞은 수가 가장 큰 것은 ㉡입니다.

13 $17 \times 46 = 782 \rightarrow 0.17 \times 0.46 = 0.0782$이어야 하는데 잘못 눌러서 0.782가 나왔으므로 곱해지는 수와 곱하는 수 중 하나가 10배가 되어야 합니다.
따라서 1.7×0.46을 눌렀거나 0.17×4.6을 누른 것입니다.

108쪽 **응용 학습 ❶**

| 1단계 | 0.58 | 1·1 | 16.65 |
| 2단계 | 0.377 | 1·2 | 26.28 |

1단계 어떤 수를 $\square$라 하면 $\square + 0.65 = 1.23$,
$\square = 1.23 - 0.65 = 0.58$입니다.

2단계 바르게 계산하면 $0.58 \times 0.65 = 0.377$입니다.

1·1 어떤 수를 $\square$라 하면 $\square - 1.8 = 7.45$,
$\square = 7.45 + 1.8 = 9.25$입니다.
따라서 바르게 계산하면 $9.25 \times 1.8 = 16.65$입니다.

1·2 어떤 수를 $\square$라 하면 $\square \times 0.01 = 2.19 \rightarrow \square = 219$입니다.
바르게 계산하면 $219 \times 0.1 = 21.9$입니다.
$\rightarrow$ 바르게 계산한 값과 1.2의 곱은 $21.9 \times 1.2 = 26.28$입니다.

109쪽 **응용 학습 ❷**

1단계	11.05 m	2·1	$3.366\,m^2$
2단계	11.4 m	2·2	$2.16\,m^2$
3단계	$125.97\,m^2$		

1단계 (새로운 놀이터의 가로) $= 8.5 \times 1.3 = 11.05$ (m)
2단계 (새로운 놀이터의 세로) $= 9.5 \times 1.2 = 11.4$ (m)
3단계 (새로운 놀이터의 넓이)
$= 11.05 \times 11.4 = 125.97$ (m^2)

BOOK ❶ 개념북

4 단원

2·1 • (새로운 화단의 가로)$=1.5 \times 2.2 = 3.3$ (m)

• (새로운 화단의 세로)$=1.36 \times 0.75 = 1.02$ (m)

➡ (새로운 화단의 넓이)$=3.3 \times 1.02 = 3.366$ (m²)

2·2 • (새로운 게시판의 가로)$=3.2 \times 1.25 = 4$ (m)

• (새로운 게시판의 세로)$=0.9 \times 1.4 = 1.26$ (m)

➡ (새로운 게시판의 넓이)$=4 \times 1.26 = 5.04$ (m²)

• (처음 게시판의 넓이)$=3.2 \times 0.9 = 2.88$ (m²)

➡ (게시판에서 늘어난 부분의 넓이)
$=5.04 - 2.88 = 2.16$ (m²)

110쪽 응용 학습 ❸

1단계	134.4 cm	**3·1**	130.2 cm
2단계	16.1 cm	**3·2**	1
3단계	118.3 cm		

1단계 (색 테이프 24장의 길이의 합)
$=5.6 \times 24 = 134.4$ (cm)

2단계 겹쳐진 부분은 $24 - 1 = 23$(군데)입니다.
➡ (겹쳐진 부분의 길이의 합)
$=0.7 \times 23 = 16.1$ (cm)

3단계 (이어 붙인 색 테이프의 전체 길이)
$=$(색 테이프 24장의 길이의 합)
$-$(겹쳐진 부분의 길이의 합)
$=134.4 - 16.1 = 118.3$ (cm)

3·1 • (색 테이프 36장의 길이의 합)
$=4.2 \times 36 = 151.2$ (cm)

• (겹쳐진 부분의 길이의 합)$=0.6 \times 35 = 21$ (cm)

➡ (이어 붙인 색 테이프의 전체 길이)
$=151.2 - 21 = 130.2$ (cm)

3·2 • (색 테이프 31장의 길이의 합)
$=8.6 \times 31 = 266.6$ (cm)

• (겹쳐진 부분의 길이의 합)
$=266.6 - 236.6 = 30$ (cm)

➡ (겹쳐진 부분의 길이)$=30 \div 30 = 1$ (cm)

111쪽 응용 학습 ❹

1단계	3.75시간	**4·1**	45.24 L
2단계	225 km	**4·2**	72 L
3단계	63 L		

1단계 3시간 45분$=3\frac{45}{60}$시간$=3\frac{3}{4}$시간$=3\frac{75}{100}$시간
$=3.75$시간

2단계 (달리는 거리)$=60 \times 3.75 = 225$ (km)

3단계 (필요한 휘발유의 양)$=0.28 \times 225 = 63$ (L)

4·1 • 2시간 36분$=2\frac{36}{60}$시간$=2\frac{6}{10}$시간$=2.6$시간

• (달리는 거리)$=72.5 \times 2.6 = 188.5$ (km)

➡ (필요한 휘발유의 양)
$=0.24 \times 188.5 = 45.24$ (L)

4·2 • (1분 동안 수도 10개로 받을 수 있는 물의 양)
$=1.6 \times 10 = 16$ (L)

• 4분 30초$=4\frac{30}{60}$분$=4\frac{5}{10}$분$=4.5$분

➡ (4분 30초 동안 수도 10개로 받을 수 있는 물의 양)
$=16 \times 4.5 = 72$ (L)

112쪽 교과서 통합 핵심 개념

1 29, 29, 174, 17.4 / 17.4
2 28, 28, 196, 1.96 / 1.96
3 162, 1.62 / 1.62
4 0.3, 3, 30 / 2.8, 0.28, 0.028

113쪽~115쪽 단원 평가

1 작을, 21.6   **2** 25.2

3

4

		⊗	
	18	2.5	45
⊗	0.6	3.4	2.04
	10.8	8.5	

5 ③   **6** ㉡

7 지혜

8 ❶ 정삼각형은 세 변의 길이가 같으므로
(정삼각형의 둘레)$=0.9 \times 3 = 2.7$ (cm)입니다.

❷ 따라서 정사각형의 한 변의 길이는 2.7 cm이므로
(정사각형의 둘레)$=2.7 \times 4 = 10.8$ (cm)입니다.

답 10.8 cm

9 5개   **10** ⓒ, ⓔ, ⓐ, ⓓ

11 태우, 184.4 g   **12** 26.1 L

13 35.84 m

14 ❶ (밭의 넓이)=8.6×4=34.4 (m²)입니다.

     ❷ 따라서 (배추를 심은 부분의 넓이)

     =(밭의 넓이)×0.35=34.4×0.35=12.04 (m²)입니다.

     답 12.04 m²

15 16.8 km

16 ❶ 1시간 15분=$1\frac{15}{60}$시간=$1\frac{1}{4}$시간=$1\frac{25}{100}$시간

     =1.25시간입니다.

     ❷ 따라서 (지웅이가 일주일 동안 독서를 한 시간)

     =(하루에 독서를 한 시간)×(날수)

     =1.25×7=8.75(시간)입니다.   **답** 8.75시간

17 118.8   **18** 15 cm

19 2790   **20** 9.5

---

1 2.7×8은 3×8의 값보다 약간 더 작으므로 2.16이 아니라 21.6입니다.

2 $36×0.7=36×\frac{7}{10}=\frac{36×7}{10}=\frac{252}{10}=25.2$

3 • 37×14=518 ➡ 3.7×1.4=5.18

   • 269×2=538 ➡ 2.69×2=5.38

   • 16×38=608 ➡ 16×0.38=6.08

5 ① 59×0.1=5.9

   ② 0.59×10=5.9

   ③ 590의 0.001 ➡ 590×0.001=0.59

   ④ 0.059×100=5.9

   ⑤ 5900의 0.001배 ➡ 5900×0.001=5.9

6 42.057×10=420.57

7 지혜의 키를 m로 나타내면

   158.7×0.01=1.587 (m)입니다.

   ➡ 1.587>1.509이므로 지혜의 키가 더 큽니다.

8

채점 기준			
❶ 정삼각형의 둘레를 구한 경우	2점		5점
❷ 정사각형의 둘레를 구한 경우	3점		

9 57×1.06=60.42, 3.43×19=65.17이므로

   60.42<□<65.17입니다.

   따라서 □ 안에 들어갈 수 있는 자연수는 61, 62, 63, 64, 65로 모두 5개입니다.

10 ⓐ (소수 한 자리 수)×(소수 한 자리 수)

   ➡ (소수 두 자리 수)

   ⓑ (소수 두 자리 수)×(소수 두 자리 수)

   ➡ (소수 네 자리 수)

   ⓒ (소수 한 자리 수)×(소수 한 자리 수)

   ➡ 소수점 아래 마지막 자리 숫자가 0이므로 소수 한 자리 수가 됩니다.

   ⓓ (소수 두 자리 수)×(소수 두 자리 수)

   ➡ 소수점 아래 마지막 자리 숫자가 0이므로 소수 세 자리 수가 됩니다.

11 • 준서: 18.56×10=185.6 (g)

   • 태우: 3.7×100=370 (g)

   태우가 주는 선물이 370−185.6=184.4 (g) 더 무겁습니다.

12 • (현수가 마신 물의 양)=9×1.3=11.7 (L)

   • (윤우가 마신 물의 양)=9×1.6=14.4 (L)

   ➡ 11.7+14.4=26.1 (L)

13 (직사각형의 가로)=8×1.24=9.92 (m)

   ➡ (직사각형의 둘레)

   =(9.92+8)×2=17.92×2=35.84 (m)

14

채점 기준			
❶ 밭의 넓이를 구한 경우	2점		5점
❷ 배추를 심은 부분의 넓이를 구한 경우	3점		

15 3주일은 7×3=21(일)입니다.

   (정현이가 3주일 동안 달린 거리)

   =0.8×21=16.8 (km)

16

채점 기준			
❶ 1시간 15분은 몇 시간인지 소수로 나타낸 경우	2점		5점
❷ 지웅이가 일주일 동안 독서를 한 시간을 구한 경우	3점		

17 어떤 수를 □라 하면 □÷24=1.65이므로

   □=1.65×24=39.6입니다.

   ➡ 어떤 수에 3을 곱하면 39.6×3=118.8입니다.

18 • (정사각형 가의 넓이)=7.5×7.5=56.25 (cm²)

   • (직사각형 나의 넓이)=56.25×1.6=90 (cm²)

   ➡ (직사각형 나의 긴 변)=90÷6=15 (cm)

19 • ⓐ에 0.01을 곱하여 소수점이 왼쪽으로 두 칸 옮겨져 0.279가 되었으므로 ⓐ=27.9입니다.

   • 0.814가 81.4로 소수점이 오른쪽으로 두 칸 옮겨졌으므로 ⓑ=100입니다.

   따라서 ⓐ×ⓑ=27.9×100=2790입니다.

20 2<3<5<8이므로 곱이 가장 작은 곱셈식을 만들려면 자연수 부분에 가장 작은 수와 둘째로 작은 수인 2와 3을 각각 넣어야 합니다.

   2.5×3.8=9.5, 2.8×3.5=9.8이므로

   연수가 만든 곱셈식은 2.5×3.8이고, 곱은 9.5입니다.

⑤ 직육면체

118쪽 **개념 학습 ❶**

1 (1) 나, 라, 바 / 라 　(2) 가, 다, 라, 바 / 다, 라
2 (1) 6, 12, 8 　(2) 6, 12, 8 　(3) 6, 12, 8

1 직사각형 6개로 둘러싸인 도형을 직육면체, 정사각형 6개로 둘러싸인 도형을 정육면체라고 합니다.

119쪽 **개념 학습 ❷**

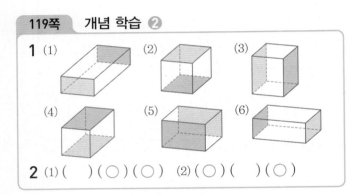

2 (1) (　) (○) (○) 　(2) (○) (　) (○)

1 색칠한 면과 마주 보고 있는 면을 찾아 색칠합니다.

2 색칠한 면과 만나는 면을 모두 찾습니다.

120쪽 **개념 학습 ❸**

1 (1) × 　(2) × 　(3) ○ 　(4) ×
　　(5) × 　(6) × 　(7) × 　(8) ○

2

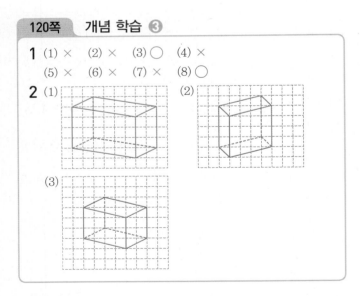

1 직육면체의 겨냥도는 보이는 모서리는 실선으로, 보이지 않는 모서리는 점선으로 그린 것입니다.

2 보이는 모서리는 실선으로, 보이지 않는 모서리는 점선으로 그려서 실선 9개, 점선 3개가 되도록 합니다.

121쪽 **개념 학습 ❹**

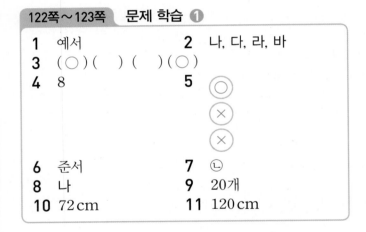

2 나 　　　　　　　　 **3** 가

1 색칠한 면과 평행한 면은 서로 만나지 않는 면이고, 수직인 면은 만나는 면입니다.

2 가는 접었을 때 겹치는 면이 있습니다.

3 나는 서로 마주 보는 면의 크기가 같지 않습니다.

122쪽~123쪽 **문제 학습 ❶**

1 예서 　　　　　　　 **2** 나, 다, 라, 바
3 (○) (　) (　) (○)
4 8 　　　　　　　　 **5**
　　　　　　　　　　　　　 ○
　　　　　　　　　　　　　 ⊗
　　　　　　　　　　　　　 ⊗

6 준서 　　　　　　　 **7** ㉡
8 나 　　　　　　　　 **9** 20개
10 72 cm 　　　　　　 **11** 120 cm

1 직육면체는 직사각형 6개로 둘러싸인 도형이므로 한 면을 본떠 그릴 수 있는 도형은 직사각형입니다.

2 직사각형 6개로 둘러싸인 도형을 모두 찾으면 나, 다, 라, 바입니다.

3 정사각형 6개로 둘러싸인 도형을 모두 찾습니다.

4 정육면체의 모서리의 길이는 모두 같습니다.

5 • 직육면체에서 선분으로 둘러싸인 부분을 면이라고 합니다.
　• 정육면체의 면의 크기는 모두 같습니다.

6 직육면체는 6개의 직사각형으로 둘러싸여야 하는데 주어진 도형은 4개의 사다리꼴과 2개의 직사각형으로 둘러싸여 있으므로 직육면체가 아닙니다.
따라서 바르게 말한 사람은 준서입니다.

7 직육면체와 정육면체에서 각각 면은 6개, 모서리는 12개, 꼭짓점은 8개로 같습니다.
ⓒ 직육면체는 면이 모두 직사각형이고, 정육면체는 면이 모두 정사각형입니다.

8 ・가: 모든 면이 정사각형이므로 모양과 크기가 같은 면이 6개입니다.
・나: 한 변이 8 cm이고 다른 한 변이 4 cm인 직사각형 모양의 면이 4개 있는 직육면체입니다.
・다: 모양과 크기가 같은 면이 2개씩 3쌍인 직육면체입니다.
➡ 따라서 수지가 설명하는 직육면체는 나입니다.

9 정육면체의 꼭짓점은 8개, 모서리는 12개입니다.
따라서 꼭짓점의 수와 모서리의 수의 합은
8+12=20(개)입니다.

10 정육면체는 12개의 모서리의 길이가 모두 같습니다.
따라서 주사위의 모든 모서리의 길이의 합은
(한 모서리의 길이)×(모서리의 수)
=6×12=72(cm)입니다.

11 직육면체 2개의 면과 면을 맞붙여서 만든 정육면체의 한 모서리의 길이는 10 cm입니다.
따라서 만든 정육면체의 모든 모서리의 길이의 합은
10×12=120(cm)입니다.

124쪽~125쪽 문제 학습 ②

1 면 ㄱㅁㅇㄹ
2 면 ㄱㄴㄷㄹ, 면 ㄴㅂㅅㄷ, 면 ㅁㅂㅅㅇ, 면 ㄱㅁㅇㄹ
3 3쌍 **4** 90°
5 ⓒ
6 면 ㄴㅂㅁㄱ, 면 ㄴㅂㅅㄷ, 면 ㅁㅂㅅㅇ
7 1, 4 **8** 강우
9 면 ㄴㅂㅁㄱ, 면 ㄷㅅㅇㄹ
10 30 cm² **11** 주황색
12 26 cm

2 한 면에 수직인 면은 4개입니다.

3 직육면체에서 서로 마주 보는 면은 3쌍이므로 서로 평행한 면은 모두 3쌍입니다.

4 직육면체에서 서로 만나는 면은 수직이므로 90°입니다.

5 면 ㄴㅂㅁㄱ과 면 ㄱㄴㄷㄹ은 수직으로 만납니다.

6 직육면체에서 꼭짓점 ㅂ과 만나는 면은 면 ㄴㅂㅁㄱ, 면 ㄴㅂㅅㄷ, 면 ㅁㅂㅅㅇ입니다.
참고 한 꼭짓점에서 만나는 면은 3개입니다.

7 ・면 ㄱㅁㅇㄹ과 평행한 면: 면 ㄴㅂㅅㄷ ➡ 1개
・면 ㄱㅁㅇㄹ과 수직인 면: 면 ㄱㄴㄷㄹ, 면 ㄴㅂㅁㄱ, 면 ㅁㅂㅅㅇ, 면 ㄷㅅㅇㄹ ➡ 4개

8 직육면체의 한 꼭짓점에서 만나는 면은 모두 3개이므로 잘못 말한 사람은 강우입니다.

10 면 ㄱㅁㅇㄹ과 평행한 면은 면 ㄴㅂㅅㄷ입니다.
면 ㄴㅂㅅㄷ은 가로가 6 cm, 세로가 5 cm인 직사각형이므로 넓이는 6×5=30(cm²)입니다.

11 빨간색 면과 만나는 면은 노란색, 초록색, 파란색, 보라색입니다.
따라서 빨간색 면과 평행한 면은 빨간색 면과 만나지 않는 주황색입니다.

12 면 ㄱㄴㄷㄹ과 평행한 면은 면 ㅁㅂㅅㅇ입니다.
면 ㅁㅂㅅㅇ의 모서리는 7 cm, 6 cm, 7 cm, 6 cm입니다. ➡ 7+6+7+6=26(cm)

126쪽~127쪽 문제 학습 ③

1 (1) (2)
2
3 면 ㄴㅂㅁㄱ, 면 ㅁㅂㅅㅇ, 면 ㄱㅁㅇㄹ
4 (1) 3개, 3개 (2) 9개, 3개 (3) 7개, 1개
5 다
6

7 지혜 **8** ㉠, ㉢
9 **10** 실선, 점선
11 48 cm **12** 18 cm

2 직육면체의 겨냥도에서 3개의 점선이 만나는 점이 보이지 않는 꼭짓점입니다.

5 보이는 모서리는 실선으로, 보이지 않는 모서리는 점선으로 그린 것을 찾습니다.

6 보이는 모서리는 실선으로, 보이지 않는 모서리는 점선으로 그립니다.

7 빠진 부분은 3군데로 모두 보이지 않는 부분이고 점선으로 그려야 합니다.
따라서 잘못 설명한 사람은 지혜입니다.

8 ⓒ 보이지 않는 모서리는 3개입니다.

9 보이는 모서리 9개는 실선으로, 보이지 않는 모서리 3개는 점선으로 그리고, 마주 보는 모서리는 평행하게 그립니다.

11 보이는 모서리는 8 cm가 3개, 3 cm가 3개, 5 cm가 3개입니다.
➡ $(8+3+5) \times 3 = 16 \times 3 = 48$ (cm)

12 겨냥도를 그리면 보이지 않는 모서리는 3개이고, 길이는 4 cm, 6 cm, 8 cm입니다.
➡ $4+6+8 = 18$ (cm)

128쪽~129쪽 **문제 학습 ④**

1 (1) 면 마 (2) 면 가, 면 나, 면 라, 면 바
2 진우   **3** (위에서부터) 8, 3, 4
4 예
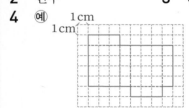
5 (1) 점 ㄷ, 점 ㅈ (2) 선분 ㅋㅌ
6

7 나, 다
8
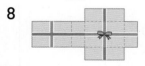
9 면 가, 면 라
10 12   **11** 28 cm²

---

1 (2) 전개도를 접었을 때 면 다와 마주 보는 면을 제외한 나머지 4개의 면과 수직이므로 면 가, 면 나, 면 라, 면 바입니다.

2 • 유찬: 직육면체의 전개도에는 모양과 크기가 같은 면이 2개씩 3쌍 있어야 합니다.
• 성현: 접었을 때 겹치는 면이 없어야 합니다.

3 전개도를 접었을 때 겨냥도의 모양과 일치하도록 선분의 길이를 써넣습니다.

4 전개도를 접었을 때 3쌍의 면이 모양과 크기가 같고, 서로 겹치는 면이 없으며 겹치는 모서리의 길이가 같도록 그립니다.

5 (1) 전개도를 접었을 때 점 ㅅ과 한 꼭짓점이 되는 점은 점 ㄷ과 점 ㅈ입니다.
(2) 전개도를 접었을 때 선분 ㄱㅎ과 겹쳐져 한 모서리가 되는 선분은 선분 ㅋㅌ입니다.

6 전개도를 접었을 때 만나는 점끼리 같은 기호를 써넣습니다.

7 • 나: 겹치는 면이 있으므로 정육면체의 전개도가 아닙니다.
• 다: 면이 6개여야 하는데 5개이므로 정육면체의 전개도가 아닙니다.

8 전개도를 접어 선물 상자를 만들었을 때 끈이 선물 상자의 윗부분과 아랫부분은 두 번씩, 옆면은 한 번씩 지나가야 합니다.
따라서 아랫부분 1곳과 옆면 3곳에 끈이 지나가는 자리를 그립니다.

9 무늬(◎)가 그려져 있는 3개의 면이 한 꼭짓점에서 만나야 하므로 무늬(◎)가 그려져 있는 면과 마주 보는 면 나, 면 다에는 그릴 수 없습니다.
따라서 나머지 무늬(◎) 1개를 그릴 수 있는 면은 면 가, 면 라입니다.

10 ㉠은 가로가 4 cm, 세로가 2 cm인 면이 밑면일 때 밑면의 둘레와 같습니다.
➡ ㉠ = 4+2+4+2 = 12

11 직육면체에서 평행한 면은 모양과 크기가 같으므로 면 가와 평행한 면은 가로가 4 cm, 세로가 7 cm인 직사각형입니다.
➡ 면 가와 평행한 면의 넓이는 $4 \times 7 = 28$ (cm²)입니다.

130쪽 응용 학습 ①

1단계 (위에서부터) 11, 8
2단계 96 cm
1·1 예 / 100 cm
1·2 112 cm

1단계 길이가 8 cm, 5 cm, 11 cm인 모서리가 4개씩 있는 직육면체입니다.
2단계 모든 모서리의 길이의 합은
$(8+5+11) \times 4 = 24 \times 4 = 96$ (cm)입니다.

1·1 직육면체의 겨냥도를 그리면 길이가 6 cm, 4 cm, 15 cm인 모서리가 4개씩 있는 직육면체입니다.
따라서 모든 모서리의 길이의 합은
$(6+4+15) \times 4 = 25 \times 4 = 100$ (cm)입니다.

1·2 직육면체의 겨냥도를 그리면 길이가 9 cm, 7 cm, 12 cm인 모서리가 4개씩 있는 직육면체입니다.
따라서 모든 모서리의 길이의 합은
$(9+7+12) \times 4 = 28 \times 4 = 112$ (cm)입니다.

131쪽 응용 학습 ②

1단계	108 cm	**2·1**	100 cm^2
2단계	9 cm	**2·2**	48 cm
3단계	81 cm^2		

1단계 직육면체에는 8 cm, 10 cm, 9 cm인 모서리가 각각 4개씩 있습니다.
➡ (직육면체의 모든 모서리의 길이의 합)
$= (8+10+9) \times 4 = 27 \times 4 = 108$ (cm)
2단계 정육면체는 모서리가 12개이고, 모든 모서리의 길이가 같습니다.
➡ (정육면체의 한 모서리의 길이)
$=$ (모든 모서리의 길이의 합) $\div$ (모서리의 수)
$= 108 \div 12 = 9$ (cm)
3단계 정육면체의 한 모서리의 길이가 9 cm이므로 한 면의 넓이는 $9 \times 9 = 81$ (cm^2)입니다.

2·1 직육면체에는 15 cm, 8 cm, 7 cm인 모서리가 각각 4개씩 있습니다.
➡ (직육면체의 모든 모서리의 길이의 합)
$= (15+8+7) \times 4 = 30 \times 4 = 120$ (cm)
정육면체는 모서리가 12개이고, 모든 모서리의 길이가 같습니다.
➡ (정육면체의 한 모서리의 길이)
$=$ (모든 모서리의 길이의 합) $\div$ (모서리의 수)
$= 120 \div 12 = 10$ (cm)
따라서 정육면체의 한 면의 넓이는
$10 \times 10 = 100$ (cm^2)입니다.

2·2 직육면체에는 6 cm, 20 cm, 10 cm인 모서리가 각각 4개씩 있습니다.
➡ (직육면체의 모든 모서리의 길이의 합)
$= (6+20+10) \times 4 = 36 \times 4 = 144$ (cm)
➡ (정육면체의 한 모서리의 길이)
$=$ (모든 모서리의 길이의 합) $\div$ (모서리의 수)
$= 144 \div 12 = 12$ (cm)
따라서 정육면체의 한 면의 둘레는 $12 \times 4 = 48$ (cm)입니다.

132쪽 응용 학습 ③

1단계	120 cm	**3·1**	106 cm
2단계	150 cm	**3·2**	140 cm

1단계 매듭을 제외하고 사용한 리본의 길이는 10 cm씩 2번, 15 cm씩 4번, 20 cm씩 2번과 같습니다.
➡ $10 \times 2 + 15 \times 4 + 20 \times 2$
$= 20 + 60 + 40 = 120$ (cm)
2단계 매듭의 길이가 30 cm이므로 사용한 리본의 길이는 $30 + 120 = 150$ (cm)입니다.

3·1 매듭을 제외하고 사용한 리본의 길이는 12 cm씩 2번, 10 cm씩 4번, 8 cm씩 2번과 같습니다.
➡ $12 \times 2 + 10 \times 4 + 8 \times 2$
$= 24 + 40 + 16 = 80$ (cm)
매듭의 길이가 26 cm이므로 사용한 리본의 길이는 $26 + 80 = 106$ (cm)입니다.

3·2 빨간색 끈을 20 cm인 곳에 4군데, 15 cm인 곳에 4군데 둘렀습니다.
따라서 상자를 두르는 데 사용한 빨간색 끈의 길이는 $20 \times 4 + 15 \times 4 = 80 + 60 = 140$ (cm)입니다.

BOOK ① 개념북

5 단원

133쪽 응용 학습 ❹

1단계	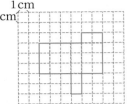	**4·1** 8
2단계	9	**4·2** 11

1단계 서로 평행한 면에 있는 눈의 수는 각각

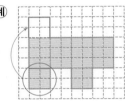, 와 더해서 7이 되는 수이므로

과 6, 와 5, 와 3이 짝이 되어야 합니다.

2단계 면 가, 면 나에 알맞은 눈의 수의 합은 $6+3=9$입니다.

4·1 • 면 나와 평행한 면에 있는 눈의 수는 6이므로 면 나에 알맞은 눈의 수는 1입니다.

• 면 가와 면 다는 서로 평행하므로 두 면에 있는 눈의 수의 합은 7입니다.

➡ (면 가, 면 나, 면 다에 알맞은 눈의 수의 합)
= $1+7=8$

4·2 서로 평행한 면에 있는 눈의 수는 각각

, , 와 더해서 7이 되는 수이므로

과 6, 와 3, 와 2가 짝이 되어야 합니다.

따라서 보이지 않는 세 면에 있는 눈의 수의 합은
$6+3+2=11$입니다.

134쪽 교과서 통합 핵심 개념

1 (위에서부터) 꼭짓점, 면, 모서리 / 6, 12, 8
2 3, 3, 4   **3** 겨냥도, 실선, 점선
4 없고, 같습니다 / 9, 8

135쪽~137쪽 단원 평가

1	①, ④	**2**	직사각형
3	면 ㄱㅁㅂㄴ	**4**	나
5	강우	**6**	26
7	㉣	**8**	60 cm
9	48 cm	**10**	35 cm²
11	㉢		

---

12 ❶ 실선으로 그려진 부분이 보이는 모서리이므로
12 cm가 3개, 7 cm가 3개, 4 cm가 3개입니다.

❷ 따라서 보이는 모서리의 길이의 합은
$(12+7+4)×3=23×3=69$ (cm)입니다. **답** 69 cm

13 (예)

14 (위에서부터) ㄱ, ㅁ, ㅅ, ㅂ
15 선분 ㅋㅊ
16 ❶ (예)

❷ (예) 전개도를 접었을 때 서로 겹치는 면이 있습니다.

17 68 cm   **18** 60 cm
19 ❶ 주어진 직육면체에는 길이가 10 cm, 8 cm, □ cm인 모서리가 각각 4개씩 있습니다.

❷ 모든 모서리의 길이의 합이 96 cm이므로
$(10+8+□)×4=96$, $18+□=24$, $□=6$입니다.
답 6

20

---

2 직육면체는 직사각형 6개로 둘러싸인 도형이므로 색칠한 부분을 본뜬 모양은 직사각형입니다.

3 면 ㄱㅁㅂㄴ은 면 ㄹㅇㅅㄷ과 평행한 면입니다.

4 보이는 모서리는 실선으로, 보이지 않는 모서리는 점선으로 그린 것을 찾습니다.

5 승준: 평행한 면의 모양과 크기가 같지 않기 때문에 잘못 그렸습니다.

6 • 직육면체의 면은 6개입니다.
• 정육면체의 모서리는 12개입니다.
• 직육면체의 꼭짓점은 8개입니다.
따라서 ♣+▲+♠=$6+12+8=26$입니다.

7 ㉠ 직육면체의 면은 직사각형이므로 정사각형이 아닌 경우도 있습니다.
㉡ 서로 마주 보는 면은 평행합니다.

ⓒ 정육면체의 모서리의 길이는 모두 같습니다.

ⓔ 정육면체의 면은 정사각형이고, 정사각형은 직사각형이라고 할 수 있으므로 정육면체는 직육면체라고 할 수 있습니다.

8 정육면체는 12개의 모서리의 길이가 모두 같습니다.
따라서 모든 모서리의 길이의 합은
$5 \times 12 = 60$ (cm)입니다.

9 정육면체는 모든 모서리의 길이가 같으므로 색칠한 면의 둘레는 $12 \times 4 = 48$ (cm)입니다.

10 직육면체에서 평행한 면은 모양과 크기가 같습니다.
➡ (평행한 면의 넓이)=$5 \times 7 = 35$ (cm²)

11 ㉠ 3개, ㉡ 3개, ㉢ 9개, ㉣ 3개

12
채점 기준	❶ 보이는 모서리 중 길이가 같은 모서리가 몇 개씩인지 구한 경우	2점	5점
	❷ 보이는 모서리의 길이의 합을 구한 경우	3점	

13 전개도를 접었을 때 서로 겹치는 면이 없으며 만나는 모서리의 길이가 같도록 그립니다.

14 전개도를 접었을 때 만나는 점끼리 같은 기호를 써넣습니다.

15 전개도를 접었을 때 선분 ㅁㅂ과 겹쳐져 한 모서리가 되는 선분은 선분 ㅋㅊ입니다.

16
채점 기준	❶ 면 1개를 옮겨 전개도를 바르게 그린 경우	3점	5점
	❷ 잘못 그려진 이유를 쓴 경우	2점	

[평가 기준] 전개도를 접었을 때 겹치는 면 중 1개를 겹치지 않도록 바르게 옮겼으면 모두 정답으로 인정합니다.

17 전개도를 접어서 만든 직육면체에는 길이가 8 cm, 4 cm, 5 cm인 모서리가 각각 4개씩 있습니다.
따라서 모든 모서리의 길이의 합은
$(8+4+5) \times 4 = 17 \times 4 = 68$ (cm)입니다.

18 정육면체의 모서리의 길이는 모두 같습니다.
겨냥도에서 보이지 않는 모서리는 3개이므로
보이지 않는 모서리의 길이의 합은
$20 \times 3 = 60$ (cm)입니다.

19
채점 기준	❶ 길이가 같은 모서리가 몇 개씩인지 구한 경우	3점	5점
	❷ □ 안에 알맞은 수를 구한 경우	2점	

(참고) 직육면체에는 길이가 같은 모서리가 4개씩 3쌍 있습니다.

20 전개도를 접었을 때 모양을 생각하여 색 테이프가 지나가는 자리를 그립니다.

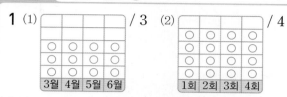

❻ 평균과 가능성

140쪽 개념 학습 ❶

1 (1) ☐☐☐☐ / 3 (2) ☐☐☐☐ / 4

2 (1) 90, 80, 332 / 332, 4, 83
  (2) 6, 7, 35 / 35, 5, 7

1 (1) ☐☐☐☐ (2) ☐☐☐☐

2 (1) 점수를 모두 더한 총점을 자료의 수 4로 나누어 평균을 구합니다.
  (2) 안경을 쓴 학생 수를 모두 더한 값을 자료의 수 5로 나누어 평균을 구합니다.

141쪽 개념 학습 ❷

1 (1) 35, 5 (2) 30, 6 (3) 나
2 (1) 30, 150 (2) 32, 30, 120 (3) 150, 120, 30

1 (1) (가 모둠의 균형 잡기 기록의 평균)
    =(기록의 합)÷(모둠원 수)
    =$35 \div 7 = 5$(초)
  (2) (나 모둠의 균형 잡기 기록의 평균)
    =(기록의 합)÷(모둠원 수)
    =$30 \div 5 = 6$(초)
  (3) 두 모둠의 균형 잡기 기록의 평균을 비교하면
    5<6이므로 균형 잡기 기록의 평균이 더 높은 모둠은 나 모둠입니다.

2 (1) (전체 학생 수)
    =(반별 학생 수의 평균)×(반의 수)
    =$30 \times 5 = 150$(명)
  (2) (5반을 제외한 학생 수)
    =(1반, 2반, 3반, 4반 학생 수의 합)
    =$32+27+31+30 = 120$(명)
  (3) (5반 학생 수)
    =(전체 학생 수)-(5반을 제외한 학생 수)
    =$150-120 = 30$(명)

BOOK ❶ 개념북

❻ 단원

1

일 \ 가능성	불가능 하다	반반 이다	확실 하다
계산기로 ② + ① = 을 누르 면 5가 나올 것입니다.	○		
내년에는 4월이 30일까 지 있을 것입니다.			○
동전을 던지면 숫자 면이 나올 것입니다.		○	
은행에서 뽑은 대기표의 번호는 홀수일 것입니다.		○	
공룡이 우리 집에 놀러올 것입니다.	○		
내년에는 2월이 3월보다 빨리 올 것입니다.			○

2 (1) 불가능하다   (2) 확실하다
(3) 반반이다   (4) 불가능하다

1 • 2＋1＝3이므로 5가 나올 가능성은 '불가능하다'입니다.
• 달력을 보면 4월은 30일까지 있으므로 가능성은 '확실하다'입니다.
• 동전에는 그림 면과 숫자 면이 있으므로 가능성은 '반반이다'입니다.
• 번호표의 번호는 홀수 아니면 짝수이므로 가능성은 '반반이다'입니다.
• 공룡은 멸종했으므로 공룡이 우리 집에 놀러 올 가능성은 '불가능하다'입니다.
• 항상 2월이 3월보다 빨리 오므로 가능성은 '확실하다'입니다.

1 (1) 1 (2) $\frac{1}{2}$ (3) 0 (4) $\frac{1}{2}$

2

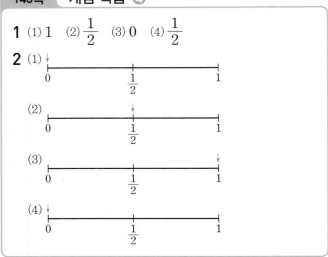

1 4°C
2 (1) 20, 40 (2) 30 / 17 / 25, 15
3 (위에서부터) 13, 14, 15 / 13, 14, 4, 60, 4, 15
4 (1) 125회 (2) 25회 **5** 58명
6 286 L **7** 2모둠
8 정민, 찬영 **9** 목요일, 금요일
10 (1) 54번 (2) 55번 **11** 41 km

1 막대의 높이를 고르게 하면 4°C입니다.

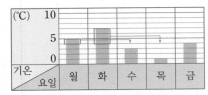

2 (1) 짝 지은 수가 (20, 20)이 되면 평균이 20 m가 되므로 두 수의 합은 20×2＝40이 되어야 합니다.
(2) 합이 40이 되는 두 수를 짝 지어 봅니다.

3 방법 1은 평균을 예상한 후 자료의 값을 고르게 하여 평균을 구하는 방법이고, 방법 2는 자료 값의 합을 자료의 수로 나누어 평균을 구하는 방법입니다.

4 (1) (기록의 합)＝25＋27＋20＋23＋30＝125(회)
(2) (윗몸 말아 올리기 기록의 평균)
＝(기록의 합)÷(모둠 학생 수)
＝125÷5＝25(회)

5 (학생 수의 평균)
＝(5일 동안 도서관을 이용한 학생 수의 합)
  ÷(도서관을 이용한 날수)
＝290÷5＝58(명)

6 윤서네 모둠 학생들이 하루 동안 사용한 물의 양을 모두 더하면 318＋239＋309＋278＝1144 (L)입니다.
윤서네 모둠 학생들이 하루 동안 사용한 물의 양의 평균은 1144÷4＝286 (L)입니다.

7 • (1모둠의 수학 점수의 평균)
＝(90＋78＋85＋81＋76)÷5
＝410÷5＝82(점)
• (2모둠의 수학 점수의 평균)
＝(88＋75＋80＋94＋83)÷5
＝420÷5＝84(점)
➡ 82＜84이므로 수학 점수의 평균이 더 높은 모둠은 2모둠입니다.

8 (정민이네 모둠의 팔굽혀펴기 기록의 평균)
$$= (13+9+8+15+10) \div 5 = 55 \div 5 = 11(개)$$
평균은 11개이므로 평균보다 팔굽혀펴기를 더 많이 한 학생은 정민, 찬영입니다.

9 (5일 동안 요일별 방문자 수의 평균)
$$= (108+131+147+158+216) \div 5$$
$$= 760 \div 5 = 152(명)$$
152명보다 방문자가 많았던 요일은 158명인 목요일, 216명인 금요일입니다.

10 (1) (훌라후프 기록의 평균)
$$= (44+56+52+64) \div 4$$
$$= 216 \div 4 = 54(번)$$
(2) 5회까지 훌라후프 기록의 평균이 4회까지 훌라후프 기록의 평균보다 높으려면 5회 훌라후프 기록은 54번보다 많아야 합니다.
따라서 5회에서는 훌라후프를 적어도 55번 해야 합니다.

11 • (이동 거리)$= 36+87 = 123(km)$
• (걸린 시간)$= 1+2 = 3(시간)$
➡ (한 시간에 간 거리의 평균)
$$= (이동 거리) \div (걸린 시간)$$
$$= 123 \div 3 = 41(km)$$

146쪽~147쪽 **문제 학습 ❷**

1	(1) 67번, 82번, 76번	(2) 재혁	
2	153 cm	**3**	현지, 다경, 미소
4	상욱	**5**	(1) 150명 (2) 4개
6	6720개	**7**	준우네 모둠
8	9개	**9**	4회
10	34 kg	**11**	22번

1 (1) • (승엽이의 줄넘기 기록의 평균)
$$= 335 \div 5 = 67(번)$$
• (재혁이의 줄넘기 기록의 평균)
$$= 492 \div 6 = 82(번)$$
• (현수의 줄넘기 기록의 평균)
$$= 304 \div 4 = 76(번)$$
(2) 세 사람의 줄넘기 기록의 평균을 비교하면 82>76>67이므로 재혁이가 대표 선수가 되어야 합니다.

2 (재호네 모둠의 키의 합)
$$= (재호네 모둠의 키의 평균) \times 4$$
$$= 152 \times 4 = 608(cm)$$
➡ (정아의 키)$= 608-(149+152+154)$
$$= 608-455 = 153(cm)$$

3 • (현지의 하루 평균 운동 시간)
$$= 561 \div 11 = 51(분)$$
• (미소의 하루 평균 운동 시간)
$$= 564 \div 12 = 47(분)$$
• (다경이의 하루 평균 운동 시간)
$$= 720 \div 15 = 48(분)$$
➡ 51>48>47이므로 하루 평균 운동 시간이 긴 사람부터 차례대로 쓰면 현지, 다경, 미소입니다.

4 • (상욱이의 평균)$= (12+13+18+15+17) \div 5$
$$= 75 \div 5 = 15(개)$$
• (승기의 평균)$= (12+14+15+11+18) \div 5$
$$= 70 \div 5 = 14(개)$$
➡ 두 사람의 제기차기 기록의 평균을 비교하면 15>14이므로 상욱이가 제기차기를 더 잘했다고 볼 수 있습니다.

5 (1) (성훈이네 학교 5학년 전체 학생 수)
$$= 27+24+23+26+24+26 = 150(명)$$
(2) (학생 한 명당 접어야 하는 종이학 수의 평균)
$$= (접어야 하는 종이학 수) \div (전체 학생 수)$$
$$= 600 \div 150 = 4(개)$$

6 2주일은 14일이므로
(하루에 만든 사탕 개수의 평균)
$$= (2주일 동안 만든 사탕의 개수) \div 14입니다.$$
➡ (2주일 동안 만든 사탕의 개수)
$$= (하루에 만든 사탕 개수의 평균) \times 14$$
$$= 480 \times 14 = 6720(개)$$

7 • (현서네 모둠의 평균)$= (16+25+19+28) \div 4$
$$= 88 \div 4 = 22(분)$$
• (준우네 모둠의 평균)$= (26+20+23) \div 3$
$$= 69 \div 3 = 23(분)$$
➡ 22<23이므로 준우네 모둠의 평균 독서 시간이 더 깁니다.

8 (민지가 넣은 화살 수의 평균)$= (8+10+6) \div 3$
$$= 24 \div 3 = 8(개)$$
두 사람이 넣은 화살 수의 평균이 같으므로 주호가 넣은 화살 수의 평균도 8개입니다.

주호는 평균 8개씩 4회 넣었으므로 화살을 모두
8×4＝32(개) 넣었습니다.
➡ (주호가 2회에 넣은 화살 수)
　＝32−(5＋11＋7)＝9(개)

9 • (5회 동안 기록한 타자 수의 합)
　＝318×5＝1590(타)
• (4회의 타자 수)
　＝1590−(294＋315＋326＋317)
　＝1590−1252＝338(타)
➡ 338＞326＞317＞315＞294이므로 지영이의
　기록이 가장 좋았을 때는 338타를 친 4회입니다.

10 (지훈, 윤호, 소영, 민아의 몸무게의 합)
　＝35×4＝140(kg)
➡ (다섯 명의 몸무게의 평균)
　＝(다섯 명의 몸무게의 합)÷5
　＝(140＋30)÷5
　＝170÷5＝34(kg)

11 (지성이네 반의 단체 줄넘기 기록의 합)
　＝15＋24＋18＋21＋□＝78＋□
평균이 20번 이상 되어야 하므로
78＋□가 20×5＝100과 같거나 100보다 커야 합
니다.
78＋□＝100, □＝100−78＝22이므로
마지막에 줄넘기를 적어도 22번 넘어야 합니다.

148쪽~149쪽 문제 학습 ❸

1 반반이다, 확실하다
2 확실하다
3
4 ②
5 불가능하다
6
우리나라에는 3월보다 6월에 반팔을
입는 사람이 더 많을 것입니다. ○

오늘 학교에 전학생이 올 것입니다.

7 ⑴ 태우　⑵ 준서　⑶ 강우, 태우, 준서
8 ~일 것 같다
9 나
10 ㉡, ㉢, ㉠
11 예

1 가능성은 '불가능하다', '~아닐 것 같다', '반반이다',
'~일 것 같다', '확실하다' 등으로 표현할 수 있습니다.

2 올해 12살이면 내년에는 13살이 되므로 가능성은
'확실하다'입니다.

3 • 해는 항상 동쪽에서 뜨므로 내일 해가 동쪽에서 뜰
　가능성은 '확실하다'입니다.
• 동전에는 그림 면과 숫자 면이 있으므로 동전 1개
　를 던져 그림 면이 나올 가능성은 '반반이다'입니다.
• 12월 다음에는 1월이 오므로 12월 다음에 13월이
　올 가능성은 '불가능하다'입니다.

4 주사위를 던지면 1부터 6까지의 수가 나올 수 있으
므로 1이 나올 가능성은 '반반이다'보다 적은 '~아닐
것 같다'입니다.

5 주머니에 검은색 바둑돌이 없으므로 검은색 바둑돌
을 꺼낼 가능성은 '불가능하다'입니다.

6 • 3월보다 6월에 기온이 더 높으므로 가능성은 '~일
　것 같다'입니다.
• 오늘 학교에 전학생이 올 가능성은 낮으므로 '~아
　닐 것 같다'입니다.
➡ 일이 일어날 가능성이 더 높은 것은 '~일 것 같다'
　입니다.

7 • 강우: 딸기 맛 사탕이 5개 들어 있는 주머니에서 사
　탕을 1개 꺼내면 딸기 맛 사탕이므로 가능성은 '확
　실하다'입니다.
• 태우: 내일 학교에 제일 먼저 도착하는 친구는 여학
　생 또는 남학생이므로 가능성은 '반반이다'입니다.
• 준서: 오후 5시에서 1시간 후는 오후 6시이므로 가
　능성은 '불가능하다'입니다.
➡ 일이 일어날 가능성이 높은 사람부터 차례대로 쓰
　면 강우, 태우, 준서입니다.

8 ♥ 카드 6장과 ★ 카드 2장이 있으므로 8장의 카드 중
한 장을 뽑을 때 ♥가 나올 가능성이 훨씬 높습니다.
따라서 ♥가 나올 가능성은 '~일 것 같다'입니다.

9 화살이 초록색에 멈출 가능성과 주황색에 멈출 가능
성이 같은 회전판은 초록색과 주황색이 반씩 색칠되
어 있는 나입니다.

10 ㉠ 확실하다　　㉡ 불가능하다　　㉢ ~일 것 같다
➡ 일이 일어날 가능성이 낮은 것부터 차례대로 쓰면
　㉡, ㉢, ㉠입니다.

11 • 화살이 초록색에 멈출 가능성이 가장 높으므로 회전판에서 가장 넓은 부분에 초록색을 색칠합니다.
  • 화살이 빨간색에 멈출 가능성과 노란색에 멈출 가능성은 같으므로 빨간색과 노란색을 넓이가 같은 부분에 색칠합니다.

150쪽~151쪽 문제 학습 ❹

1 1, $\dfrac{1}{2}$, 0

2

3 0 **4** 1

5 (1) $\dfrac{1}{2}$ (2) $\dfrac{1}{2}$ **6** 0

7 $\dfrac{1}{2}$ **8** ㉠

9 $\dfrac{1}{2}$

10 (예)

11 $\dfrac{1}{2}$

---

1 • 검은색 공만 들어 있는 상자에서 꺼낸 공은 항상 검은색이므로 가능성은 '확실하다'이고, 수로 표현하면 1입니다.
  • 주사위를 한 번 던졌을 때 나온 눈의 수가 짝수일 가능성은 '반반이다'이고, 수로 표현하면 $\dfrac{1}{2}$입니다.
  • 강아지가 날개를 펴고 하늘을 날 가능성은 '불가능하다'이고, 수로 표현하면 0입니다.

2 회전판에 파란색과 빨간색이 반씩 색칠되어 있으므로 화살이 빨간색에 멈출 가능성은 '반반이다'입니다.
  따라서 수직선의 $\dfrac{1}{2}$에 ↓로 나타냅니다.

3 지갑에 100원짜리 동전이 2개 들어 있으므로 지갑에서 꺼낸 동전 1개가 500원짜리일 가능성은 '불가능하다'이고, 수로 표현하면 0입니다.

4 제비뽑기 상자에 당첨 제비만 4개 들어 있으므로 상자에서 뽑은 제비 1개가 당첨 제비일 가능성은 '확실하다'이고, 수로 표현하면 1입니다.

5 (1) 정답은 ○ 또는 ×이므로 ○라고 답했을 때 정답일 가능성은 '반반이다'이고, 수로 표현하면 $\dfrac{1}{2}$입니다.
  (2) 정답은 ○ 또는 ×이므로 ×라고 답했을 때 정답일 가능성은 '반반이다'이고, 수로 표현하면 $\dfrac{1}{2}$입니다.

6 1부터 4까지 쓰인 4장의 수 카드에 5는 없으므로 나온 수가 5일 가능성은 '불가능하다'이고, 수로 표현하면 0입니다.

7 구슬 6개가 들어 있는 주머니에서 1개 이상의 구슬을 꺼낼 때, 나올 수 있는 구슬의 개수는 1개, 2개, 3개, 4개, 5개, 6개로 6가지가 있습니다.
  이 중 꺼낸 구슬의 개수가 홀수인 경우는 1개, 3개, 5개로 세 가지이고, 짝수인 경우는 2개, 4개, 6개로 세 가지입니다.
  따라서 꺼낸 구슬의 개수가 홀수일 가능성은 '반반이다'이고, 수로 표현하면 $\dfrac{1}{2}$입니다.

8 ㉠ 동전 1개를 던질 때 숫자 면이 나올 가능성은 '반반이다'이고, 수로 표현하면 $\dfrac{1}{2}$입니다.
  ㉡ 화요일의 다음 날이 수요일이 될 가능성은 '확실하다'이고, 수로 표현하면 1입니다.
  ➡ $\dfrac{1}{2}$ < 1이므로 더 작은 것은 ㉠입니다.

9 주사위 눈의 수는 1부터 6까지이고 그중에서 4의 약수는 1, 2, 4로 3가지이므로 4의 약수일 가능성은 '반반이다'이고, 수로 표현하면 $\dfrac{1}{2}$입니다.

10 상자에 빨간 구슬과 파란 구슬이 각각 2개씩 들어 있습니다.
  따라서 꺼낸 구슬이 파란색일 가능성은 '반반이다'이고, 수로 표현하면 $\dfrac{1}{2}$입니다.
  회전판은 4칸이므로 2칸을 파란색으로 색칠하면 화살이 파란색에 멈출 가능성이 $\dfrac{1}{2}$입니다.

11 • 수민: 2의 배수인 2, 4, 6, ..., 16, 18, 20이 나올 가능성은 '반반이다'이고, 수로 표현하면 $\dfrac{1}{2}$입니다.
  • 준서: 20보다 큰 자연수가 나올 가능성은 '불가능하다'이고, 수로 표현하면 0입니다.
  따라서 ㉠과 ㉡의 차는 $\dfrac{1}{2} - 0 = \dfrac{1}{2}$입니다.

BOOK ❶ 개념북

6 단원

6. 평균과 가능성 **41**

1단계 주황색과 초록색 공은 모두 $2+2=4$(개)입니다.

2단계 꺼낸 공이 보라색일 가능성이 $\frac{1}{2}$이므로 전체 공 수의 $\frac{1}{2}$이 보라색입니다.

주황색과 초록색 공은 모두 4개이므로 전체의 절반이 보라색이 되려면 보라색 공은 4개입니다.

1·1 구슬 1개를 꺼낼 때 꺼낸 구슬이 파란색일 가능성이 $\frac{1}{2}$이므로 전체 구슬 수의 $\frac{1}{2}$이 파란색입니다.

빨간색과 노란색 구슬은 모두 3개이므로 전체의 절반이 파란색이 되려면 파란색 구슬은 3개입니다.

1·2 사탕 1개를 꺼낼 때 꺼낸 사탕이 딸기 맛일 가능성이 $\frac{1}{2}$이므로 딸기 맛 사탕은 전체 사탕 수의 $\frac{1}{2}$입니다.

따라서 전체 사탕의 수는 $3 \times 2 = 6$(개)이므로 레몬 맛 사탕은 $6-3-1=2$(개)입니다.

1단계 (3월부터 7월까지 읽은 책 수의 평균)
$=(7+6+8+11+13) \div 5 = 45 \div 5 = 9$(권)

2단계 종현이가 3월부터 8월까지 읽은 책 수의 평균은 $9+1=10$(권)입니다.

3단계 종현이가 8월에 읽은 책을 □권이라 하면 3월부터 8월까지 읽은 책 수의 평균이 10권이므로
$(45+□) \div 6 = 10$, $45+□=10 \times 6 = 60$,
$□=60-45=15$입니다.

따라서 종현이는 8월에 책을 15권 읽었습니다.

2·1 (월요일부터 목요일까지 제기차기 기록의 평균)
$=(11+12+15+14) \div 4 = 52 \div 4 = 13$(번)
성찬이의 월요일부터 금요일까지 제기차기 기록의 평균은 $13+1=14$(번)입니다.

성찬이의 금요일 제기차기 기록을 □번이라 하면
$(52+□) \div 5 = 14$, $52+□=14 \times 5 = 70$,
$□=70-52=18$입니다.
따라서 성찬이는 금요일에 제기를 18번 찼습니다.

2·2 (1단원부터 5단원까지 수학 점수의 평균)
$=(80+76+88+92+84) \div 5$
$=420 \div 5 = 84$(점)
윤지의 1단원부터 6단원까지 수학 점수의 평균은 적어도 $84+2=86$(점)이어야 합니다.
윤지의 6단원 수학 점수를 □점이라 하면
$(420+□) \div 6 = 86$, $420+□=86 \times 6 = 516$,
$□=516-420=96$입니다.
따라서 윤지는 6단원에서 수학 점수를 96점 이상 받아야 합니다.

1단계 (평균)=(1회부터 5회까지 기록의 합)÷5이므로
(1회부터 5회까지 기록의 합)$=21 \times 5 = 105$(초)입니다.

2단계 2회 기록을 □초라 하면 4회 기록은 $(□+4)$초입니다.
(1회부터 5회까지 기록의 합)
$=18+□+21+□+4+22=105$이므로
$65+□+□=105$, $□+□=105-65$,
$□+□=40$, $□=20$입니다.

3단계 (4회 기록)=(2회 기록)+4초
$=20$초$+4$초$=24$초

3·1 (서우네 모둠의 100 m 달리기 기록의 합)
$=$(평균)$\times 5 = 20 \times 5 = 100$(초)
준영이의 기록을 □초라 하면 동호의 기록은 $(□+5)$초입니다.
(서우네 모둠의 100 m 달리기 기록의 합)
$=18+□+5+□+20+23=100$이므로
$66+□+□=100$, $□+□=34$, $□=17$입니다.
➡ (동호의 기록)=(준영이의 기록)+5초
$=17$초$+5$초$=22$초

3·2 (전체 매장의 노트북 판매량의 합)
$= 40 \times 5 = 200$(대)
가 매장의 노트북 판매량을 □대라 하면 다 매장의
노트북 판매량은 (□×2)대입니다.
(전체 매장의 노트북 판매량의 합)
$= □ + 38 + □ \times 2 + 42 + 45 = 200$이므로
$125 + □ + □ \times 2 = 200$, $□ + □ \times 2 = 75$,
$□ + □ + □ = 75$, $□ = 75 \div 3 = 25$입니다.
➡ (다 매장의 노트북 판매량)$= 25 \times 2 = 50$(대)

155쪽   응용 학습 ❹

1단계	600분	**4·1** 74점
2단계	396분	**4·2** 70분
3단계	17분	

1단계 (유미네 반 학생이 하루 동안 컴퓨터를 사용한 시
간의 합)$= 20 \times 30 = 600$(분)
2단계 (남학생 18명이 하루 동안 컴퓨터를 사용한 시간
의 합)$= 22 \times 18 = 396$(분)
3단계 (여학생 12명이 하루 동안 컴퓨터를 사용한 시간
의 합)$= 600 - 396 = 204$(분)
➡ (여학생 12명이 하루 동안 컴퓨터를 사용한 시
간의 평균)$= 204 \div 12 = 17$(분)

4·1 • (지혜네 반 학생의 영어 시험 점수의 합)
$= 76 \times 24 = 1824$(점)
• (여학생 12명의 영어 시험 점수의 합)
$= 78 \times 12 = 936$(점)
• (남학생 12명의 영어 시험 점수의 합)
$= 1824 - 936 = 888$(점)
➡ (남학생 12명의 영어 시험 점수의 평균)
$= 888 \div 12 = 74$(점)

4·2 • (여학생 15명이 하루 동안 스마트폰을 사용한 시
간의 합)$= 68 \times 15 = 1020$(분)
• (남학생 10명이 하루 동안 스마트폰을 사용한 시
간의 합)$= 73 \times 10 = 730$(분)
• (현지네 반 학생이 하루 동안 스마트폰을 사용한
시간의 합)$= 1020 + 730 = 1750$(분)
➡ (현지네 반 학생이 하루 동안 스마트폰을 사용한
시간의 평균)$= 1750 \div 25 = 70$(분)

156쪽   교과서 통합 핵심 개념

1 (위에서부터) 5, 7 / 10 / 40 / 40, 10
2 (위에서부터) 25, 125 / 125, 27
3 불가능하다, 확실하다
4 (위에서부터) 소현, 준혁 / 0, 1

157쪽~159쪽   단원 평가

1 15살   **2** 28000원
3   **4** 불가능하다
5 확실하다   **6** 0
7 ❶ 6월부터 10월까지 쓴 독서 감상문은 모두
$5 \times 5 = 25$(편)입니다.
❷ 따라서 (8월에 쓴 독서 감상문 수)
$= 25 - (2 + 5 + 6 + 8) = 4$(편)입니다.   **답** 4편
8 2일, 4일   **9** 10점
10 ❶ 성주네 모둠의 몸무게의 평균은
$(46 + 40 + 45 + 41) \div 4 = 172 \div 4 = 43$(kg)입니다.
❷ 승혜네 모둠의 몸무게의 평균은
$(45 + 48 + 40 + 45 + 47) \div 5 = 225 \div 5 = 45$(kg)입니다.
❸ 따라서 승혜네 모둠의 몸무게의 평균이 $45 - 43 = 2$(kg)
더 무겁습니다.   **답** 승혜네 모둠, 2 kg
11 반반이다, $\frac{1}{2}$ **12** 새봄
13 나, 다, 가   **14** ㉢
15   **16** 오후 4시 50분
17 22점
18 ❶ (경서, 미소, 지훈이의 안타 개수의 합)$= 18 \times 3 = 54$(개)
❷ (네 사람의 안타 개수의 합)$= 54 + 14 = 68$(개)
❸ (네 사람의 안타 개수의 평균)$= 68 \div 4 = 17$(개)
답 17개
19 22점   **20**

2 (4달 동안 저금한 돈)$= 7000 \times 4 = 28000$(원)

3 • 양이 태어날 때 암컷 아니면 수컷이 태어나므로 가
능성은 '반반이다'입니다.
• 해는 항상 동쪽에서 뜨므로 가능성은 '불가능하다'
입니다.
• 대한민국에는 봄 다음에 항상 여름이 오므로 가능
성은 '확실하다'입니다.

BOOK ❶ 개념북

6 단원

4 고양이는 땅에서 사는 동물로 날개가 없으므로 날개가 생길 가능성은 '불가능하다'입니다.

5 주사위 눈의 수는 1, 2, 3, 4, 5, 6이므로 주사위를 한 번 던졌을 때 나온 눈의 수가 1 이상 6 이하일 가능성은 '확실하다'입니다.

6 노란색 구슬이 들어 있는 주머니에서는 노란색 구슬만 나올 수 있으므로 꺼낸 구슬이 보라색일 가능성은 '불가능하다'이고, 수로 표현하면 0입니다.

7
채점 기준	❶ 6월부터 10월까지 쓴 독서 감상문 수를 구한 경우	3점	5점
	❷ 8월에 쓴 독서 감상문 수를 구한 경우	2점	

8 (5일 동안 읽은 과학책 쪽수의 평균)
$= (28 + 45 + 37 + 50 + 35) \div 5 = 39$(쪽)
➡ 과학책을 39쪽보다 더 많이 읽은 날은 2일, 4일입니다.

9 평균을 2점 올리려면 각 과목에서 2점씩 올리는 것과 같으므로 총점은 $2 \times 5 = 10$(점) 올려야 합니다.

10
채점 기준	❶ 성주네 모둠의 몸무게의 평균을 구한 경우	2점	5점
	❷ 승혜네 모둠의 몸무게의 평균을 구한 경우	2점	
	❸ 어느 모둠의 몸무게의 평균이 몇 kg 더 무거 운지 구한 경우	1점	

11 바둑돌을 한 움큼 꺼내면 짝수 개나 홀수 개가 나옵니다.
따라서 꺼낸 바둑돌의 개수가 짝수일 가능성은 '반반이다'이고, 수로 표현하면 $\frac{1}{2}$입니다.

12 • 희수: 500원짜리 동전을 던졌을 때 숫자 면이 나올 가능성은 '반반이다'입니다.
• 새봄: 자석 2개를 붙이면 N극과 S극이 만날 가능성은 '확실하다'입니다.

13 • 회전판 가에서 화살이 빨간색에 멈출 가능성은 '불가능하다'입니다.
• 회전판 나에서 화살이 빨간색에 멈출 가능성은 '~일 것 같다'입니다.
• 회전판 다에서 화살이 빨간색에 멈출 가능성은 '반반이다'입니다.
따라서 화살이 빨간색에 멈출 가능성이 높은 것부터 차례대로 기호를 쓰면 나, 다, 가입니다.

14 ㉠ 주사위 눈의 수가 3의 배수인 3, 6일 가능성
→ ~아닐 것 같다
㉡ 주사위 눈의 수가 4 미만인 1, 2, 3일 가능성
→ 반반이다

㉢ 주사위 눈의 수가 6보다 큰 수인 7, 8, 9, ...일 가능성 → 불가능하다
➡ 따라서 일이 일어날 가능성이 가장 낮은 것은 ㉢입니다.

15 • 화살이 노란색에 멈출 가능성이 가장 높으므로 회전판에서 가장 넓은 부분에 노란색을 색칠합니다.
• 화살이 파란색에 멈출 가능성은 빨간색에 멈출 가능성의 3배이므로 노란색을 색칠한 부분 다음으로 넓은 부분에 파란색을, 가장 좁은 부분에 빨간색을 색칠합니다.

16 피아노 연습 시간은 어제 20분, 오늘 30분입니다.
(3일 동안 연습 시간의 합)$=30 \times 3 = 90$(분)이므로
(내일 연습 시간)$=90 - (20 + 30) = 40$(분)입니다.
➡ 따라서 내일 오후 4시 50분까지 피아노 연습을 해야 합니다.

17 (네 경기 동안 얻은 점수의 평균)
$= (28 + 22 + 14 + 20) \div 4 = 84 \div 4 = 21$(점)
다섯 경기 동안 얻은 점수의 평균이 네 경기 동안 얻은 점수의 평균보다 높으려면 다섯 번째 경기에서는 네 경기 동안 얻은 점수의 평균인 21점보다 높은 점수를 얻어야 합니다. 따라서 적어도 22점을 얻어야 합니다.

18
채점 기준	❶ 경서, 미소, 지훈이의 안타 개수의 합을 구한 경우	2점	5점
	❷ 네 사람의 안타 개수의 합을 구한 경우	2점	
	❸ 네 사람의 안타 개수의 평균을 구한 경우	1점	

19 (준수가 들어오기 전의 평균)
$= (19 + 9 + 23 + 17) \div 4 = 68 \div 4 = 17$(점)
평균이 1점 늘어나면 과녁 맞히기 기록의 합은
$17 + 1 \times 5 = 22$(점) 늘어납니다.
따라서 새로 들어온 준수의 기록은 22점입니다.

20 • 회전판 가에서 빨간색, 파란색, 노란색은 각각 전체의 $\frac{1}{3}$이므로 ㉡과 일이 일어날 가능성이 가장 비슷합니다.
• 회전판 나에서 파란색은 전체의 $\frac{1}{2}$이고, 빨간색과 노란색은 각각 전체의 $\frac{1}{4}$이므로 ㉠과 일이 일어날 가능성이 가장 비슷합니다.
• 회전판 다에서 빨간색은 전체의 $\frac{3}{4}$이고, 파란색과 노란색은 각각 전체의 $\frac{1}{8}$이므로 ㉢과 일이 일어날 가능성이 가장 비슷합니다.

34쪽 쉬어가기

64쪽 쉬어가기

94쪽 쉬어가기

116쪽 쉬어가기

138쪽 쉬어가기

160쪽 쉬어가기

BOOK ❶ 개념북

6 단원

① 수의 범위와 어림하기

2쪽~4쪽   단원 평가 기본

1 ⑧ 35 ⑳ 21 ⑰

2 다은, 은성   **3** 하윤, 진우
4 초과   **5** 2개
6 8.9   **7** ⑤
8 주원   **9** 소장급
10 (수직선: 40, 50, 60)
11 400권   **12** 5, 6, 7, 8, 9
13 167850원을 버림하여 천의 자리까지 나타내면 167000원 이므로 최대 167000원까지 바꿀 수 있습니다.
답 167000원
14 290000, 430000
15 ❶ 30 이상 35 미만인 자연수는 30, 31, 32, 33, 34이고, 33 초과 38 이하인 자연수는 34, 35, 36, 37, 38입니다.
❷ 따라서 공통으로 포함되는 자연수는 34입니다.   답 34
16 4600, 4501
17 316개 이상 360개 이하
18 ❶ 만들 수 있는 두 자리 수는 25, 27, 52, 57, 72, 75입니다.
❷ 이 중에서 27 이상 72 미만인 수는 27, 52, 57로 모두 3개입니다.
답 3개
19 315000원   **20** 5개

4 46을 점 ○으로 나타내고 오른쪽으로 선을 그었으므로 46보다 큰 수입니다.

5 • 4594(백의 자리 아래 수인 94를 100으로 보고 올림) → 4600
• 4603(백의 자리 아래 수인 3을 100으로 보고 올림) → 4700
• 4721(백의 자리 아래 수인 21을 100으로 보고 올림) → 4800
• 4650(백의 자리 아래 수인 50을 100으로 보고 올림) → 4700

6 8.934(소수 첫째 자리 아래 수인 0.034를 0으로 보고 버림) → 8.9

7 ① 16253(버림) → 16000
② 15877(올림) → 16000
③ 16099(버림) → 16000
④ 15540(올림) → 16000
⑤ 15444(버림) → 15000

10 도윤이의 몸무게인 53.5 kg은 용장급에 속합니다. 용장급 몸무게의 범위는 50 kg 초과 55 kg 이하입니다. 50은 포함되지 않으므로 점 ○으로, 55는 포함되므로 점 ●으로 나타낸 뒤 두 수 사이에 선을 긋습니다.

11 364를 올림하여 백의 자리까지 나타내면 400입니다. 따라서 공책을 100권씩 묶음으로 판다면 적어도 400권을 사야 합니다.

12 백의 자리 수가 1 커졌으므로 올림한 것을 알 수 있습니다. 따라서 □ 안에 들어갈 수 있는 수는 5, 6, 7, 8, 9입니다.

13

채점 기준	버림을 이용하여 어림하고 답을 구한 경우	5점

14 • 가 도시: 285308 → 290000
• 나 도시: 432070 → 430000

15

채점 기준	❶ 수의 범위에 포함되는 자연수를 각각 찾은 경우	4점	5점
	❷ 공통으로 포함되는 자연수를 찾은 경우	1점	

16 올림하여 백의 자리까지 나타내면 4600이 되는 자연수는 4500 초과 4600 이하인 수입니다. 따라서 가장 큰 수는 4600이고, 가장 작은 수는 4501입니다.

17 $45 \times 7 = 315$, $45 \times 8 = 360$이므로 30분 동안 만든 빵의 개수는 315개보다 많고 360개와 같거나 작습니다.
➡ 316개 이상 360개 이하

18

채점 기준	❶ 수 카드로 만들 수 있는 두 자리 수를 모두 쓴 경우	3점	5점
	❷ 27 이상 72 미만인 수의 개수를 구한 경우	2점	

19 민우와 어머니가 딴 딸기는 모두 $276 + 182 = 458$(개)입니다. 458을 버림하여 십의 자리까지 나타내면 450이므로 45상자를 팔 수 있습니다.
➡ $7000 \times 45 = 315000$(원)

20 반올림하여 십의 자리까지 나타냈을 때 250이 되는 자연수는 245, 246, ..., 253, 254이고, 버림하여 십의 자리까지 나타냈을 때 240이 되는 자연수는 240, 241, ..., 248, 249입니다. 따라서 두 조건을 모두 만족하는 수는 245, 246, 247, 248, 249로 모두 5개입니다.

5쪽~7쪽 단원 평가 (심화)

1
(30) 29.5 △25 (33.7)
△17 (44) 26.99 (31)

2
10 11 12 13 14 15 16 17

3 8.9 **4** 초과, 이하

5 32000, 31000, 32000

6 2명 **7** ①

8 ❶ 2등급은 40회 이상 79회 이하입니다.
❷ 따라서 2등급인 학생은 43회를 기록한 다연입니다.
답 다연

9 서울, 강릉 / 광주 / 부산

10 3개 **11** ㉠

12 ❶ 선우
❷ 예 물건 가격을 모두 더하면 31400원입니다. 어림한 금액이 31400원보다 많은 사람은 올림으로 어림한 선우입니다.

13 116번 **14** 29

15 ㉡ **16** 2776

17 ❶ 만들 수 있는 가장 큰 다섯 자리 수는 75420입니다.
❷ 75420에서 만의 자리 아래 수인 5420을 0으로 보고 버림하면 70000입니다. 답 70000

18 50000원

19 2850세대 이상 2950세대 미만

20 40, 41

---

3 8.83(0.03을 0.1로) → 8.9

4 주어진 수는 10보다 크고 16과 같거나 작은 자연수이므로 수의 범위는 10 초과 16 이하인 수입니다.

6 기록이 9초 미만인 학생은 은희(8.6초), 성주(7.9초)로 모두 2명입니다.

8
채점 기준		
❶ 2등급에 해당하는 횟수 범위를 찾은 경우	2점	5점
❷ 2등급인 학생을 찾은 경우	3점	

9 • 13 이하인 수는 13과 같거나 작은 수이므로 서울(12.3℃), 강릉(11.9℃)입니다.
• 13 초과 15 이하인 수는 13보다 크고 15와 같거나 작은 수이므로 광주(13.9℃)입니다.
• 15 초과인 수는 15보다 큰 수이므로 부산(15.7℃)입니다.

10 수직선에 나타낸 수의 범위는 29 이상 34 미만인 수이므로 29와 같거나 크고 34보다 작은 수입니다.
따라서 수의 범위에 포함되는 수가 아닌 것은 43, 27.5, 34로 모두 3개입니다.

11 ㉠ 31984 → 30000
㉡ 30521 → 31000
➡ 30000＜31000이므로 더 작은 것은 ㉠입니다.

12
채점 기준		
❶ 금액이 부족하지 않게 어림한 사람을 찾아 쓴 경우	2점	5점
❷ 이유를 바르게 쓴 경우	3점	

[평가 기준] 이유에서 '어림한 금액이 31400원보다 많다.' 또는 '올림으로 어림했다.'라는 표현이 있으면 정답으로 인정합니다.

13 1159명을 올림하여 십의 자리까지 나타내면 1160명이므로 케이블카는 적어도 1160÷10＝116(번) 올라가야 합니다.

14 수직선에 나타낸 수의 범위는 23 초과 □ 이하인 수이고, 이 범위에 포함되는 자연수는 24, 25, 26, ..., □입니다.
6개가 되려면 24, 25, 26, 27, 28, 29까지 포함되면 되므로 □＝29입니다.

15 ㉠ 839540(올림) → 840000
㉡ 845000(올림) → 850000
㉢ 840050(버림) → 840000
㉣ 836500(올림) → 840000

16 올림하여 백의 자리까지 나타내면 2800이므로 올림하기 전의 수는 2700 초과 2800 이하입니다.
비밀번호가 □□76이므로 사물함 자물쇠의 비밀번호는 2776입니다.

17
채점 기준		
❶ 만들 수 있는 가장 큰 다섯 자리 수를 구한 경우	2점	5점
❷ 만든 수를 버림하여 만의 자리까지 나타낸 경우	3점	

18 연필 245자루를 올림하여 십의 자리까지 나타내면 250자루이므로 25묶음을 사야 합니다.
➡ 2000×25＝50000(원)

19 반올림하여 백의 자리까지 나타냈을 때 2900세대이므로 아파트 세대수의 범위는 2850세대부터 2949세대까지입니다.
➡ 2850세대 이상 2949세대 이하
➡ 2850세대 이상 2950세대 미만

20 버림하여 십의 자리까지 나타내면 280이 되는 자연수는 280부터 289까지의 수입니다.
이 수는 어떤 자연수에 7을 곱해서 나온 수이므로 280부터 289까지의 수 중 7의 배수를 찾으면 280, 287입니다. 따라서 어떤 수가 될 수 있는 수는 280÷7＝40, 287÷7＝41입니다.

8쪽 수행 평가 ❶회

1 (1) 이상 (2) 미만
2 △36 ㊲50 ㊺55 47 △42 ㊱53 ㊻49
3 ㉡, ㉢
4 ㉢, ㉣
5 나, 마

---

2 47보다 큰 수는 50, 55, 53, 49이고, 47보다 작은 수는 36, 42입니다.
47 초과인 수와 47 미만인 수에 47은 포함되지 않습니다.

3 ㉠ 39와 같거나 큰 수이므로 38이 포함되지 않습니다.
㉡ 37보다 큰 수이므로 38이 포함됩니다.
㉢ 38과 같거나 작은 수이므로 38이 포함됩니다.
㉣ 38보다 작은 수이므로 38이 포함되지 않습니다.

4 주차 시간이 30분보다 긴 자동차는
㉢(36분), ㉣(41분)입니다.

5 예상 강수량이 5 mm와 같거나 적은 곳은
나(4.6 mm), 마(5.0 mm)입니다.

9쪽 수행 평가 ❷회

1 (1) 이상, 미만 (2) 초과, 이하
2 희진, 민석
3 재성, 민석, 은찬
4 민석
5 6개

---

1 (1) 수직선에 나타낸 수는 36과 같거나 크고 40보다 작은 수입니다.
(2) 수직선에 나타낸 수는 89보다 크고 93과 같거나 작은 수입니다.

2 붕붕 비행기를 탈 수 있는 사람은 키가 120 cm와 같거나 크고 145 cm보다 작은 학생이므로 희진 (135.0 cm), 민석(140.0 cm)입니다.

3 씽씽 자동차를 탈 수 있는 사람은 키가 140 cm와 같거나 크고 160 cm와 같거나 작은 학생이므로 재성 (150.0 cm), 민석(140.0 cm), 은찬(145.2 cm)입니다.

4 회전 접시를 탈 수 있는 사람은 키가 135 cm보다 크고 145 cm보다 작은 학생이므로 민석(140.0 cm)입니다.

---

5 68과 같거나 크고 73과 같거나 작은 수는 68, 69, 70, 71, 72, 73이므로 모두 6개입니다.

10쪽 수행 평가 ❸회

1 (1) 800 (2) 480
2 8.3, 8.25
3 69000
4 (1) 7000, >, 6900 (2) 1500, =, 1500
5 8대

---

4 (1) • 6372(천의 자리 아래 수인 372를 1000으로 보고 올림) → 7000
• 6803(백의 자리 아래 수인 3을 100으로 보고 올림) → 6900
➡ 7000 > 6900
(2) • 1528(백의 자리 아래 수인 28을 0으로 보고 버림) → 1500
• 1509(십의 자리 아래 수인 9를 0으로 보고 버림) → 1500
➡ 1500 = 1500

5 야구공 764상자를 올림하여 백의 자리까지 나타내면 800상자이므로 트럭은 적어도 8대 필요합니다.

11쪽 수행 평가 ❹회

1 5950, 5900, 6000
2 (1) 1.3 (2) 6.02
3 ④
4 ㊵75120 73980 ㊵84305 86050
5 3 cm

---

1 • 십의 자리: 5945(올림) → 5950
• 백의 자리: 5945(버림) → 5900
• 천의 자리: 5945(올림) → 6000

2 (1) 1.32(버림) → 1.3
(2) 6.019(올림) → 6.02

3 ① 4650(올림) → 5000 ② 5172(버림) → 5000
③ 5483(버림) → 5000 ④ 4309(버림) → 4000
⑤ 4723(올림) → 5000

4 • 75120(올림) → 80000 • 73980(버림) → 70000
• 84305(버림) → 80000 • 86050(올림) → 90000

5 3.4 cm는 소수 첫째 자리 숫자가 4이므로 버림하면 지우개의 길이는 3 cm입니다.

② 분수의 곱셈

1 $1\dfrac{2}{5} \times 2 = (1 \times 2) + \left(\dfrac{2}{5} \times 2\right) = 2 + \dfrac{4}{5} = 2\dfrac{4}{5}$

2 $\overset{3}{\cancel{24}} \times \dfrac{11}{\underset{2}{\cancel{16}}} = \dfrac{33}{2} = 16\dfrac{1}{2}$

3 $2\dfrac{3}{4} \times 1\dfrac{2}{7} = \dfrac{11}{4} \times \dfrac{9}{7} = \dfrac{99}{28} = 3\dfrac{15}{28}$

4 $\dfrac{12}{175}$ **5** $3\dfrac{4}{7}$

6 ✕ (대각선으로 연결)

7 $\dfrac{28}{75}$

8 $12\dfrac{1}{2}\,\text{cm}^2$

9 방법 1 예 대분수를 가분수로 나타내어 계산합니다.

$6 \times 1\dfrac{2}{5} = 6 \times \dfrac{7}{5} = \dfrac{42}{5} = 8\dfrac{2}{5}$

방법 2 예 대분수를 자연수와 진분수의 합으로 생각하여 계산합니다.

$6 \times 1\dfrac{2}{5} = (6 \times 1) + \left(6 \times \dfrac{2}{5}\right) = 6 + 2\dfrac{2}{5} = 8\dfrac{2}{5}$

10 $1\dfrac{3}{8}\,\text{cm}$ **11** $5\dfrac{2}{15}$

12 ㉢

13 ❶ 어떤 단위분수를 $\dfrac{1}{\square}$ 이라 하면

$\dfrac{1}{\square} \times \dfrac{1}{5} = \dfrac{1}{35}$, $\dfrac{1}{\square \times 5} = \dfrac{1}{35}$, $\square \times 5 = 35$, $\square = 7$이므로

어떤 단위분수는 $\dfrac{1}{7}$입니다.

❷ 따라서 $\dfrac{1}{7}$에 $\dfrac{1}{9}$을 곱하면 $\dfrac{1}{7} \times \dfrac{1}{9} = \dfrac{1}{63}$입니다.

답 $\dfrac{1}{63}$

14 $1\dfrac{13}{20}$ **15** $53\,\text{kg}$

16 1, 2, 3, 4

17 ❶ (어제 읽은 쪽수)$= \overset{20}{\cancel{180}} \times \dfrac{2}{\underset{1}{\cancel{9}}} = 40$(쪽)

❷ (오늘 읽은 쪽수)$= \overset{8}{\cancel{40}} \times \dfrac{3}{\underset{1}{\cancel{5}}} = 24$(쪽)

❸ (어제와 오늘 읽은 쪽수의 합)$= 40 + 24 = 64$(쪽)

답 64쪽

18 $1\dfrac{19}{21}\,\text{kg}$ **19** 12분 45초

20 서연, $\dfrac{3}{16}\,\text{L}$

9

채점 기준	두 가지 방법으로 모두 계산한 경우	5점
	한 가지 방법으로만 계산한 경우	3점

[평가 기준] 대분수를 가분수로 나타내어 계산하거나 자연수 부분과 분수 부분으로 나누어 계산하는 과정이 있으면 정답으로 인정합니다.

13

채점 기준	❶ 어떤 단위분수를 구한 경우	3점	
	❷ 어떤 단위분수에 $\dfrac{1}{9}$을 곱한 값을 구한 경우	2점	5점

16 $2\dfrac{2}{5} \times 2\dfrac{1}{3} = \dfrac{12}{5} \times \dfrac{\overset{4}{7}}{\underset{1}{3}} = \dfrac{28}{5} = 5\dfrac{3}{5}$이므로

$5\dfrac{3}{5} > \square\dfrac{4}{5}$입니다. 따라서 □ 안에 들어갈 수 있는 자연수는 1, 2, 3, 4입니다.

주의 □ 안에 5가 들어가면 $5\dfrac{3}{5} < 5\dfrac{4}{5}$이므로 답이 될 수 없습니다.

17

채점 기준	❶ 어제 읽은 쪽수를 구한 경우	2점	
	❷ 오늘 읽은 쪽수를 구한 경우	2점	5점
	❸ 어제와 오늘 읽은 쪽수의 합을 구한 경우	1점	

18 식빵을 만드는 데 사용하고 남은 밀가루의 양은 전체의 $1 - \dfrac{3}{7} = \dfrac{4}{7}$입니다.

따라서 과자를 만드는 데 사용한 밀가루는

$4\dfrac{1}{6} \times \dfrac{4}{7} \times \dfrac{4}{5} = \dfrac{\overset{5}{\cancel{25}}}{\underset{3}{\cancel{6}}} \times \dfrac{\overset{2}{\cancel{4}}}{7} \times \dfrac{4}{\underset{1}{\cancel{5}}} = \dfrac{40}{21} = 1\dfrac{19}{21}$(kg)

입니다.

19 • 줄넘기를 한 시간: 1시간$=60$분

$\rightarrow \overset{12}{\cancel{60}} \times \dfrac{1}{\underset{1}{\cancel{5}}} = 12$(분)

• 철봉 매달리기를 한 시간: 1분$=60$초

$\rightarrow \overset{15}{\cancel{60}} \times \dfrac{3}{\underset{1}{\cancel{4}}} = 45$(초)

➡ 12분 45초

20 • (서연이가 마신 주스의 양)$= \dfrac{\overset{}{5}}{\underset{2}{\cancel{6}}} \times \dfrac{\overset{}{3}}{\underset{1}{\cancel{5}}} = \dfrac{1}{2}$(L)

• (동현이가 마신 주스의 양)$= \dfrac{5}{\underset{2}{\cancel{6}}} \times \dfrac{\overset{1}{\cancel{3}}}{8} = \dfrac{5}{16}$(L)

➡ $\dfrac{1}{2}\left(=\dfrac{8}{16}\right) > \dfrac{5}{16}$이므로 서연이가 주스를

$\dfrac{1}{2} - \dfrac{5}{16} = \dfrac{8}{16} - \dfrac{5}{16} = \dfrac{3}{16}$(L) 더 많이 마셨습니다.

1 $4 \times 1\frac{1}{3} = 4 \times \frac{4}{3} = \frac{16}{3} = 5\frac{1}{3}$

2   ②, ⑤   **3** $5\frac{5}{8}$

4 $2\frac{2}{3}$ **5** $5\frac{1}{3}\,\mathrm{kg}$

6   ❶ (예) 대분수를 가분수로 나타내지 않고 약분하여 잘못 계산했습니다.

    ❷ (예) $1\frac{1}{9} \times 1\frac{3}{4} = \frac{10}{9} \times \frac{\overset{5}{7}}{\underset{2}{4}} = \frac{35}{18} = 1\frac{17}{18}$

7 $>$ **8** $\frac{5}{81}$

9   수민, $\frac{3}{5}$ **10**   ㉠, ㉡, ㉢

11 $\frac{9}{20}$ **12** $8\frac{2}{3}\,\mathrm{L}$

13   ❶ 나누어진 한 칸의 가로는 $\frac{1}{6}$ m이고, 세로는 $\frac{1}{3}$ m입니다.

    ❷ 따라서 나누어진 한 칸의 넓이는
$\frac{1}{6} \times \frac{1}{3} = \frac{1}{18}$ (m²)입니다.   답 $\frac{1}{18}\,\mathrm{m}^2$

14   18 cm   **15**   22

16   54 cm   **17** $37\frac{1}{3}\,\mathrm{cm}^2$

18   ㉮

19   ❶ 어떤 수를 □라 하면 $\square + \frac{2}{3} = 2\frac{3}{4}$,

    $\square = 2\frac{3}{4} - \frac{2}{3} = 2\frac{9}{12} - \frac{8}{12} = 2\frac{1}{12}$ 입니다.

    ❷ 어떤 수는 $2\frac{1}{12}$ 이므로 바르게 계산하면

    $2\frac{1}{12} \times \frac{2}{3} = \frac{25}{\underset{6}{12}} \times \frac{\overset{1}{2}}{3} = \frac{25}{18} = 1\frac{7}{18}$ 입니다.   답 $1\frac{7}{18}$

20 $12\frac{5}{6}$

6
채점 기준		
❶ 계산이 잘못된 이유를 쓴 경우	3점	5점
❷ 바르게 계산한 경우	2점	

[평가 기준] 이유에서 '대분수를 가분수로 나타내지 않았다.'라는 표현이 있으면 정답으로 인정합니다.

12   2주일은 $7 \times 2 = 14$(일)입니다.

13
채점 기준		
❶ 나누어진 한 칸의 가로와 세로를 각각 구한 경우	2점	5점
❷ 나누어진 한 칸의 넓이를 구한 경우	3점	

14   (사용한 철사의 길이) $= \overset{6}{30} \times \frac{2}{\underset{1}{5}} = 12$ (cm)

    ➡ (남은 철사의 길이) $= 30 - 12 = 18$ (cm)

---

15 $2\frac{5}{6} \times 8 = \frac{17}{\underset{3}{6}} \times \overset{4}{8} = \frac{68}{3} = 22\frac{2}{3}$

    ➡ $22\frac{2}{3} > \square$ 이므로 □ 안에 들어갈 수 있는 가장 큰 자연수는 22입니다.

16   • (공이 땅에 한 번 닿았다가 튀어 올랐을 때의 높이)

    $= \overset{24}{96} \times \frac{3}{\underset{1}{4}} = 72$ (cm)

    • (공이 땅에 두 번 닿았다가 튀어 올랐을 때의 높이)

    $= \overset{18}{72} \times \frac{3}{\underset{1}{4}} = 54$ (cm)

17

    • (㉠의 넓이) $= 3 \times 2\frac{4}{9} = \overset{1}{3} \times \frac{22}{\underset{3}{9}}$

        $= \frac{22}{3} = 7\frac{1}{3}$ (cm²)

    • (㉡의 넓이) $= 8 \times 3\frac{3}{4} = \overset{2}{8} \times \frac{15}{\underset{1}{4}} = 30$ (cm²)

    ➡ (도형의 넓이) = (㉠의 넓이) + (㉡의 넓이)

        $= 7\frac{1}{3} + 30 = 37\frac{1}{3}$ (cm²)

18   1분 $=60$초이므로 15초 $= \frac{15}{60}$ 분 $= \frac{1}{4}$ 분입니다.

    ㉮: $\frac{7}{10} \times \frac{1}{4} = \frac{7}{40}$ (km)

    ㉯: $\frac{1}{\underset{6}{90}} \times \overset{1}{15} = \frac{1}{6}$ (km)

    ➡ $\frac{7}{40}\left(= \frac{21}{120}\right) > \frac{1}{6}\left(= \frac{20}{120}\right)$ 이므로 ㉮가 더 멀리 갈 수 있습니다.

19
채점 기준		
❶ 어떤 수를 구한 경우	2점	5점
❷ 바르게 계산한 값을 구한 경우	3점	

20   만들 수 있는 가장 큰 대분수는 $4\frac{2}{3}$ 이고, 가장 작은 대분수는 $2\frac{3}{4}$ 입니다. 따라서 만들 수 있는 가장 큰 대분수와 가장 작은 대분수의 곱은

    $4\frac{2}{3} \times 2\frac{3}{4} = \frac{14}{3} \times \frac{11}{\underset{2}{4}} = \frac{77}{6} = 12\frac{5}{6}$ 입니다.

18쪽 수행 평가 **1**회

1 (1) $\dfrac{7}{8} \times 5 = \dfrac{7 \times 5}{8} = \dfrac{35}{8} = 4\dfrac{3}{8}$

(2) $3\dfrac{1}{4} \times 2 = \dfrac{13}{4} \times \overset{1}{\cancel{2}} = \dfrac{13}{2} = 6\dfrac{1}{2}$

2 (1) $4\dfrac{4}{5}$ (2) $9\dfrac{3}{4}$ **3** (1) $9\dfrac{1}{3}$ (2) $13\dfrac{1}{3}$

4 ㉡   **5** $2\dfrac{1}{10}$ km

3 (2) $2\dfrac{2}{9} \times 6 = \dfrac{20}{\underset{3}{\cancel{9}}} \times \overset{2}{\cancel{6}} = \dfrac{40}{3} = 13\dfrac{1}{3}$

4 ㉠ $\dfrac{5}{\underset{2}{\cancel{6}}} \times \overset{1}{\cancel{3}} = \dfrac{5}{2} = 2\dfrac{1}{2}$ ㉡ $\dfrac{6}{\underset{1}{\cancel{7}}} \times \overset{3}{\cancel{21}} = 18$

㉢ $\dfrac{3}{\underset{2}{\cancel{4}}} \times \overset{5}{\cancel{10}} = \dfrac{15}{2} = 7\dfrac{1}{2}$

5 (지수가 달린 거리)$= \dfrac{7}{10} \times 3 = \dfrac{21}{10} = 2\dfrac{1}{10}$ (km)

19쪽 수행 평가 **2**회

1 (1) $\overset{5}{\cancel{10}} \times \dfrac{5}{\underset{3}{\cancel{6}}} = \dfrac{25}{3} = 8\dfrac{1}{3}$

(2) $4 \times 1\dfrac{1}{3} = 4 \times \dfrac{4}{3} = \dfrac{16}{3} = 5\dfrac{1}{3}$

2 ✕   **3** 수현

4
| $6 \times 1\dfrac{1}{2}$ | 6×1 | $6 \times \dfrac{9}{10}$ | $6 \times 3\dfrac{4}{5}$ | $6 \times \dfrac{1}{7}$ |

5 $8\dfrac{2}{5}$ L

3 • 진아: $\overset{3}{\cancel{6}} \times \dfrac{7}{\underset{4}{\cancel{8}}} = \dfrac{21}{4} = 5\dfrac{1}{4}$

• 수현: $15 \times 1\dfrac{2}{9} = \overset{5}{\cancel{15}} \times \dfrac{11}{\underset{3}{\cancel{9}}} = \dfrac{55}{3} = 18\dfrac{1}{3}$

4 • 6에 진분수를 곱하면 계산 결과는 6보다 작습니다.
• 6에 1을 곱하면 계산 결과는 그대로 6입니다.
• 6에 대분수나 가분수를 곱하면 계산 결과는 6보다 큽니다.

5 (판매한 포도주스의 양)$= 14 \times \dfrac{3}{5} = \dfrac{42}{5} = 8\dfrac{2}{5}$ (L)

20쪽 수행 평가 **3**회

1 (1) $\dfrac{2}{3} \times \dfrac{5}{7} = \dfrac{2 \times 5}{3 \times 7} = \dfrac{10}{21}$

(2) $\dfrac{3}{10} \times \dfrac{5}{8} = \dfrac{3 \times \overset{1}{\cancel{5}}}{\underset{2}{\cancel{10}} \times 8} = \dfrac{3}{16}$

2 (1) $\boxed{\dfrac{1}{45}}$ $\boxed{\dfrac{5}{9}}$ (2) $\boxed{\dfrac{11}{12}}$ $\boxed{\dfrac{11}{24}}$

3 (1) < (2) =   **4** 8

5 $\dfrac{16}{39}$ m

3 (1) 어떤 수에 큰 수를 곱할수록 계산 결과가 큽니다.

$\dfrac{1}{10} < \dfrac{1}{9}$이므로 $\dfrac{7}{8} \times \dfrac{1}{10} < \dfrac{7}{8} \times \dfrac{1}{9}$입니다.

(2) 두 분수의 순서를 바꾸어 곱해도 계산 결과는 같습니다.

4 $\dfrac{\overset{1}{\cancel{3}}}{4} \times \dfrac{7}{\underset{5}{\cancel{15}}} = \dfrac{7}{20} \Rightarrow \dfrac{7}{20} < \dfrac{\square}{20}$이므로

$\square$ 안에 들어갈 수 있는 가장 작은 자연수는 8입니다.

5 (리본을 만드는 데 사용한 끈의 길이)

$= \dfrac{4}{\underset{3}{\cancel{9}}} \times \dfrac{\overset{4}{\cancel{12}}}{13} = \dfrac{16}{39}$ (m)

21쪽 수행 평가 **4**회

1 (1) $2\dfrac{1}{2} \times 1\dfrac{2}{3} = \dfrac{5}{2} \times \dfrac{5}{3} = \dfrac{25}{6} = 4\dfrac{1}{6}$

(2) $1\dfrac{5}{9} \times 3\dfrac{2}{7} = \dfrac{14}{9} \times \dfrac{23}{\underset{1}{\cancel{7}}}^{2} = \dfrac{46}{9} = 5\dfrac{1}{9}$

2 (1) $1\dfrac{37}{40}$ (2) $\dfrac{14}{15}$ **3** $\dfrac{22}{63}$

4 6   **5** $8\dfrac{3}{4}$ m^2

4 가장 큰 수: $3\dfrac{3}{4}$, 가장 작은 수: $1\dfrac{3}{5}$

$\Rightarrow 3\dfrac{3}{4} \times 1\dfrac{3}{5} = \dfrac{\overset{3}{\cancel{15}}}{\underset{1}{\cancel{4}}} \times \dfrac{\overset{2}{\cancel{8}}}{\underset{1}{\cancel{5}}} = 6$

5 (텃밭의 넓이)

$= 2\dfrac{4}{5} \times 3\dfrac{1}{8} = \dfrac{14}{\underset{1}{\cancel{5}}}^{7} \times \dfrac{25}{\underset{4}{\cancel{8}}}^{5} = \dfrac{35}{4} = 8\dfrac{3}{4}$ (m^2)

BOOK **2** 평가북

2 단원

③ 합동과 대칭

22쪽~24쪽 단원 평가 기본

1 ㉡   **2** 예

3 (위에서부터) 대응변, 대응각

4 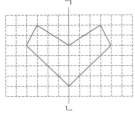   **5** 가, 다, 라
6 3쌍, 3쌍, 3쌍
7 4 cm
8 35°   **9** 24 cm

10

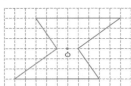

11 ❶ 대응각의 크기는 같으므로
(각 ㄹㄷㅂ)=(각 ㄱㄴㅂ)=70°입니다.
❷ 대응점끼리 이은 선분은 대칭축과 수직으로 만나므로
(각 ㅁㅂㄷ)=90°입니다.
❸ (각 ㄹㄷㅂ)+(각 ㅁㅂㄷ)=70°+90°=160°입니다.
답 160°

12 ❶ 민경
❷ 예 어떤 점을 중심으로 180° 돌렸을 때 처음
도형과 완전히 겹치는 도형이 점대칭도형입니다.

13 105°

14

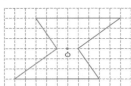

15 26 cm

16 ❶ 변 ㄴㄷ의 대응변은 변 ㅁㅂ이고, 대응변의 길이는 같으므
로 (변 ㄴㄷ)=(변 ㅁㅂ)=9 cm입니다.
❷ 변 ㄹㄷ의 대응변은 변 ㅅㅂ이고, 대응변의 길이는 같으므
로 (변 ㄹㄷ)=(변 ㅅㅂ)=10 cm입니다.
❸ 따라서 사각형 ㄱㄴㄷㄹ의 둘레는
7+9+10+5=31 (cm)입니다.   답 31 cm

17 70°   **18** 10 cm
19 85°   **20** 44 cm

9 각각의 대응점에서 대칭축까지의 거리가 같으므로
(선분 ㄷㅂ)=(선분 ㄹㅂ)=12 cm입니다.
➡ (변 ㄷㄹ)=12+12=24 (cm)

11
채점기준	❶ 각 ㄹㄷㅂ의 크기를 구한 경우	2점	
	❷ 각 ㅁㅂㄷ의 크기를 구한 경우	2점	5점
	❸ 각 ㄹㄷㅂ과 각 ㅁㅂㄷ의 크기의 합을 구한 경우	1점	

12
채점기준	❶ 잘못 말한 사람의 이름을 쓴 경우	2점	
	❷ 잘못된 이유를 쓴 경우	3점	5점

[평가 기준] 이유에서 '180° 돌려야 한다.'라는 표현이 있으면 정답
으로 인정합니다.

13 각 ㄷㄹㅁ의 대응각은 각 ㅂㄱㄴ입니다.
➡ (각 ㄷㄹㅁ)=(각 ㅂㄱㄴ)=105°

15 점대칭도형은 각각의 대응점에서 대칭의 중심까지
의 거리가 같습니다.
도형은 한 대각선의 길이가 9+9=18 (cm),
다른 대각선의 길이가 4+4=8 (cm)인 마름모입니다.
➡ (두 대각선의 길이의 합)=18+8=26 (cm)

16
채점기준	❶ 변 ㄴㄷ의 길이를 구한 경우	2점	
	❷ 변 ㄹㄷ의 길이를 구한 경우	2점	5점
	❸ 사각형 ㄱㄴㄷㄹ의 둘레를 구한 경우	1점	

17 각 ㄱㄷㄴ의 대응각은 각 ㄹㄴㄷ이고, 대응각의 크기
는 같으므로 (각 ㄱㄷㄴ)=(각 ㄹㄴㄷ)=30°입니다.
삼각형 ㄱㄴㄷ의 세 각의 크기의 합은 180°이므로
(각 ㄱㄴㄷ)=180°−80°−30°=70°입니다.

18 각 ㄱㄴㄹ의 대응각은 각 ㄱㄷㄹ이고, 대응각의 크기
는 같으므로
(각 ㄱㄴㄹ)=(각 ㄱㄷㄹ)=(180°−60°)÷2=60°
입니다. 따라서 삼각형 ㄱㄴㄷ은 정삼각형이고
(변 ㄴㄷ)=(변 ㄱㄴ)=10 cm입니다.

19 각 ㄱㄴㄷ의 대응각은 각 ㄷㄹㄱ이고 두 각의 크기는
같습니다.
삼각형 ㄱㄷㄹ의 세 각의 크기의 합은 180°이므로
(각 ㄷㄹㄱ)=180°−30°−65°=85°입니다.
따라서 (각 ㄱㄴㄷ)=(각 ㄷㄹㄱ)=85°입니다.

20 (선분 ㅁㅇ)=(선분 ㄴㅇ)=6 cm이므로
(변 ㄴㄷ)=15−6−6=3 (cm)입니다.
변 ㅁㅂ의 대응변은 변 ㄴㄷ이므로
(변 ㅁㅂ)=3 cm,
변 ㄹㅁ의 대응변은 변 ㄱㄴ이므로
(변 ㄹㅁ)=9 cm,
변 ㄷㄹ의 대응변은 변 ㅂㄱ이므로
(변 ㄷㄹ)=10 cm입니다.
➡ (도형의 둘레)=(9+3+10)×2=44 (cm)

단원 평가 심화

1 ①, ⑤

2 점 ㅁ, 각 ㅅㅂㅁ

3 ㄹ

4

5 예 두 도형의 모양은 같지만 크기가 달라서 포개었을 때 완전히 겹치지 않으므로 두 도형은 서로 합동이 아닙니다.

6 6개

7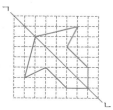

8 (위에서부터) 75, 8

9 ㄷ

10 ❶ 선대칭도형에서 대응각의 크기는 같으므로 (각 ㄴㄱㄷ)=(각 ㄴㄷㄱ)입니다.
❷ 삼각형의 세 각의 크기의 합은 180°이므로 (각 ㄴㄱㄷ)=(180°−90°)÷2=45°입니다. **답** 45°

11 50°

12 가, 다

13 73 cm

14 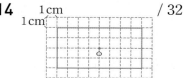 / 32 cm²

15 30 cm

16 ❶ 점대칭도형은 각각의 대응점에서 대칭의 중심까지의 거리가 같습니다. (선분 ㅁㅇ)=(선분 ㄴㅇ)=7 cm
➡ (선분 ㄴㅁ)=7+7=14(cm)
❷ (선분 ㅂㅇ)=(선분 ㄷㅇ)=5 cm
➡ (선분 ㄷㅂ)=5+5=10(cm)
❸ 따라서 선분 ㄴㅁ은 선분 ㄷㅂ보다 14−10=4(cm) 더 깁니다. **답** 4 cm

17 136°

18 70°

19 42 cm²

20 18 cm

5

채점 기준	합동이 아닌 이유를 쓴 경우	5점

[평가 기준] 이유에서 '크기가 달라서 완전히 겹치지 않는다.'라는 표현이 있으면 정답으로 인정합니다.

10

채점 기준	❶ 각 ㄴㄱㄷ과 각 ㄴㄷㄱ의 크기가 같음을 구한 경우	2점	5점
	❷ 삼각형의 세 각의 크기의 합이 180°임을 이용하여 각 ㄴㄱㄷ의 크기를 구한 경우	3점	

11 (각 ㄱㅁㅂ)=(각 ㅇㅁㅂ)=65°,
직선이 이루는 각의 크기는 180°이므로
(각 ㄹㅁㅇ)=180°−65°−65°=50°입니다.

12 선대칭도형은 가, 나, 다이고 점대칭도형은 가, 다, 라이므로 선대칭도형도 되고 점대칭도형도 되는 것은 가, 다입니다.

13 변 ㄷㄹ의 대응변은 변 ㄱㄴ이므로
(변 ㄷㄹ)=(변 ㄱㄴ)=15 cm입니다.
변 ㄴㄷ의 대응변은 변 ㄹㅁ이므로
(변 ㄴㄷ)=(변 ㄹㅁ)=8 cm입니다.
➡ (사각형 ㄱㄴㄹㅁ의 둘레)
=15+8+15+8+27=73(cm)

15 정삼각형을 합동인 삼각형으로 나누었으므로 나눈 4개의 삼각형도 정삼각형입니다.
(삼각형 ㄹㅁㅂ의 한 변의 길이)=15÷3=5(cm)
(삼각형 ㄱㄴㄷ의 한 변의 길이)=5×2=10(cm)
➡ (삼각형 ㄱㄴㄷ의 둘레)=10×3=30(cm)

16

채점 기준	❶ 선분 ㄴㅁ의 길이를 구한 경우	2점	5점
	❷ 선분 ㄷㅂ의 길이를 구한 경우	2점	
	❸ 선분 ㄴㅁ과 선분 ㄷㅂ의 길이의 차를 구한 경우	1점	

17 (각 ㄹㄷㄴ)=(각 ㄱㄴㄷ)=90°
(각 ㄴㄹㄷ)=(각 ㄷㄱㄴ)=68°
삼각형의 세 각의 크기의 합은 180°이므로
(각 ㄹㄴㄷ)=(각 ㄱㄷㄴ)=180°−68°−90°=22°
➡ (각 ㄴㅁㄷ)=180°−22°−22°=136°

18 각 ㄴㄱㅁ의 대응각은 각 ㄷㄹㅁ이고, 대응각의 크기는 같으므로 (각 ㄴㄱㅁ)=(각 ㄷㄹㅁ)=110°입니다.
대응점을 이은 선분은 대칭축과 수직으로 만나므로 (각 ㄱㅁㅂ)=(각 ㅁㅂㄴ)=90°입니다.
사각형 ㄱㄴㅂㅁ의 네 각의 크기의 합은 360°이므로
(각 ㄱㄴㄷ)=360°−110°−90°−90°=70°입니다.

19 (선분 ㄱㄹ)=(선분 ㄷㄹ)=7 cm이므로
(선분 ㄱㄷ)=7+7=14(cm)입니다.
대응점끼리 이은 선분은 대칭축과 수직으로 만나므로 (각 ㄱㄹㄴ)=90°입니다.
➡ (삼각형 ㄱㄴㄷ의 넓이)=14×6÷2=42(cm²)

20 (변 ㄱㅈ)=(변 ㅁㄹ)=12 cm,
(변 ㄷㄹ)=(변 ㅅㅈ)=5 cm,
(변 ㄱㄴ)=(변 ㅁㅂ)=4 cm이므로
(변 ㄷㄴ)+(변 ㅅㅂ)
=50−(12+5+4)×2=8(cm)입니다.
➡ (선분 ㄷㅅ)
=(변 ㄷㄴ)+(선분 ㄴㅇ)+(선분 ㅇㅂ)+(변 ㅂㅅ)
=8+5+5=18(cm)

BOOK ❷ 평가북

3 단원

28쪽   수행 평가 ❶회

1 합동
2 (○) (   ) (   )
3 (1) 예   (2) 예
4 가, 사 / 나, 마 / 라, 바

3 (1) 예

(2) 예
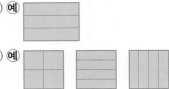

29쪽   수행 평가 ❷회

1 대응점, 대응변, 대응각
2 점 ㅇ, 변 ㅇㅅ, 각 ㅁㅂㅅ
3 (1) 25°   (2) 11 cm   4 50°

2 서로 합동인 두 사각형을 포개었을 때 점 ㄱ과 겹치는 점은 점 ㅇ, 변 ㄱㄹ과 겹치는 변은 변 ㅇㅅ, 각 ㄴㄷㄹ과 겹치는 각은 각 ㅁㅂㅅ입니다.

3 (1) (각 ㄹㅁㅂ)=(각 ㄷㄴㄱ)=105°
    → (각 ㄹㅁㅂ)=180°−50°−105°=25°
   (2) (변 ㄴㄷ)=(변 ㅁㄹ)=6 cm
    → (변 ㄱㄴ)=31−14−6=11 (cm)

4 (각 ㅅㅇㅁ)=(각 ㄱㄴㄷ)=90°,
   (각 ㅇㅅㅂ)=(각 ㄴㄱㄹ)=100°
   사각형의 네 각의 크기의 합은 360°이므로
   (각 ㅇㅁㅂ)=360°−120°−100°−90°=50°입니다.

30쪽   수행 평가 ❸회

1 (○) (   ) (○) (○) (   )
2 가
3 (1)   (2)
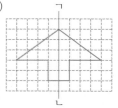 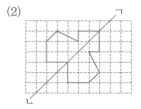
4 (1) 8 cm   (2) 45°

1 한 직선을 따라 접었을 때 완전히 겹치는 도형을 선대칭도형이라고 합니다.

2 가의 대칭축은 5개, 나의 대칭축은 4개이므로 대칭축이 더 많은 선대칭도형은 가입니다.

3 대응점을 찾아 표시한 후 차례로 이어 선대칭도형을 완성합니다.

4 (1) 변 ㄴㄷ의 대응변은 변 ㄴㄱ이므로
      (변 ㄴㄷ)=(변 ㄴㄱ)=8 cm입니다.
   (2) (각 ㄹㄱㄴ)=(각 ㄹㄷㄴ)=25°
      → (각 ㄱㄴㄹ)=180°−25°−110°=45°

31쪽   수행 평가 ❹회

1 가, 다, 라
2 (1)
(2)
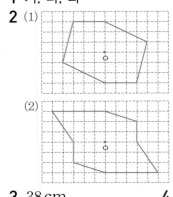
3 38 cm   4 140°

1 한 도형을 어떤 점을 중심으로 180° 돌렸을 때 처음 도형과 완전히 겹치는 도형을 점대칭도형이라고 합니다. 이때 그 점을 대칭의 중심이라고 합니다.

2 각 꼭짓점에서 대칭의 중심을 지나는 직선을 긋고, 대칭의 중심까지의 거리가 같도록 대응점을 찾아 표시한 후 차례로 이어 점대칭도형을 완성합니다.

3 (변 ㄷㄹ)=(변 ㅂㄱ)=4 cm
   (변 ㄹㅁ)=(변 ㄱㄴ)=7 cm
   (변 ㅁㅂ)=(변 ㄴㄷ)=8 cm
   → (도형의 둘레)=(7+8+4)×2=38 (cm)

4 (각 ㄷㄴㄱ)=(각 ㄱㄹㄷ)=40°이고,
   (각 ㄴㄱㄹ)=(각 ㄹㄷㄴ)이므로
   (각 ㄴㄱㄹ)+(각 ㄹㄷㄴ)
   =360°−40°−40°=280°
   → (각 ㄹㄷㄴ)=280°÷2=140°

❹ 소수의 곱셈

1 3.4   **2** 444, 0.444

3 $1.5 \times 5 = \dfrac{15}{10} \times 5 = \dfrac{15 \times 5}{10} = \dfrac{75}{10} = 7.5$

4 1.08   **5** 3.87

6 ⓒ   **7** ①

8 ✕

9 2.55 kg

10 $3 \times 0.55 = 1.65$ / 1.65 L

11 ❶ 1 3.2 7 2

❷ 예 1.68×7.9를 2의 8배 정도로 어림하면 16보다 더 작은 값이기 때문입니다.

12 0.116

13 ❶ 1 m = 100 cm이므로 서우가 키우는 식물의 키는 $0.309 \times 100 = 30.9$(cm)입니다.

❷ 30.9 < 31.4이므로 진희가 키우는 식물의 키가 더 큽니다.   답 진희

14 2.6×0.5, 0.26×5

15 ❶ 있습니다.

❷ 예 17.5×250은 20×250인 5000보다 작기 때문입니다.

16 15.548 m²   **17** 9시간

18 3병   **19** 1000배

20 105.3 cm

6 0.45×0.52를 0.4×0.5로 어림하면 0.4의 반이므로 0.2입니다.
따라서 계산 결과는 0.2에 가까운 ⓒ 0.234입니다.

8 모두 58×24로 계산할 수 있으므로 곱의 소수점 위치가 같은 것끼리 잇습니다.
- 5.8×2.4 → 소수 두 자리 수
- 0.58×2.4 → 소수 세 자리 수
- 5.8×0.24 → 소수 세 자리 수
- 0.058×240 → 소수 두 자리 수

9 (인형 3개의 무게) = $0.85 \times 3 = 2.55$ (kg)

10 (사용한 페인트의 양) = $3 \times 0.55 = 1.65$ (L)

11

채점 기준			
❶ 어림하여 결괏값에 소수점을 바르게 찍은 경우	2점		5점
❷ 이유를 쓴 경우	3점		

[평가 기준] 이유에서 어림한 방법은 1.6의 8배, 2의 7배 등 여러 가지로 설명할 수 있지만 어림한 값의 자연수 부분이 두 자리 수이면 정답으로 인정합니다.

12 540은 54의 10배인데 62.64는 6264의 0.01배이므로 ☐ 안에 알맞은 수는 116의 0.001배인 0.116입니다.

13

채점 기준			
❶ 0.309 m와 31.4 cm의 단위를 같게 만든 경우	3점		5점
❷ 누가 키우는 식물의 키가 더 큰지 구한 경우	2점		

14 $0.26 \times 0.5 = 0.13$이어야 하는데 잘못 눌러서 1.3이 나왔으므로 곱해지는 수와 곱하는 수 중 하나가 10배가 되어야 합니다.
따라서 2.6×0.5를 눌렀거나 0.26×5를 누른 것입니다.

15

채점 기준			
❶ 젤리 한 봉지를 살 수 있을지 없을지 쓴 경우	2점		5점
❷ ❶과 같이 답한 이유를 쓴 경우	3점		

[평가 기준] 이유에서 '17.5×250의 값이 5000보다 작다.'라는 표현이 있으면 정답으로 인정합니다.

16 (직사각형의 가로) = $2.6 \times 2.3 = 5.98$ (m)
➡ (직사각형의 넓이) = $5.98 \times 2.6 = 15.548$ (m²)

17 1시간 30분은 1.5시간이고, 월요일부터 토요일까지는 6일입니다.
➡ (지난주에 희연이가 영어 공부를 한 시간)
= $1.5 \times 6 = 9$(시간)

18 • (비커 한 개에 부어야 하는 식초의 양)
= $0.24 \times 3 = 0.72$ (L)
• (비커 4개에 부어야 하는 식초의 양)
= $0.72 \times 4 = 2.88$ (L)
➡ 식초가 2.88 L 필요하므로 한 병에 1 L씩 들어 있는 식초를 적어도 3병 준비해야 합니다.

19 $45.2 \times ● = 4520$에서 4520은 45.2의 100배이므로 ● = 100입니다.
$45.2 \times ▲ = 4.52$에서 4.52는 45.2의 0.1배이므로 ▲ = 0.1입니다.
➡ 100은 0.1의 1000배이므로 ●는 ▲의 1000배입니다.

20 • (색 테이프 19장의 길이의 합)
= $6.3 \times 19 = 119.7$ (cm)
• (겹쳐진 부분의 수) = $19 - 1 = 18$(군데)
(겹쳐진 부분의 길이의 합) = $0.8 \times 18 = 14.4$ (cm)
➡ (이어 붙인 색 테이프의 전체 길이)
= $119.7 - 14.4 = 105.3$ (cm)

1 8, 8, 3, 24, 2.4
2 (위에서부터) 9, 9, 117, 11.7
3 ㉡
4 9.45
5 36.27
6 ㉠
7 3.5 L
8 >
9 24.06
10 492 g
11 ❶ 수민
　　❷ 예 0.49와 6의 곱은 3 정도가 돼.
12 6.18 kg, 61.8 kg, 618 kg
13 2.7, 0.35
14 ❶ 50000은 1000의 50배이므로 3.64×50을 계산합니다.
　　❷ 3.64×50=182이므로 182헤알입니다.
　　　　　　　　　　　　　답 182헤알
15 ❶ 가장 큰 수를 만들려면 높은 자리부터 큰 수를 차례대로
　　놓으면 되므로 가장 큰 소수 두 자리 수는 8.42입니다.
　　❷ 만든 수와 0.5의 곱은 8.42×0.5=4.21입니다.
　　　　　　　　　　　　　답 4.21
16 347
17 12개
18 8.4 cm
19 2.275 L
20 77.4 m²

---

2 0.9를 $\frac{9}{10}$로 나타내어 분모는 그대로 두고 자연수와 분자를 곱하여 계산하고 소수로 나타냅니다.

3 곱하는 소수의 소수점 아래 자리 수가 3개이므로 곱의 소수점이 왼쪽으로 세 칸 옮겨집니다.
➡ 3417×0.001=3.417

5 $4.03 \times 9 = \frac{403}{100} \times 9 = \frac{403 \times 9}{100} = \frac{3627}{100} = 36.27$

6 ㉠ 3.8×1.7은 4×1.7=6.8보다 작습니다.
㉡ 8.1의 0.9는 8의 0.9인 7.2보다 큽니다.
㉢ 1.4의 5.2배는 1.4의 5배인 7보다 큽니다.
따라서 계산 결과가 7보다 작은 것은 ㉠입니다.

7 일주일은 7일입니다.
➡ (일주일 동안 마신 우유의 양)=0.5×7=3.5(L)

8 5×0.43=2.15, 4×0.51=2.04 ➡ 2.15>2.04

9 수의 크기를 비교하면 40.1>12.04>9.5>0.6이므로 가장 큰 수는 40.1이고, 가장 작은 수는 0.6입니다. ➡ 40.1×0.6=24.06

10 (찹쌀가루 한 봉지에 들어 있는 탄수화물 성분의 양)
=600×0.82=492(g)

11

채점기준		
❶ 잘못 말한 사람의 이름을 쓴 경우	2점	5점
❷ 잘못 말한 부분을 바르게 고친 경우	3점	

0.49는 49의 0.01배이므로 0.49와 6의 곱은 300의 0.01배인 3 정도입니다.

12 • (종이 10묶음의 무게)=0.618×10=6.18(kg)
• (종이 100묶음의 무게)=0.618×100=61.8(kg)
• (종이 1000묶음의 무게)
=0.618×1000=618(kg)

13 • 3.5는 35의 0.1배인데 9.45는 945의 0.01배이므로 □ 안에 알맞은 수는 27의 0.1배인 2.7입니다.
• 2.7은 27의 0.1배인데 0.945는 945의 0.001배이므로 □ 안에 알맞은 수는 35의 0.01배인 0.35입니다.

14

채점기준		
❶ 알맞은 계산식을 쓴 경우	2점	5점
❷ 우리나라 돈 50000원은 브라질 돈으로 몇 헤알인지 구한 경우	3점	

15

채점기준		
❶ 가장 큰 소수 두 자리 수를 만든 경우	2점	5점
❷ 만든 수와 0.5의 곱을 구한 경우	3점	

16 어떤 수를 □라 하면 □×0.1=3.47이므로 □=34.7입니다.
따라서 바르게 계산하면 34.7×10=347입니다.

17 5.62×2.4=13.488, 6.7×3.8=25.46이므로 13.488<□<25.46입니다.
따라서 □ 안에 들어갈 수 있는 자연수는 14, 15, ..., 24, 25이므로 모두 12개입니다.

18 • (금붕어의 길이)=(열대어의 길이)×3.5
=2.4×3.5=8.4(cm)
• (수초의 길이)=(열대어의 길이)×7
=2.4×7=16.8(cm)
➡ 수초는 금붕어보다 16.8−8.4=8.4(cm) 더 깁니다.

19 15분=$\frac{15}{60}$시간=$\frac{5}{20}$시간=$\frac{25}{100}$시간=0.25시간이므로 3시간 15분=3.25시간입니다.
난로를 3시간 15분 동안 사용하기 위해 필요한 등유의 양은 0.7×3.25=2.275(L)입니다.

20 • (새로운 화단의 가로)=4×1.5=6(m)
• (새로운 화단의 세로)=8.6×1.5=12.9(m)
➡ (새로운 화단의 넓이)=6×12.9=77.4(m²)

38쪽 **수행 평가 ①회**

1 (1) 9, 9, 36, 3.6 (2) 5.3, 5.3, 15.9
2 (1) 1.82 (2) 9.68 **3** ·

4 (1) < (2) > **5** 24.3 g

---

4 (1) $0.64 \times 5 = 3.2$, $0.7 \times 5 = 3.5 \Rightarrow 3.2 < 3.5$
　(2) $4.7 \times 8 = 37.6$, $6.08 \times 5 = 30.4 \Rightarrow 37.6 > 30.4$

5 (탁구공 9개의 무게)
　= (탁구공 1개의 무게) × (탁구공 수)
　= $2.7 \times 9 = 24.3$ (g)

39쪽 **수행 평가 ②회**

1 (1) 4, 4, 68, 6.8 (2) 99, $\dfrac{1}{100}$, 0.99
2 (1) 6.4 (2) 3.68 **3** ( ) (○) ( )
4 (1) 4 (2) 59 **5** 39.6 kg

---

3 · 2×2.86은 $2 \times 3 = 6$보다 작습니다.
　· 3×2.4는 $3 \times 2 = 6$보다 큽니다.
　· 4의 1.39배는 4의 1.5배인 6보다 작습니다.
　따라서 계산 결과가 6보다 큰 것은 3×2.4입니다.

4 (1) $6 \times 0.83 = 4.98$
　　$\Rightarrow 4.98 > \square$이므로 □ 안에 들어갈 수 있는 가장 큰 자연수는 4입니다.
　(2) $16 \times 3.7 = 59.2$
　　$\Rightarrow 59.2 > \square$이므로 □ 안에 들어갈 수 있는 가장 큰 자연수는 59입니다.

5 (윤우의 몸무게) = $33 \times 1.2 = 39.6$ (kg)

40쪽 **수행 평가 ③회**

1 (1) 7, 9, 63, 0.63 (2) 94, $\dfrac{1}{100}$, 0.94
2 (1) 0.035 (2) 3.708 **3** ㉡
4 0.48 **5** 17.48 m²

---

3 ㉡ $64 \times 5 = 320$이고 6.4는 64의 $\dfrac{1}{10}$배, 0.5는 5의 $\dfrac{1}{10}$배이므로 6.4×0.5의 값은 320의 $\dfrac{1}{100}$배인 3.2가 됩니다.

4 0.1이 6개인 수는 0.6, 0.1이 8개인 수는 0.8입니다.
　$\Rightarrow 0.6 \times 0.8 = 0.48$

5 (벽면의 넓이) = (가로) × (세로)
　　　　　　 = $7.6 \times 2.3 = 17.48$ (m²)

41쪽 **수행 평가 ④회**

1 (1) 1.72, 17.2, 172 (2) 21.8, 2.18, 0.218
2 (1) 0.18, 5.1 (2) 5.9, 14.3
3 ○ ○ **4** ㉠
5 142원, 14.2원, 1.42원

---

1 (1) 곱하는 수의 0이 하나씩 늘어날 때마다 곱의 소수점이 오른쪽으로 한 칸씩 옮겨집니다.
　(2) 곱하는 소수의 소수점 아래 자리 수가 하나씩 늘어날 때마다 곱의 소수점이 왼쪽으로 한 칸씩 옮겨집니다.

2 (1) · 510은 51의 10배인데 91.8은 918의 0.1배이므로 □ 안에 알맞은 수는 18의 0.01배인 0.18입니다.
　　· 1.8은 18의 0.1배인데 9.18은 918의 0.01배이므로 □ 안에 알맞은 수는 51의 0.1배인 5.1입니다.
　(2) · 1.43은 143의 0.01배인데 8.437은 8437의 0.001배이므로 □ 안에 알맞은 수는 59의 0.1배인 5.9입니다.
　　· 5900은 59의 100배인데 84370은 8437의 10배이므로 □ 안에 알맞은 수는 143의 0.1배인 14.3입니다.

3 · 9560은 9.56의 1000배이므로 □ 안에 알맞은 수는 1000입니다.
　· 81.4는 0.814의 100배이므로 □ 안에 알맞은 수는 100입니다.

4 ㉠ 7500의 0.01 $\Rightarrow 7500 \times 0.01 = 75$
　㉡ 75의 0.1배 $\Rightarrow 75 \times 0.1 = 7.5$
　㉢ $0.75 \times 10 = 7.5$
　따라서 계산 결과가 다른 것은 ㉠입니다.

5 · (경유 0.1 L의 가격) = $1420 \times 0.1 = 142$ (원)
　· (경유 0.01 L의 가격) = $1420 \times 0.01 = 14.2$ (원)
　· (경유 0.001 L의 가격) = $1420 \times 0.001 = 1.42$ (원)

BOOK ② 평가북

4 단원

⑤ 직육면체

1 직육면체　　　　　**2** ④
3 6, 12, 8　　　　　**4** 나
5 (위에서부터) 5, 4, 8
6 면 ㄹㅇㅅㄷ
7 (예) 직육면체는 6개의 직사각형으로 이루어져야 하는데 2개의 사다리꼴과 4개의 직사각형으로 이루어져 있으므로 직육면체가 아닙니다.

8
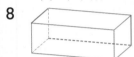
　　　　　　　　　9 면 바

10 10개　　　　　　**11** 54 cm
12 선분 ㅅㅂ　　　　**13** 점 ㅈ, 점 ㅍ
14 ❶ 예은
　　❷ (예) 한 꼭짓점에서 만나는 면은 모두 3개야.
15 (예)
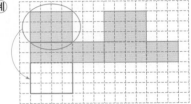

16 180 cm
17 (예)
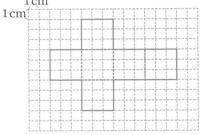

18 84 cm²
19
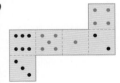

20 ❶ 빨간색 끈으로 길이가 16 cm인 곳을 12군데 둘렀습니다.
　　❷ 따라서 상자를 두르는 데 사용한 빨간색 끈의 길이는 16×12＝192(cm)입니다.　　답 192 cm

---

2 정사각형 6개로 둘러싸인 도형을 찾으면 ④입니다.

3 정육면체에서 면은 6개, 모서리는 12개, 꼭짓점은 8개 있습니다.

4 나는 색칠한 면과 평행한 면을 색칠한 것입니다.

---

7 | 채점
기준 | 직육면체가 아닌 이유를 쓴 경우 | 5점 |

[평가 기준] 이유에서 '직사각형 6개로 이루어지지 않았다.'라는 표현이 있으면 정답으로 인정합니다.

8 보이는 모서리는 실선으로, 보이지 않는 모서리는 점선으로 그립니다.

9 전개도를 접었을 때 마주 보는 면은 면 가와 면 바, 면 나와 면 라, 면 다와 면 마입니다.

10 정육면체에서 보이는 꼭짓점은 7개, 보이는 면은 3개입니다. ➡ 7＋3＝10(개)

11 정육면체에서 모든 모서리의 길이는 6 cm로 같고, 보이는 모서리는 9개입니다.
➡ (보이는 모서리의 길이의 합)＝6×9＝54(cm)

12 선분 ㄷㄹ과 만나서 한 모서리가 되는 선분은 선분 ㅅㅂ입니다.

13 점 ㄱ과 만나서 한 꼭짓점이 되는 점은 점 ㅈ과 점 ㅍ입니다.

14 | 채점
기준 | ❶ 잘못 설명한 사람의 이름을 쓴 경우 | 2점 | 5점 |
| | ❷ 잘못 설명한 부분을 바르게 고친 경우 | 3점 | |

[평가 기준] 바르게 고친 부분에서 '한 꼭짓점에서 만나는 면은 모두 3개이다.'라는 표현이 있으면 정답으로 인정합니다.

15 전개도를 접었을 때 겹치는 면이 없도록 면 1개를 옮겨서 그립니다.

16 22 cm, 11 cm, 12 cm인 모서리가 각각 4개씩 있습니다.
➡ (휴지 상자의 모든 모서리의 길이의 합)
　　＝(22＋11＋12)×4＝180(cm)

17 정육면체의 전개도를 그리는 방법에는 여러 가지가 있습니다.
서로 겹치는 면이 없고 모든 모서리의 길이가 같도록 전개도를 그립니다.

18 • (선분 ㄱㅈ)
　　＝(선분 ㄱㅎ)＋(선분 ㅎㅋ)＋(선분 ㅋㅊ)
　　　＋(선분 ㅊㅈ)
　　＝3＋4＋3＋4＝14(cm)
• (선분 ㅈㅇ)＝6 cm
➡ (직사각형 ㄱㄴㅇㅈ의 넓이)
　　＝(선분 ㄱㅈ)×(선분 ㅈㅇ)
　　＝14×6＝84(cm²)

19 서로 평행한 면의 눈의 수는 각각 와 더해서 7이 되는 수이므로 ⠒과 4, ⠿과 1, ⠢와 5가 짝이 되어야 합니다.

20

채점 기준	❶ 빨간색 끈으로 두른 부분의 수를 구한 경우	2점	
	❷ 상자를 두르는 데 사용한 빨간색 끈의 길이를 구한 경우	3점	5점

45쪽~47쪽 **단원 평가** (심화)

1 나, 다, 바 **2** 다

3 3개 **4**

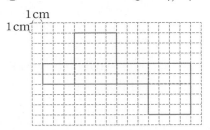

5 ⑤ **6** 가, 나

7
1 cm
1 cm

(모눈종이에 그린 전개도)

8 선분 ㅋㅌ **9** ④

10 (   ) (   ) (○)

11 14 cm **12** 18 cm

13 ❶ 선분 ㅁㅂ과 겹치는 선분은 선분 ㅅㅂ입니다.
❷ 선분 ㅅㅂ의 길이는 선분 ㅌㅍ의 길이와 같으므로 선분 ㅁㅂ의 길이는 6 cm입니다. 답 6 cm

14 8개 **15** 면 라, 면 마

16 108 cm

17 ❶ 5가 적힌 두 면이 마주 보는 면이므로 마주 보는 면에 적힌 두 수의 합은 5+5=10입니다.
❷ 색칠한 면과 마주 보는 면에 적힌 수는 7이므로 색칠한 면에 적힌 수는 10-7=3입니다. 답 3

18 ❶ 직육면체에는 7 cm인 모서리가 4개, 6 cm인 모서리가 4개, □ cm인 모서리가 4개 있습니다.
❷ (7+6+□)×4=72, 13+□=18이므로 □ 안에 알맞은 수는 5입니다. 답 5

19

20 28 cm

5 ⑤ 면 ㄷㅅㅇㄹ은 색칠한 면과 평행한 면입니다.

6 다는 전개도를 접었을 때 겹치는 면이 있으므로 정육면체의 전개도가 아닙니다.

---

7 전개도를 접었을 때 마주 보는 면이 3쌍이고, 마주 보는 면의 모양과 크기가 일치하며 만나는 모서리의 길이가 같도록 전개도를 완성합니다.

8 전개도를 접었을 때 선분 ㄱㅎ은 선분 ㅋㅌ과 만나 한 모서리가 됩니다.

9 ① 모서리는 모두 12개입니다.
② 꼭짓점은 모두 8개입니다.
③ 직육면체의 면 6개의 크기가 같지 않을 수도 있습니다.
⑤ 직육면체는 정육면체라고 할 수 없습니다.

10

	면의 수	꼭짓점의 수	모서리의 길이
직육면체	6개	8개	길이가 모두 같지는 않음
정육면체	6개	8개	길이가 모두 같음

11 보이지 않는 세 모서리의 길이는 각각 6 cm, 3 cm, 5 cm입니다.
➡ 6+3+5=14(cm)

12 면 ㄹㅇㅅㄷ과 평행한 면은 면 ㄱㅁㅂㄴ이고, 면 ㄱㅁㅂㄴ은 가로가 3 cm, 세로가 6 cm인 직사각형입니다.
➡ (둘레)=(3+6)×2=18(cm)

13

채점 기준	❶ 선분 ㅁㅂ과 겹치는 선분을 구한 경우	2점	
	❷ 선분 ㅁㅂ의 길이를 구한 경우	3점	5점

14 보이는 모서리의 수는 9개이고, 보이지 않는 꼭짓점의 수는 1개입니다.
➡ 9-1=8(개)

15 • 면 가와 수직인 면: 면 나, 면 다, **면 라, 면 마**
• 면 다와 수직인 면: 면 가, **면 라, 면 마**, 면 바
➡ 면 가와 수직이면서 면 다와 수직인 면: 면 라, 면 마

16 직육면체를 잘라서 가장 큰 정육면체를 만들기 위해서는 한 모서리의 길이를 직육면체의 가장 짧은 모서리의 길이인 9 cm로 해야 합니다.
만들 수 있는 가장 큰 정육면체의 한 모서리의 길이는 9 cm이고 모서리는 모두 12개이므로 길이를 모두 더하면 9×12=108(cm)입니다.

17

채점 기준	❶ 마주 보는 면에 적힌 두 수의 합을 구한 경우	2점	
	❷ 색칠한 면에 적힌 수를 구한 경우	3점	5점

18

채점 기준	❶ 직육면체의 모서리의 길이와 개수를 각각 구한 경우	2점	
	❷ □ 안에 알맞은 수를 구한 경우	3점	5점

19 전개도에 선이 그려진 네 면을 정육면체에서 찾아 선을 바르게 그립니다.

20 • (선분 ㅍㅂ)=6 cm이므로
(선분 ㅍㅊ)=60÷6=10 (cm)입니다.
• (선분 ㄱㅎ)=(선분 ㅍㅊ)=10 cm,
(선분 ㅎㅍ)=(선분 ㅊㅈ)=(선분 ㅁㅂ)=4 cm입니다.
➡ (선분 ㄱㅈ)=10+4+10+4=28 (cm)

48쪽 **수행 평가 ❶회**

1 가, 나, 마 **2** 나

3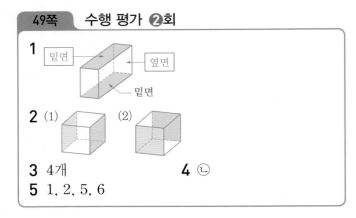

4 (1) × (2) ○ (3) ○ **5** 60 cm

---

3 • 면: 선분으로 둘러싸인 부분
• 모서리: 면과 면이 만나는 선분
• 꼭짓점: 모서리와 모서리가 만나는 점

4 (1) 직육면체에서 모서리와 모서리가 만나는 점을 꼭짓점이라고 합니다.
(3) 직육면체의 꼭짓점은 8개, 면은 6개입니다.

5 정육면체는 모서리 12개의 길이가 모두 같습니다.
➡ 5×12=60 (cm)

49쪽 **수행 평가 ❷회**

1

밑면   옆면
밑면

2 (1) (2)

3 4개 **4** ㉡
5 1, 2, 5, 6

---

1 직육면체에서 색칠한 두 면처럼 계속 늘여도 만나지 않는 두 면을 서로 평행하다고 합니다.
이 두 면을 직육면체의 밑면이라 하고 밑면과 수직인 면을 옆면이라고 합니다.

2 색칠한 면과 마주 보고 있는 면을 찾아 색칠합니다.

---

3 색칠한 면과 수직인 면은 면 ㄱㄴㄷㄹ, 면 ㄴㅂㅁㄱ, 면 ㅁㅂㅅㅇ, 면 ㄷㅅㅇㄹ이므로 모두 4개입니다.

4 ㉠, ㉢, ㉣에서 색칠한 두 면은 서로 평행한 면이고, ㉡에서 색칠한 두 면은 서로 수직인 면입니다.

5 눈의 수가 3인 면과 평행한 면의 눈의 수는 4이므로 눈의 수가 3인 면과 수직인 면의 눈의 수는 3, 4를 제외한 1, 2, 5, 6입니다.

50쪽 **수행 평가 ❸회**

1 다 **2** 3, 1, 3
3 (1) (2)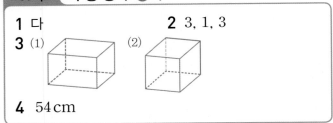

4 54 cm

---

1 보이는 모서리는 실선으로, 보이지 않는 모서리는 점선으로 그린 것을 찾으면 다입니다.

3 빠진 부분 중 보이는 모서리는 실선으로, 보이지 않는 모서리는 점선으로 그립니다.

4 보이는 모서리는 9 cm인 모서리가 3개, 5 cm인 모서리가 3개, 4 cm인 모서리가 3개입니다.
➡ (9+5+4)×3=54 (cm)

51쪽 **수행 평가 ❹회**

1 전개도 **2** 가
3 면 나
4 면 가, 면 다, 면 라, 면 바
5 (위에서부터) 10, 8, 7

---

2 가는 전개도를 접었을 때 겹치는 면이 있으므로 직육면체의 전개도가 될 수 없습니다.

3 전개도를 접었을 때 색칠한 면과 마주 보는 면을 찾습니다.

4 전개도를 접었을 때 색칠한 면과 마주 보는 면을 제외한 나머지 4개의 면을 모두 찾습니다.

5 전개도를 접었을 때 겹치는 모서리의 길이는 같습니다.

❻ 평균과 가능성

52쪽~54쪽 단원 평가 (기본)

1 11, 8, 12, 9, 40 **2** 40, 4, 10

3 ╳ ｜ **4** 0, $\frac{1}{2}$, 1

5 132개 **6** 22개
7 불가능하다 **8** 1800개
9 가 **10** 85점
11 $\frac{1}{2}$ **12** 32명
13 4반

14 ❶ ㉠의 가능성은 '반반이다', ㉡의 가능성은 '불가능하다', ㉢의 가능성은 '~아닐 것 같다'입니다.
❷ 따라서 일이 일어날 가능성이 낮은 것부터 차례대로 기호를 쓰면 ㉡, ㉢, ㉠입니다. **답** ㉡, ㉢, ㉠

15 가람
16 ❶ 전학생을 포함한 키의 평균은 146+1=147(cm)이므로 전학생을 포함한 5명의 키의 합은 147×5=735(cm)입니다.
❷ 따라서 전학생의 키는
735-(146×4)=735-584=151(cm)입니다.
답 151 cm

17 (예) **18** 오후 6시 10분

19 ❶ 재아의 훌라후프 기록의 평균은
(23+31+27)÷3=81÷3=27(번)입니다.
❷ 한나의 훌라후프 기록의 평균도 27번이므로 기록의 합은 27×4=108(번)입니다.
❸ 따라서 한나는 3회에 훌라후프를
108-(26+27+24)=108-77=31(번) 돌렸습니다.
답 31번

20 44 kg

---

3 • 동전을 던지면 숫자 면이 나오거나 그림 면이 나오므로 숫자 면이 나올 가능성은 '반반이다'입니다.
• 3과 2를 곱하면 6이므로 9가 될 가능성은 '불가능하다'입니다.
• 해는 동쪽에서 뜨고 서쪽으로 지므로 내일 해가 서쪽으로 질 가능성은 '확실하다'입니다.

5 (칭찬 도장 수의 합)
=16+22+30+26+18+20=132(개)

6 (칭찬 도장 수의 평균)=132÷6=22(개)

---

7 주사위 눈의 수는 1, 2, 3, 4, 5, 6이므로 주사위를 한 번 던질 때 나오는 눈의 수가 6보다 클 가능성은 '불가능하다'입니다.

8 (20일 동안 딴 배의 수)
=(하루에 딴 개수의 평균)×(날수)
=90×20=1800(개)

10 (네 과목 점수의 합)=250+90=340(점)
➡ (네 과목 점수의 평균)=340÷4=85(점)

12 (5학년 전체 학생 수)=31×5=155(명)
➡ (5학년 3반 학생 수)
=155-(28+31+34+30)
=155-123=32(명)

14
채점 기준	❶ ㉠, ㉡, ㉢의 일이 일어날 가능성을 각각 말로 표현한 경우	3점	
	❷ 일이 일어날 가능성이 낮은 것부터 차례대로 기호를 쓴 경우	2점	5점

15 (재경이네 모둠의 키의 합)=146×4=584(cm)
(수진이의 키)=584-(149+142+146)
=584-437=147(cm)
➡ 키가 가장 작은 사람은 가람입니다.

16
채점 기준	❶ 전학생을 포함한 키의 평균과 합을 구한 경우	3점	
	❷ 전학생의 키를 구한 경우	2점	5점

17 주사위를 한 번 던질 때 나올 수 있는 눈의 수 6가지 중에서 나오는 눈의 수가 홀수일 가능성은 '반반이다'입니다.
따라서 회전판 6칸 중 3칸을 파란색으로 색칠하면 화살이 파란색에 멈출 가능성이 '반반이다'입니다.

18 (3일 동안 공부 시간의 합)=50×3=150(분)
➡ (내일 공부 시간)=150-(55+45)
=150-100=50(분)
내일은 오후 5시 20분부터 50분 동안 공부를 해야 하므로 오후 6시 10분에 공부를 끝내야 합니다.

19
채점 기준	❶ 재아의 훌라후프 기록의 평균을 구한 경우	2점	
	❷ 한나가 돌린 훌라후프 기록의 합을 구한 경우	2점	5점
	❸ 한나가 3회에 훌라후프를 몇 번 돌렸는지 구한 경우	1점	

20 • (남학생 5명의 몸무게의 합)=45.5×5=227.5(kg)
• (여학생 3명의 몸무게의 합)=41.5×3=124.5(kg)
➡ (수아네 모둠의 몸무게의 평균)
=(227.5+124.5)÷8=352÷8=44(kg)

1 20, 15, 7, 4 / 60, 4, 15
2 ②　　　　　**3** 확실하다
4 270개　　　**5** 45개
6 22개
7

8 0　　　　　**9** $\dfrac{1}{2}$
10 화요일, 금요일　**11** 은지, 2 m
12 ②　　　　　**13**

14 ❶ 재희네 모둠이 마신 전체 우유의 양은
$250 \times 5 = 1250$(mL)입니다.
❷ 따라서 민서가 마신 우유의 양은
$1250 - (300 + 270 + 250 + 230) = 200$(mL)입니다.
답 200 mL

15 ❶ 학생 한 명당 운동장의 넓이는
혜리네 학교는 $4140 \div 460 = 9$(m²),
진우네 학교는 $4240 \div 530 = 8$(m²)입니다.
❷ $9 > 8$이므로 학생 한 명당 운동장 넓이가 더 넓은 곳은 혜리네 학교입니다.
답 혜리네 학교

16 ⓒ, ⓛ, ⓐ　　　**17** 130 mm
18 12권
19 ❶ 어제까지 4일 동안 줄넘기 기록의 합은 $40 \times 4 = 160$(번)이고, 오늘까지 5일 동안 줄넘기 기록의 합은
$41 \times 5 = 205$(번)입니다.
❷ 따라서 오늘 줄넘기 기록은 $205 - 160 = 45$(번)입니다.
답 45번

20 168 cm

10 (5일 동안 다녀간 방문자 수의 평균)
$= (50 + 65 + 48 + 53 + 69) \div 5 = 285 \div 5 = 57$(명)
따라서 방문자가 57명보다 많았던 요일은 화요일, 금요일입니다.

11 ・(은지의 공 던지기 기록의 평균)
$= (28 + 33 + 10 + 22 + 17) \div 5$
$= 110 \div 5 = 22$(m)
・(지혜의 공 던지기 기록의 평균)
$= (20 + 35 + 23 + 10 + 12) \div 5$
$= 100 \div 5 = 20$(m)
➡ 은지의 공 던지기 기록의 평균이
$22 - 20 = 2$(m) 더 깁니다.

12 ① 확실하다　　　② 불가능하다
③ ~아닐 것 같다　④ 반반이다
⑤ ~일 것 같다

14 채점 기준
❶ 재희네 모둠이 마신 전체 우유의 양을 구한 경우 3점 / ❷ 민서가 마신 우유의 양을 구한 경우 2점 — 5점

15 채점 기준
❶ 학생 한 명당 운동장의 넓이를 각각 구한 경우 4점 / ❷ 학생 한 명당 운동장의 넓이가 더 넓은 학교를 구한 경우 1점 — 5점

16 ⓐ 주사위 눈의 수 중에서 5의 배수는 5이므로 가능성은 '~아닐 것 같다'입니다.
ⓛ 주사위 눈의 수 중에서 4 이상 6 이하인 수는 4, 5, 6이므로 가능성은 '반반이다'입니다.
ⓒ 주사위 눈의 수 중에서 6의 약수는 1, 2, 3, 6이므로 가능성은 '~일 것 같다'입니다.
따라서 일이 일어날 가능성이 큰 것부터 차례대로 기호를 쓰면 ⓒ, ⓛ, ⓐ입니다.

17 ・(5개 지역 강수량의 합)$= 145 \times 5 = 725$(mm)
・(나 지역과 라 지역의 강수량의 합)
$= 725 - (184 + 149 + 132)$
$= 725 - 465 = 260$(mm)
➡ (나 지역의 강수량)$= 260 \div 2 = 130$(mm)

18 ・(남학생 15명이 읽은 책 수의 합)
$= 10 \times 15 = 150$(권)
・(여학생 10명이 읽은 책 수의 합)
$= 15 \times 10 = 150$(권)
➡ (유미네 반 학생이 읽은 책 수의 평균)
$= (150 + 150) \div 25 = 300 \div 25 = 12$(권)

19 채점 기준
❶ 4일 동안 줄넘기 기록의 합과 5일 동안 줄넘기 기록의 합을 각각 구한 경우 3점 / ❷ 오늘 줄넘기 기록을 구한 경우 2점 — 5점

20 (1회부터 5회까지 뛴 멀리뛰기 기록의 평균)
$= (140 + 152 + 165 + 150 + 143) \div 5$
$= 750 \div 5 = 150$(cm)
1회부터 6회까지 멀리뛰기 기록의 평균이
$150 + 3 = 153$(cm) 이상이어야 하므로 지혜가 6회에 □cm를 뛰었다고 하면
$750 + □ = 153 \times 6$, $750 + □ = 918$, $□ = 168$입니다. 따라서 지혜는 6회에 적어도 168 cm를 뛰어야 합니다.

58쪽 수행 평가 ❶회

1 31, 28, 4, 120, 4, 30
2 13초, 15초　　　3 남준이네 모둠
4 나 초등학교

2 • (지은이네 모둠의 오래 매달리기 기록의 평균)
　=(14+12+11+15)÷4=52÷4=13(초)
• (남준이네 모둠의 오래 매달리기 기록의 평균)
　=(13+20+16+11+15)÷5
　=75÷5=15(초)

3 두 모둠의 평균을 비교하면 13<15이므로 더 오래 매달린 남준이네 모둠이 오래 매달리기를 더 잘했다고 할 수 있습니다.

4 • (가 초등학교의 학급별 학생 수의 평균)
　=299÷13=23(명)
• (나 초등학교의 학급별 학생 수의 평균)
　=315÷15=21(명)
➡ 23>21이므로 나 초등학교의 학급별 학생 수의 평균이 더 적습니다.

59쪽 수행 평가 ❷회

1 320회　　　2 82회
3 36회　　　4 37회
5 90점

1 (1회부터 4회까지 맥박 수의 합)
　=(평균 맥박 수)×(횟수)=80×4=320(회)

2 (3회 맥박 수)
　=320-(76+80+82)=320-238=82(회)

3 (진수의 윗몸 말아 올리기 기록의 평균)
　=(38+40+29+37)÷4=144÷4=36(회)

4 (은주의 윗몸 말아 올리기 기록의 합)
　=36×3=108(회)
➡ (은주의 윗몸 말아 올리기 2회 기록)
　=108-(28+43)=108-71=37(회)

5 수학 점수의 평균이 85점 이상이려면 점수의 합은 85×4=340(점) 이상이어야 합니다.
따라서 마지막 수학 점수는
340-(90+75+85)=90(점) 이상이어야 합니다.

60쪽 수행 평가 ❸회

1 불가능하다　　　2 ~아닐 것 같다
3 ~일 것 같다　　　4 희영
5 ㉡, ㉢, ㉠

1 3과 5를 곱하면 15이므로 14가 될 가능성은 '불가능하다'입니다.

2 동전을 던지면 숫자 면 또는 그림 면이 나올 수 있으므로 동전 4개를 동시에 던졌을 때 4개 모두 그림 면이 나올 가능성은 '~아닐 것 같다'입니다.

3 주사위 눈의 수는 1, 2, 3, 4, 5, 6이고 4 이하인 눈은 1, 2, 3, 4이므로 주사위를 한 번 던질 때 4 이하인 눈이 나올 가능성은 '~일 것 같다'입니다.

5 일이 일어날 가능성을 알아보면 ㉠ 불가능하다, ㉡ 확실하다, ㉢ 반반이다입니다.
따라서 일이 일어날 가능성이 높은 것부터 차례대로 기호를 쓰면 ㉡, ㉢, ㉠입니다.

61쪽 수행 평가 ❹회

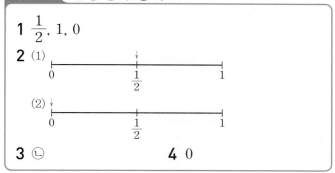

1 $\frac{1}{2}$, 1, 0
2 (1), (2)
3 ㉡　　　4 0

2 (1) 한 명의 아이가 태어났을 때 남자 아이 또는 여자 아이이므로 여자 아이일 가능성은 '반반이다'이고, 수로 표현하면 $\frac{1}{2}$입니다.
(2) 살아 있는 용이 우리집에 놀러 올 가능성은 '불가능하다'이고, 수로 표현하면 0입니다.

3 일이 일어날 가능성이 ㉠은 '반반이다'이므로 수로 표현하면 $\frac{1}{2}$이고, ㉡은 '확실하다'이므로 수로 표현하면 1입니다.

4 제비뽑기 상자에 당첨 제비만 3개 들어 있으므로 이 상자에서 뽑은 제비 1개가 당첨 제비가 아닐 가능성은 '불가능하다'이고, 수로 표현하면 0입니다.

62쪽~64쪽 2학기 총정리

1 40 42 37 45 49

2 ②   **3** 3100, 3200

4 6묶음

5 $1\frac{5}{9} \times 3\frac{3}{7} = \frac{14}{9} \times \frac{24}{7}$

$= \frac{16}{3} = 5\frac{1}{3}$

6 <   **7** 57개

8 ④   **9** 변 ㄹㄷ

10 ❶ 변 ㅁㅂ의 대응변은 변 ㄷㄹ이고, 대응변의 길이는 같습니다.

❷ 따라서 (변 ㅁㅂ)=(변 ㄷㄹ)=31-(5+7+9)

=10(cm)입니다.   답 10 cm

11 1.4   **12** ╳

13 4.9   **14** 30.96 m²

15 면 나

16 ❶ ㄹ

❷ 예 한 꼭짓점에서 만나는 면은 모두 3개입니다.

17 92 cm   **18** 16개

19 반반이다, $\frac{1}{2}$

20 ❶ 3월부터 6월까지 도서 대출 책 수의 합은 6×4=24(권)이므로 6월의 도서 대출 책 수는

24-(4+5+8)=24-17=7(권)입니다.

❷ 따라서 책을 가장 많이 대출한 달은 8권을 빌린 5월입니다.   답 5월

1 42보다 작은 수를 찾습니다.

2 학생들의 키를 작은 수부터 차례대로 쓰면

135.7 cm, 138 cm, 140.5 cm, 146.2 cm입니다.

따라서 이 키를 모두 포함하는 키의 범위는

② 135 cm 초과 146.2 cm 이하입니다.

3 • 버림: 31<u>67</u>(67을 0으로 보고 버림) → 3100

• 반올림: 31<u>6</u>7(십의 자리 숫자가 6이므로 올림)

→ 3200

4 58송이를 올림하여 십의 자리까지 나타내면 60송이이므로 장미를 적어도 6묶음 사야 합니다.

6 (단위분수)×(단위분수)의 계산 결과는 분모의 곱이 작을수록 커집니다.

➡ 2×8>5×3이므로 $\frac{1}{2} \times \frac{1}{8} < \frac{1}{5} \times \frac{1}{3}$입니다.

7 • (어제 먹은 귤 수)=$\overset{38}{190} \times \frac{3}{\underset{1}{5}}=114$(개)

• (어제 먹고 남은 귤 수)=190-114=76(개)

• (오늘 먹은 귤 수)=$\overset{19}{76} \times \frac{1}{\underset{1}{4}}=19$(개)

➡ (어제와 오늘 먹고 남은 귤 수)

=76-19=57(개)

9 점 ㅇ을 중심으로 180° 돌렸을 때 변 ㄱㅂ과 겹치는 변을 찾으면 변 ㄹㄷ이므로 변 ㄱㅂ의 대응변은 변 ㄹㄷ입니다.

10

채점 기준	❶ 변 ㅁㅂ의 대응변을 찾고, 합동인 도형의 대응변의 성질을 안 경우	2점	5점
	❷ 변 ㅁㅂ의 길이를 구한 경우	3점	

13 1.34는 134의 0.01배인데 6.566은 6566의 0.001배이므로 □ 안에 알맞은 수는 49의 0.1배인 4.9입니다.

14 • (새로운 텃밭의 가로)=4.3×1.5=6.45 (m)

• (새로운 텃밭의 세로)=2.4×2=4.8 (m)

➡ (새로운 텃밭의 넓이)=6.45×4.8=30.96 (m²)

15 정육면체에서 색칠한 면과 평행한 면은 색칠한 면과 마주 보는 면이므로 면 나입니다.

16

채점 기준	❶ 잘못 설명한 것을 찾아 기호를 쓴 경우	2점	5점
	❷ 잘못 설명한 부분을 바르게 고친 경우	3점	

[평가 기준] 바르게 고치기에서 '한 꼭짓점에서 만나는 면은 3개이다.'라는 표현이 있으면 정답으로 인정합니다.

17 직육면체에는 길이가 11 cm, 7 cm, 5 cm인 모서리가 각각 4개씩 있습니다.

➡ (모든 모서리의 길이의 합)

=(11+7+5)×4=23×4=92 (cm)

18 (평균)=(제기차기 기록의 합)÷(사람 수)

=(17+15+14+16+18)÷5

=80÷5=16(개)

19 봉지 속에 딸기 맛 사탕이 4개, 포도 맛 사탕이 4개 들어 있으므로 개수가 같습니다. 따라서 사탕을 1개 꺼냈을 때, 꺼낸 사탕이 딸기 맛일 가능성을 말로 표현하면 '반반이다'이고, 수로 표현하면 $\frac{1}{2}$입니다.

20

채점 기준	❶ 6월의 도서 대출 책 수를 구한 경우	3점	5점
	❷ 책을 가장 많이 대출한 달을 구한 경우	2점	

동아출판

바른 국어 독해의 빠른시작

초등부터 **빠작**

바른 독해의 빠른시작 **빠작!**

비문학 독해·문학 독해 영역별로 깊이 있게
지문 독해·지문 분석·어휘 학습 3단계로 체계적인 독해 훈련
다양한 배경지식·어휘 응용 학습

비문학 독해 1~6단계   **문학 독해** 1~6단계

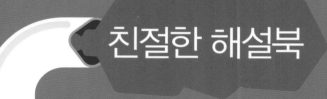

친절한 해설북

백점 수학 5·2

초등학교   학년   반   번   이름